高等职业教育建筑工程技术专业系列教材

新形态教材

总主编 /李 辉
执行总主编 /吴明军

建筑工程计量与计价实训

主 编 李剑心
副主编 侯 兰
参 编 罗银婷 田 润 夏一云
主 审 袁建新

重庆大学出版社

内容提要

本书是在校企深度合作的基础上,以真实工程项目为案例,按照《职业院校教材管理办法》的要求编写的新形态教材。书中按照国家专业教学标准和企业工作岗位的典型工作任务,设置了编制招标工程量清单、编制招标控制价和编制投标报价 3 个项目,共计 24 个工作任务,涵盖建筑工程量计算、工程量清单编制、招标控制价编制和投标报价编制等内容。

本书依据职业标准构建岗位工作情景,突出以学生能力培养为中心,将以精准化算量和精细化计价为内涵的工匠精神等思政内容融入教材工作任务。本书同时配有"建筑工程计量与计价"省级在线开放课程,方便线上、线下混合式教学使用。

本书适合作为高等职业教育建筑工程技术、工程造价、工程管理等专业的教材,也可作为社会培训的参考用书。

图书在版编目(CIP)数据

建筑工程计量与计价实训 / 李剑心主编. -- 重庆:
重庆大学出版社,2023.8(2023.12 重印)
高等职业教育建筑工程技术专业系列教材
ISBN 978-7-5689-3973-7

Ⅰ. ①建… Ⅱ. ①李… Ⅲ. ①建筑工程—计量—高等
职业教育—教材②建筑造价—高等职业教育—教材 Ⅳ.
①TU723.3

中国国家版本馆 CIP 数据核字(2023)第 137528 号

高等职业教育建筑工程技术专业系列教材
建筑工程计量与计价实训
JIANZHU GONGCHENG JILIANG YU JIJIA SHIXUN
主编 李剑心
副主编 侯 兰
主审 袁建新
策划编辑:范春青 刘颖果
责任编辑:鲁 静 版式设计:范春青
责任校对:关德强 责任印制:赵 晟
*
重庆大学出版社出版发行
出版人:陈晓阳
社址:重庆市沙坪坝区大学城西路 21 号
邮编:401331
电话:(023)88617190 88617185(中小学)
传真:(023)88617186 88617166
网址:http://www.cqup.com.cn
邮箱:fxk@cqup.com.cn(营销中心)
全国新华书店经销
重庆亘鑫印务有限公司印刷
*
开本:787mm×1092mm 1/16 印张:18.75 字数:470千
2023 年 8 月第 1 版 2023 年 12 月第 2 次印刷
印数:2 001—5 000
ISBN 978-7-5689-3973-7 定价:49.00 元

前　言

　　本书是四川建筑职业技术学院高水平高职学院建设成果,服务建筑类高职专业,是建筑工程技术和工程造价等建筑类专业核心课程"建筑工程计量与价"配套实训教材。

　　本书根据《建设工程工程量清单计价规范》(GB 50500—2013)、《房屋建筑与装饰工程工程量计算规范》(GB 50854—2013)和《建筑安装工程费用项目组成》(建标〔2013〕44 号文)等规范和文件进行编写,计价部分参照 2020 年版《四川省建设工程工程量清单计价定额》进行编写。

　　本书配有丰富的数字资源,融入现代信息技术,采取新型混合教学方式,通过二维码,链接微课视频、作业等,方便学习者随扫随学,有效整合了纸质教材内容与线上教学资源,通过纸质教材与数字资源互通,实现了线上、线下两种教学形式并用,课上、课下两种教育时空并存,自学、导学两种模式并重。

　　本书可用于专业教学的课堂实训,也可用于专门的实训课程,同时可作为企业岗位培训、"1＋X"工程造价数字化应用职业技能和工程造价专业技能竞赛的培训教材。

　　本书由四川建筑职业技术学院李剑心担任主编,四川建筑职业技术学院侯兰担任副主编。编写分工如下:四川建筑职业技术学院侯兰编写了项目一的任务七和任务八;四川亿星鸿源集团有限公司罗银婷提供了项目图纸和招标文件,并编写了项目二的任务七和任务八;四川兴天华建设项目管理有限公司田润提供了投标拟订的施工方案,并编写了项目三的任务七和任务八;四川建筑职业技术学院夏一云完成了对附录(实训图纸)的完善和优化工作;本书其余部分由李剑心编写。

　　四川建筑职业技术学院袁建新教授担任本书主审,从"主动学习""螺旋进度教学法""工学结合"等方面,提出了许多宝贵的建议,在此致谢。

　　由于编者水平有限,书中难免有不足之处,敬请广大读者批评、指正。

编　者

2023 年 5 月

目　录

实训项目概述

一、实训概述

　　建筑工程计量与计价实训是建筑类专业职业技能训练的重要环节。通过建筑工程计量与计价实训,学生能够掌握正确的计量与计价的方法,具备依据施工图纸及相应条件正确编制工程量清单和根据工程量清单、规范、定额、工料机价格编制招标控制价和投标报价的能力。在实训中,帮助学生掌握房屋建筑与装饰工程造价的基本知识、基本理论和决策方法,培养学生以人为本、热爱国家、终身学习、爱岗敬业、遵纪守法、诚实守信的品质,提升学生的质量、规范、安全等意识;使学生满足"1+X"工程造价数字化应用职业技能等级考试和工程造价技能大赛的要求,具备毕业后从事工程造价职业的技能。

二、技能目标

　　通过实训,学生能在以下四个方面都有所收获。

工程计量与计价
的传承与发展

1. 岗

　　按照工程造价职业标准,以招标人和投标人的视角,结合工作岗位,完成工程造价文件的编制,提升相关专业能力,满足岗位要求。

2. 课

　　达到教育部专业标准、人才培养方案和课程标准的要求,掌握建筑工程计量与计价的方法,具备编制工程造价文件的能力。

3. 赛

　　满足工程造价类学生技能比赛算量计价部分的要求,增强比赛技能。

4. 证

　　对接"1+X"工程造价数字化应用职业技能等级考试、二级造价工程师和二级建造师考试大纲的要求,掌握相应的知识点和技能点,为考试做好准备。

三、思政目标

本课程实训通过进行房屋建筑与装饰工程造价相关文件的编制,全面提升学生爱岗敬业、遵纪守法、诚实守信的品质以及质量意识、规范意识、安全意识,培养学生以精准化量价数据处理和精细化工程造价管理为内涵的工匠精神;在贯穿整个教学过程的实训、考核等各个阶段培养学生精益求精、团结协作的精神。

四、知识储备

1.工程造价

工程造价的概念有广义和狭义之分。广义的工程造价是从业主的角度出发的,称为固定资产投资,固定资产投资由建设投资和建设期利息组成,而建设投资由工程费用、工程建设其他费用、预备费组成。狭义的工程造价是指业主和承包商的交易价格,也称为建筑安装工程费。

工程造价在工程项目的各个阶段有不同的名称,在咨询阶段称为投资估算;在设计阶段,根据设计深度的不同,分别被称为设计概算和施工图预算;在实施阶段,根据流程和编制对象的不同,分别被称为施工图预算、施工预算和工程结算;在最后的运营阶段,被称为竣工决算。各阶段工程造价名称如图 0.1 所示。

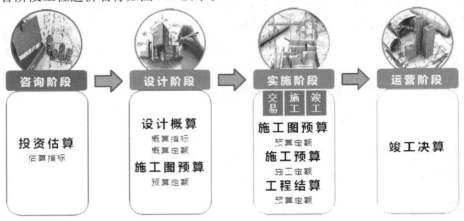

图 0.1 项目各阶段工程造价名称

其中,实施阶段的施工图预算以两种方式编制,一种是定额计价,另一种是清单计价。清单计价的全称是工程量清单计价,其使用范围较广泛。按规定,国有资金投资的建设工程发承包必须采用工程量清单计价,而非国有资金投资的项目宜采用工程量清单计价。本书中的实训采用工程量清单计价。

建筑安装工程费计算

2.建筑安装工程费

建筑安装工程费是开展建筑安装工程所产生的一切费用。根据《建筑安装工程费用项目组成》(建标〔2013〕44号文),建筑安装工程费可以按两种方式进行划分,第一种是按构成要素组成,将建筑安装工程费划分为人工费、材料费、施工机具使用费、企业管理费、利润、规费和税金,如图0.2所示是按构成要素组成划分的建筑安装工程费。

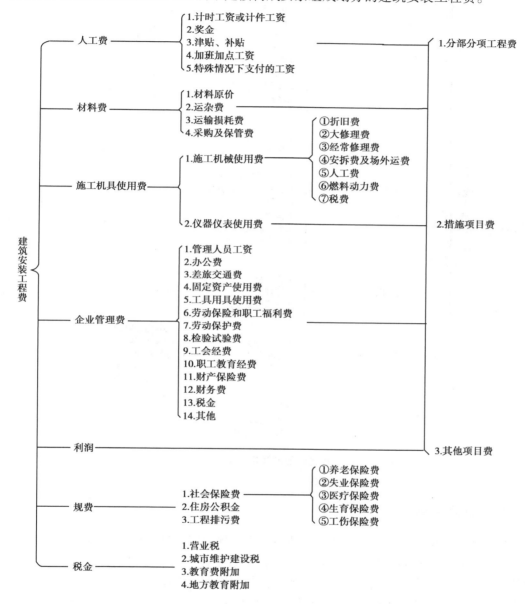

图0.2 按构成要素组成划分的建筑安装工程费

(注:实行"营改增"后,"营业税"改为了"增值税")

　第二种是按工程造价形成顺序,将建筑安装工程费划分为分部分项工程费、措施项目费、其他项目费、规费和税金,如图0.3所示为按工程造价形成顺序划分的建筑安装工程费。

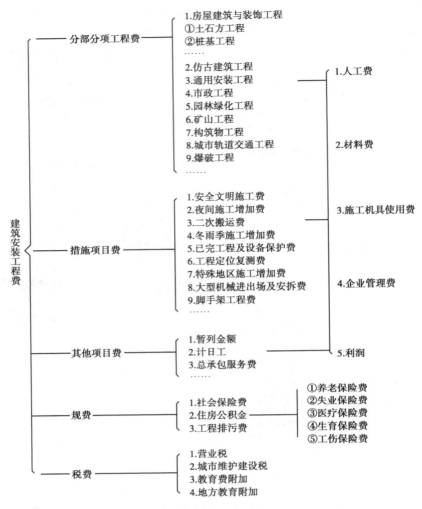

图 0.3　按工程造价形成顺序划分的建筑安装工程费

（注：实行"营改增"后，"营业税"改为了"增值税"）

3. 工程量清单计价

投标人完成由招标人提供的工程量清单所需全部费用，包括分部分项工程费、措施项目费、其他项目费、规费和税金。工程量清单计价方式是在建设工程招投标中，招标人自行或委托具有资质的中介机构编制反映工程实体消耗和措施性消耗的工程量清单并将之作为招标文件的一部分提供给投标人，由投标人依据工程量清单自主报价的计价方式。国际上，在工程招标中采用工程量清单计价是较为通行的做法。

4. 建筑工程计量与计价

工程造价的三要素分别是量、价、费，其中"量"是指工程量，"价"是指价格，"费"是指费用。建筑工程计量与计价是指按照不同单位工程的用途和特点，综合运用科学的技术、经济、管理手段和方法，根据工程量清单计价规范和消耗量定额以及特定的建筑工程施工图纸,对其分项工程、分部工程以及整个单位工程的工程量和工程价格进行的科学合理的预测、优化、计算和分析等一系列活动的总称。

五、实训内容

根据图纸等资料,按照工程造价岗位要求和专业标准要求,编制工程造价文件。具体实训内容包括编制招标工程量清单、编制招标控制价、编制投标报价。

六、实训评价

实训评价由个人自评、学生互评和教师评价三部分组成,评价项目、各项分值等见表0.1。

表0.1 实训评价表

评价方式	项目	分项目	各项分值/分	占比
个人自评(20%)	实训成果	结果准确	4	15%
		内容完整	4	
		格式规范	4	
		书写工整	3	
	实训态度		5	5%
学生互评(20%)	实训成果	结果准确	4	15%
		内容完整	4	
		格式规范	4	
		书写工整	3	
	团队精神		5	5%
教师评价(60%)	实训过程		10	10%
	实训成果	结果准确	10	35%
		内容完整	10	
		格式规范	10	
		书写工整	5	
	实训态度		10	10%
	创新能力		5	5%

项目一
编制招标工程量清单

招标工程量清单编制

一、项目内容

学生以招标人或招标人委托的工程造价咨询人的身份,完成招标工程量清单的编制,提升学生在招标准备过程中的工程造价专业能力。

二、项目目标

通过项目学习,学生能够掌握招标工程量清单编制方法,具备运用设计文件、清单规范、招标文件等资料编制招标工程量清单的能力;全面提升爱岗敬业、遵纪守法、诚实守信的品质以及质量意识、规范意识、安全意识,树立精益求精、团结协作的精神。

三、相关规定

①招标工程量清单应由具有编制能力的招标人或受其委托的工程造价咨询人编制。

②招标工程量清单必须作为招标文件的组成部分,其准确性和完整性应由招标人负责。

招标工程量清单是工程量清单计价的基础,应作为编制招标控制价、投标报价、计算或调整工程量、索赔等的依据之一。

③招标工程量清单应以单位(项)工程为单位编制,应由分部分项工程量清单、措施项目清单、其他项目清单、规费和税金清单组成。

④招标工程量清单编制依据:

a.《建设工程工程量清单计价规范》(GB 50500—2013)和相关工程的国家计量规范;

b.国家或省级、行业建设主管部门颁发的计价定额和办法;

c.建设工程设计文件及相关资料;

d.与建设工程有关的标准、规范、技术资料;

e.拟定的招标文件;

f. 施工现场情况、地勘水文资料、工程特点及常规施工方案；

g. 其他相关资料。

四、案例背景

该项目为××股份有限公司投资新建的办公和存储物品的博物楼。

①招标文件如图1.1所示。

招标文件

第一章 招标公告

1. 招标条件

1.1 本招标项目——博物楼建设项目已由××市××区发改委批准建设，项目业主为××股份有限公司，建设资金来自自筹资金，招标人为××股份有限公司。项目已具备招标条件，现对该项目的施工进行公开招标。

1.2 本招标项目由××市××区发改委核准的招标组织形式为委托招标(□自行招标☑委托招标)。招标人选择的招标代理机构是××建设管理有限责任公司。

2. 项目概况与招标范围

2.1 标段划分：施工一个标段。

2.2 建设地点：××市××区。

2.3 建设内容及规模：本项目总占地面积为660 m²(约1亩)。本次实施的建设内容——建筑面积为198.99 m²；建筑为1层；框架结构采用独立混凝土基础。

2.4 计划工期：180日历天

2.5 招标范围：施工图纸及工程量清单所示全部内容，采用总包方式，门窗进行分包。

3. 投标人资格要求

……

图1.1 招标文件(节选)

②设计施工图(见文件附录)。

③委托编制招标工程量清单。

因业主不具备编制招标工程量清单的能力，所以委托××造价咨询有限公司编制招标工程量清单。

④业主自行提供部分材料(见表1.1)。

表1.1 业主提供的博物楼材料

序号	材料(工程设备)名称、规格、型号	单位	单价/元
1	钢筋，$\phi \leq 10$ mm	t	4 000.00
2	高强钢筋，$\phi \leq 10$ mm	t	4 000.00
3	高强钢筋，$\phi = 12 \sim 16$ mm	t	4 000.00
4	高强钢筋，$\phi > 16$ mm	t	4 000.00
5	热轧带肋钢筋，$\phi > 10$ mm	t	4 000.00

⑤常规施工方案。

为满足实训要求,该项目不采用商品混凝土和干拌砂浆。博物楼常规施工方案见表1.2。

表1.2 博物楼常规施工方案

序号	专业分部工程	工作内容
1	土石方工程	a.土方开挖:将设计施工图中垫层底面标高作为最终开挖面标高进行开挖,开挖区的土方类别为三类土;开挖方式上采用机械开挖,其中基坑采用挖掘机,沟槽采用小型挖掘机,开挖深度在2 m以内,必要时采用放坡开挖 b.土方回填:本区域开挖土方的工程性质均良好,全部用作回填,压实系数控制在95%以上;室内回填为房心回填,回填标高控制在室内地坪扣除装饰层厚度标高 c.余方弃置:运距上考虑为运输至距离施工现场5.6 km处的弃土场
2	基础工程	a.地基验槽后,基础垫层采用C15混凝土浇筑 b.独立基础采用现浇C30混凝土浇筑 c.砖基础采用MU10标准页岩砖,采用铺浆法砌筑,砂浆采用M5建筑水泥砂浆;砖墙水平灰缝和竖向灰缝宽度宜为10 mm,墙体与构造柱的交接处应留置马牙槎
3	砌体工程	实心砖墙采用MU10烧结多孔砖,采用铺浆法砌筑,砂浆采用M5混合砂浆;砖墙水平灰缝和竖向灰缝宽度宜为10 mm,墙体与构造柱的交接处应留置马牙槎
4	钢筋混凝土工程	a.混凝土矩形梁、基础梁、矩形梁、门柱、构造柱、圈梁、有梁板、女儿墙、雨篷和窗台压顶带均采用C30混凝土支模浇筑 b.混凝土坡道、台阶采用C25混凝土支模浇筑 c.混凝土散水采用C20混凝土支模浇筑 d.部分窗台压顶采用预制C30混凝土构件 e.各浇筑基本过程:支模→浇筑混凝土→振捣→养护→拆除模板
5	门窗	a.门材料为钢大门和木门,采用成品采购,定位安装 b.窗材料为铝合金推拉窗,采用成品采购,定位安装
6	装饰装修工程	a.水磨石地面施工:清理基层→浇筑C25混凝土垫层→找平层施工→二布三涂改性沥青防水涂料→浇水磨石面层→养护→清理 b.大理石地面施工:清理基层→浇筑C25混凝土垫层→找平层施工→铺贴大理石→养护→勾缝→清理 c.油漆内墙面施工:清理基层→墙面抹灰→墙面满刮腻子两遍→刷乳胶漆→清理 d.墙砖内墙面施工:清理基层→找平层施工→刷素水泥浆一遍→铺贴面砖→养护→勾缝→清理

续表

序号	专业分部工程	工作内容
6	装饰装修工程	e.块料外墙面施工:清理基层→混合砂浆抹灰→粘铺挤塑板保温层→铺贴面砖→养护→勾缝→清理 f.雨篷底面、侧面施工:清理基层→混合砂浆抹灰→满刮成品腻子→喷刷仿瓷涂料两遍→清理
7	屋面工程	a.屋面施工:清理基层→制备水泥炉渣→铺设水泥炉渣(应满足2%的坡度要求)→细石混凝土刚性防水施工→找平层施工→铺贴EVA高分子卷材→保护层施工→清理 b.雨篷面施工:清理基层→涂刚性防水层→涂聚氨酯涂料防水层→涂水泥砂浆保护层→清理 c.屋面防水排水:采用有组织排水,设有塑料落水管

五、项目分解

以能力为导向分解项目,可以将项目划分为若干任务,任务的具体要求及需要提交的任务成果文件见表1.3。

表1.3　编制招标工程量清单任务分解

项目	任务分解	任务要求	成果文件
编制招标工程量清单	任务一:列项	列项	清单工程量计算表
清单	任务二:计算工程量	计算工程量	
	任务三:编写分部分项工程量清单与单价措施项目清单	确定分部分项工程项目	1.分部分项工程量清单与计价表 2.单价措施项目清单与计价表
		填写分部分项工程量清单与计价表	
		确定单价措施项目	
		填写单价措施项目清单与计价表	
	任务四:编写总价措施项目清单	确定总价措施项目	总价措施项目清单与计价表
		填写总价措施项目清单与计价表	
	任务五:编写其他项目清单	确定暂列金额,填写暂列金额明细表	1.暂列金额明细表 2.材料及设备暂估价表 3.专业工程暂估价及结算价表 4.计日工表 5.总承包服务费计价表 6.其他项目清单汇总表
		确定材料和设备暂估价,填写材料及设备暂估价表	
		确定专业工程暂估价,填写专业工程暂估价及结算价表	
		确定计日工内容,填写计日工表	
		确定总承包服务项目,填写总承包服务费计价表	
		填写其他项目清单汇总表	

续表

项目	任务分解	任务要求	成果文件
清单	任务六：确定规费和税金	确定规费项目	规费、税金项目计价表
		确定税金项目	
	任务七：编写发包人提供主要材料和工程设备一览表	编写发包人提供主要材料和工程设备一览表	发包人提供主要材料和工程设备一览表
	任务八：编写招标工程量清单总说明和扉页、封面，装订成册	编写总说明	招标工程量清单成果文件
		填写扉页、封面	
		装订成册	

六、资料准备

需要准备的资料如下：

①招标文件；

②图纸（含建筑施工图、结构施工图）、其他设计文件；

③《房屋建筑与装饰工程工程量计算规范》（GB 50854—2013）；

④相关图集；

⑤常规施工组织设计或施工方案。

任务一 列项

一、任务内容

根据提供的图纸，结合清单规范、常规施工组织设计等资料，正确划分和罗列项目的分项工程。

二、任务目标

学生通过完成该任务，能够达到以下目标：

①掌握列项的方式，具备根据情况选择适合的列项方式的能力。

②具备对项目进行合理划分并正确列项的能力。

③提升干一行爱一行、不怕苦不怕累、尽职尽责的精神。

三、知识储备

1. 基本概念

①房屋建筑:在固定地点为使用者或占用物提供庇护覆盖以进行生活、生产或其他活动的实体,可分为工业建筑与民用建筑。

②专业工程:指按现行国家计量规范划分的房屋建筑与装饰工程、仿古建筑工程、通用安装工程、市政工程、园林绿化工程、矿山工程、构筑物工程、城市轨道交通工程、爆破工程等各类工程。

③分部分项工程:指按现行国家计量规范划分的各专业工程项目。如房屋建筑与装饰工程划分为土石方工程、地基处理与桩基工程、砌筑工程、钢筋及钢筋混凝土工程等。其中,分部工程是单项或单位工程的组成部分,是按结构部位、路段长度及施工特点或施工任务将单项或单位工程划分为若干分部的工程;分项工程是分部工程的组成部分,是按不同施工方法、材料、工序及路段长度等将分部工程划分为若干分项或项目的工程。

④措施项目:为完成工程项目施工,发生于该工程施工准备和施工过程中的技术、生活、安全、环境保护等方面的项目。其中,单价措施项目指可以计算工程量的项目,如脚手架工程、降水工程等,其以"量"计价,更有利于措施费的确定和调整。

2. 建筑构造与识图

能够正确识读施工图纸中的建筑施工图和结构施工图,清楚建筑物的构造。

3. 施工技术

熟悉常规的施工技术,能从图纸上区分不同的施工工艺。例如区分混凝土构件采用的是现浇还是预制。

4. 建筑材料

从图纸上能够区分不同的建筑材料。例如区分整体面层采用的是混凝土还是水泥砂浆。

5. 项目划分

掌握《房屋建筑与装饰工程工程量计算规范》(GB 50854—2013)中的项目划分方式,熟悉项目划分的要求。

四、任务步骤

1. 熟悉资料

认真查看设计文件,识读施工图纸,从建筑构造、结构形式、所用材料等方面对工程进行全面了解。根据设计文件的内容,选择与查找相关规范和图集,为列项做好准备。

2.现场踏勘

到现场进行实地勘察,主要确定现场的自然地理条件和施工条件,为编制常规施工方案做准备。自然地理条件的勘察主要是配合地质勘察报告,了解工程所在地的地理位置、地形地貌、气象水文条件,以及地震、洪水等自然灾害情况。施工条件主要包括现场周边的道路、交通、现场临近建筑物以及施工场地等情况。

3.拟订常规施工方案

常规施工方案由招标单位编制。招标单位在编制常规施工方案时,不站在任何施工企业的角度,而是按照《建筑施工组织设计规范》(GB/T 50502—2009),采用常规的施工技术进行编制。

4.列出分部分项工程和单价措施项目

根据图纸,结合规范等资料,列出项目。列项是为后续的工程量计算做准备,所以要做到不漏项、不增项,而且只列出需要计算工程量的项目,即分部分项工程和单价措施项目。

五、任务指导

1.合理选择列项顺序

(1)按照施工顺序列项

根据建筑施工的顺序,从平整场地开始,按照挖土方、地下工程施工、土方回填与运输、地上工程等顺序列项。其优点是顺序清楚,前后项目有一定的逻辑关系;缺点是对施工知识有一定要求,招标人对建筑构造和施工顺序的掌握程度决定了列项的准确性和完整性。

(2)按照图纸顺序列项

根据图纸的顺序,将每页图纸上涉及的项目一一列举,然后在汇总时将相同的项目合并。其优点是便于检查项目是否遗漏,不容易漏项;缺点是很多项目在多页图纸中出现,工作量比较大,合并相同项目时需要谨慎,适合刚开始学习造价的人员。

(3)按照《房屋建筑与装饰工程工程量计算规范》附录的顺序列项

其优点是在后面编制清单时,无须调整项目顺序,可加快后续工作进度;缺点是确定每个项目时都要反复查看图纸,容易出现漏项。

(4)综合列项

综合上面三种列项顺序,列项时根据不同的情况选择合适的顺序。

2.列项要点

依据《房屋建筑与装饰工程工程量计算规范》,按照设计文件和常规施工方案,列出分部分项工程和单价措施项目。列项时应当注意以下几点。

（1）按照《房屋建筑与装饰工程工程量计算规范》的要求列项

例如混凝土的模板与支架项目,规范中规定现浇混凝土工程项目的"工作内容"包括模板工程的内容,同时又在措施项目中单列了现浇混凝土模板工程项目。对此,招标人应根据工程实际情况选用。若招标人在措施项目清单中未编列现浇混凝土模板工程项目清单,即表示现浇混凝土模板工程项目不单列,现浇混凝土工程项目的综合单价中应包括模板工程费用。

规范的条文解释中专门说明其既考虑了各专业的定额编制情况,又考虑了便于使用者计价,对现浇混凝土模板工程项目采用两种方式进行编制,即本规范对于现浇混凝土工程项目,一方面"工作内容"中包括模板工程的内容,以体积（m^3）计量,与现浇混凝土工程项目一起组成综合单价;另一方面又在措施项目中单列了现浇混凝土模板工程项目,以面积（m^2）计量,单独组成综合单价。上述规定包含三层意思:一是招标人应根据工程的实际情况在同一个标段（或合同段）中,于两种方式中选择其一;二是招标人若采用单列现浇混凝土模板工程项目,必须按本规范规定的计量单位、项目编码、项目特征描述列出清单,同时现浇混凝土项目中不含模板工程的费用;三是招标人若不单列现浇混凝土模板工程项目,不再编列现浇混凝土模板工程项目清单,则意味着现浇混凝土工程项目的综合单价中包括了模板工程的费用。

所以,如果所在地区定额工程量中混凝土模板与支架项目工程计量单位是"m^3",清单项目不列混凝土模板与支架项目;如果定额工程量中混凝土模板与支架项目工程计量单位是"m^2",清单项目需要单列混凝土模板与支架项目。

（2）按照《房屋建筑与装饰工程工程量计算规范》附录里的项目划分进行列项

以附录中的工作内容为依据,注意清单划分项目与施工项目的区别,以及其对定额项目的包含性。在本实训任务中以砖基础为例加以说明。

（3）结合常规施工方案进行列项

有些施工中涉及的项目在设计图纸上是看不出来的,这时需要结合常规施工方案进行项目的完善。例如土方运输,在图纸中看不出该项目,但是施工时挖土会产生多余的土方,该土方是留着回填还是全部运走、回填时重新买土,这是由常规施工组织设计或施工方案确定的。不同的施工组织设计或施工方案会导致分项工程不一样。如果土方留着回填,那么最后土方有剩余就是余方弃置,土方不够时就需要买土回填,分项工程中余方弃置和买土回填只能有一个;如果先将土方全部运走,等回填时重新买土,分项工程就既包括余方弃置,又包括买土回填。

（4）列项要注意简洁与实用

列项是为了便于后面进行工程量计算以及工程量清单编制。应当结合工程的实际情况列项,不能片面追求项目数量,例如为了增加项目数量,将同一层级的编号不同但材料、施工工艺等均相同的混凝土柱分别进行列项;或为了减少项目数量,将复杂工程的内外墙面抹灰列成一项。这两种情况都是不合适的,前者造成了项目冗余,后者则容易导致计算错误。

（5）列项要注意准确性和完整性

列项要全面反映工程的内容,这是保证工程量清单编制准确性和完整性的基础,所以要做到不重复列项和不遗漏项目。

3. 项目的补充

列项时如果出现规范附录中未包括的项目,同时该项目未包含在其他项目中,就应对其进行补充。补充项目的编码由所属规范的代码、"B"和三位阿拉伯数字组成,并应从"001"起按顺序编制。例如,补充的项目属于《房屋建筑与装饰工程工程量计算规范》附录,其规范的代码是"01",如果其是该规范补充项目的第一个,其编码为"01B001",第二个补充项目则为"01B002",以此类推;如果是安装工程的第一个补充项目,其编码则为"03B001"。补充项目时,不仅要补充项目名称和项目编码,还应补充项目特征、计量单位、工程量计算规则和工作内容。不能计量的措施项目,需附补充项目的名称、工作内容及其包含的范围。

六、任务成果

①分项工程项目表(以砖基础为例),见表1.4。

表1.4 分项工程项目表

序号	分项工程名称	序号	分项工程名称
1	平整场地	23	钢大门
2	机械挖基坑土方	24	木门
3	机械挖沟槽土方(基梁500 mm厚)	25	铝合金推拉窗
4	机械挖沟槽土方(基梁400 mm厚)	26	M5混合砂浆砌筑多孔砖墙
5	现浇C15混凝土基础垫层	27	现浇C30混凝土女儿墙(100 mm厚)
6	现浇C30混凝土独立基础	28	现浇C30混凝土女儿墙(240 mm厚)
7	现浇C30混凝土矩形柱	29	现浇C30混凝土雨篷
8	现浇C30混凝土基础梁	30	现浇C25混凝土坡道
9	M5水泥砂浆砌筑砖基础	31	现浇C20混凝土散水
10	基础回填土	32	现浇C25混凝土台阶
11	室内回填土	33	现浇构件钢筋($\phi \leqslant 10$ mm)
12	余方弃置	34	墙体加固钢筋($\phi \leqslant 10$ mm)
13	现浇C30混凝土矩形梁	35	现浇构件钢筋(屈服强度$\geqslant 400$ MPa,$\phi \leqslant 10$ mm)
14	现浇C30混凝土有梁板(5.6 m)	36	现浇构件钢筋(屈服强度$\geqslant 400$ MPa,$\phi = 12 \sim 16$ mm)
15	现浇C30混凝土有梁板(9.6 m)	37	现浇构件钢筋(屈服强度$\geqslant 400$ MPa,$\phi > 16$ mm)
16	现浇C30混凝土门柱	38	预制构件钢筋
17	现浇C30混凝土构造柱	39	预埋铁件
18	现浇C30混凝土圈梁	40	机械连接(螺纹套筒连接)
19	现浇C30混凝土雨篷梁	41	零星钢构件(∟80×6)
20	现浇C30混凝土过梁	42	屋面细石混凝土刚性防水层(5.6 m)
21	现浇C30混凝土窗台压顶	43	屋面细石混凝土刚性防水层(9.6 m)
22	预制C30混凝土窗台压顶	44	水泥炉渣保温隔热屋面(5.6 m)

续表

序号	分项工程名称	序号	分项工程名称
45	水泥炉渣保温隔热屋面(9.6 m)	64	大理石台阶面层
46	屋面1:2水泥砂浆平面找平层(5.6 m)	65	室内墙面混合砂浆一般抹灰(储藏室)
47	屋面1:2水泥砂浆平面找平层(9.6 m)	66	室内墙面刷乳胶漆
48	屋面EVA高分子卷材防水(5.6 m)	67	室内墙面贴面砖
49	屋面EVA高分子卷材防水(9.6 m)	68	墙面零星块料(办公室门窗侧面、顶面、底面)
50	屋面1:2水泥砂浆保护层(5.6 m)	69	天棚混合砂浆抹灰(5.6 m)
51	屋面1:2水泥砂浆保护层(9.6 m)	70	天棚混合砂浆抹灰(9.6 m)
52	雨篷细石混凝土刚性防水层	71	天棚刷乳胶漆(5.6 m)
53	单组分聚氨酯防水涂料雨篷面涂膜防水	72	天棚刷乳胶漆(9.6 m)
54	屋面塑料水落管	73	室外墙面混合砂浆一般抹灰
55	屋面吐水管	74	单组分聚氨酯防水涂料外墙面涂膜防水
56	现浇C25混凝土室内地面垫层	75	挤塑板保温隔热外墙墙面
57	1:2水泥砂浆地面找平层	76	室外墙面贴面砖
58	改性沥青防水涂料地面涂膜防水	77	墙面零星块料(外墙门窗侧面、顶面、底面)
59	现浇水磨石地面	78	雨篷侧面混合砂浆一般抹灰
60	大理石地面	79	雨篷侧面喷刷仿瓷涂料
61	大理石板踢脚线	80	雨篷底混合砂浆抹灰
62	彩釉砖踢脚线	81	雨篷底面喷刷涂料
63	1:1.5水泥砂浆坡道面层		

②单价措施项目表,见表1.5。

表1.5 单价措施项目表

序号	单价措施项目名称	序号	单价措施项目名称
1	综合脚手架(檐口高度5.78 m)	4	基础模板及支架
2	综合脚手架(檐口高度9.78 m)	5	矩形柱模板及支架(5.6 m)
3	基础垫层模板及支架	6	矩形柱模板及支架(9.6 m)

续表

序号	单价措施项目名称	序号	单价措施项目名称
7	门柱模板及支架(5.6 m)	17	有梁板模板及支架(5.6 m)
8	门柱模板及支架(9.6 m)	18	有梁板模板及支架(9.6 m)
9	构造柱模板及支架(5.6 m)	19	女儿墙模板及支架
10	构造柱模板及支架(9.6 m)	20	雨篷模板及支架
11	基础梁模板及支架	21	台阶模板及支架
12	矩形梁模板及支架(5.6 m)	22	垂直运输(檐口高度5.78 m)
13	圈梁模板及支架	23	垂直运输(檐口高度9.78 m)
14	过梁模板及支架	24	履带式挖掘机进场费(斗容量≤1 m³)
15	雨篷梁模板及支架	25	履带式起重机进场费(提升质量≤30 t)
16	窗台压顶模板及支架		

任务二　计算工程量

一、任务内容

根据设计文件、清单规范、常规施工组织设计等资料,以及任务一的列项成果,计算项目的清单工程量。

二、任务目标

学生通过完成该任务,能够达到以下目标:

①掌握查找工程量计算规则的方法,具备使用《房屋建筑与装饰工程工程量计算规范》查找工程量计算规则的能力。

②具备计算清单工程量的能力,以及根据资料、结合实际情况,运用工程量计算规则计算清单工程量的能力。

③培养学生精确计算工程量的工匠精神。

三、知识储备

1.基本概念

项目编码:分部分项工程和措施项目清单名称的阿拉伯数字标识。

工程量计算:指建设工程项目以工程设计图纸、施工组织设计或施工方案及有关技术经济文件为依据,按照相关工程国家标准对计算规则、计量单位等的规定进行工程数量计算的活动,在工程建设中简称工程计量。

2. 工程图纸的识读

识读建筑施工图和结构施工图,看懂节点大样图,在区分构件的基础上准确地确定每个构件的尺寸等。

3. 工程量计算的依据

①《房屋建筑与装饰工程工程量计算规范》。该规范中有大部分分部分项工程工程量的计算规则,在计算工程量时需要按照规则计算。对规范中没有给出计算规则的分项工程,需要按照规范的条文进行补充。

②经审定通过的施工设计图纸及其说明。该项在前一个任务中主要是确定分项工程,在这个任务中则主要是提供计算工程量所需的数据。

③经审定通过的施工组织设计或施工方案。这里主要指的是常规施工组织设计或施工方案,不同的施工组织设计或施工方案会影响工程量计算所需的数据。例如挖沟槽时,如果当地清单工程量计算时要考虑放坡和加工作面,那么施工方案采用放坡还是支挡土板会影响挖土方的工程量。

④经审定通过的其他有关技术经济文件。

4. 项目编码的设置

项目编码应采用十二位阿拉伯数字表示,一至九位应按规范附录的规定设置,十至十二位应根据拟建工程的工程量清单项目名称和项目特征设置,同一招标工程的项目编码不得有重码。

各位数字的含义是:一、二位为专业工程代码("01"是房屋建筑与装饰工程;"02"是仿古建筑工程;"03"是通用安装工程;"04"是市政工程;"05"是园林绿化工程;"06"是矿山工程;"07"是构筑物工程;"08"是城市轨道交通工程;"09"是爆破工程)。三、四位为规范附录分类顺序码;五、六位为分部工程顺序码;七、八、九位为分项工程项目名称顺序码;十至十二位为清单项目名称顺序码。

5. 工程量计算单位的规定

①以"t"为单位,应保留小数点后三位数字,第四位小数四舍五入。通常,以"t"为单位的有钢构件、钢筋、铁件等。

②以"m""m²""m³""kg"为单位,应保留小数点后两位数字,第三位小数四舍五入。通常以"m"为单位的主要包括地沟、线条、扶手等,以及水电安装工程中的电线和管道;以"m²"为单位的主要是建筑工程中的防水和保温构件,装饰工程中的地面、墙面、天棚等;以"m³"为单位的主要是砌体和混凝土等构件;"kg"这个单位在建筑工程中往往用于以"t"为单位的构件的计算过程中。

③以"个""件""根""组""系统"为单位,应取整数。这里的单位均为自然单位,往往是成品构件的单位,常见的还有门窗的"樘"、屋架的"榀"等单位。

四、任务步骤

1. 优化项目名称,确定项目编码

根据前面任务中列项的名称,结合《房屋建筑与装饰工程工程量计算规范》,优化项目名称,再根据项目名称确定项目编码。

2. 选定计量单位和工程量计算规则

根据项目名称、《房屋建筑与装饰工程工程量计算规范》和相关资料确定计量单位和工程量计算规则。

3. 计算工程量

根据选定的工程量计算规则计算工程量。

4. 填写工程量计算表

将项目编码、项目名称、计量单位、工程量和工程量计算式填入工程量计算表中。

五、任务指导

1. 项目名称的优化

分部分项工程量清单项目和单价措施项目的名称应按规范附录中的项目名称,结合拟建工程的实际确定。在计算工程量的过程中,应当将列项任务中的项目名称与规范结合进行综合考虑,既能体现图纸的内容,又方便以后查找规范。

2. 项目编码的确定

根据项目名称,结合规范附录,确定项目编码。项目编码为十二位阿拉伯数字,附录中的项目编码只有九位阿拉伯数字规范码,在填写时需要在后面增加三位阿拉伯数字作为自编码,不同名称的分项工程增加的三位自编码都可以考虑从"001"开始。

因为有不能重码的规定,同一个项目中如果出现了项目名称相同的分项工程,为了防止重码,第一个分项工程的自编码应为"001",第二个分项工程的自编码为"002",以此类推。以挖沟槽土方为例,挖沟槽土方清单规定见表1.6。

根据图纸确定项目名称为挖沟槽土方,根据规范附录查到九位规范码为"010101003",加上自编码"001",确定项目编码为"010101003001"。如果项目中挖沟槽土方的深度有两种,一种挖土深度为1.5 m,另一种挖土深度为2.2 m,这时针对两种沟槽的项目名称都是挖沟槽土方,但是项目特征中的挖土深度不同,应当分开列项,1.5 m深沟槽的项目编码应为

"010101003001",2.2 m 深沟槽的项目编码为"010101003002",这样就防止了重码。

表 1.6　挖沟槽土方清单规定

项目编码	项目名称	项目特征	计量单位	工程量计算规则	工作内容
010101003	挖沟槽土方	1. 土壤类别 2. 挖土深度 3. 弃土运距	m^3	按设计图示尺寸以基础垫层底面积乘以挖土深度计算	1. 排地表水 2. 土方开挖 3. 围护（挡土板）及拆除 4. 基底钎探 5. 运输

有时同一项目名称的分项工程列出多个项目,不一定是项目特征不一样,而是为了方便计算。例如,非标准层的有梁板和标准层的有梁板就可以分开列项。所以相同名称的项目是否分开列项,在满足规范要求的前提下,还要遵循便于计算工程量和编制清单的原则。

3. 计量单位的选定

规范附录中有两个或两个以上计量单位的,应结合拟建工程项目的实际情况,确定其中一个为计量单位。同一工程项目的计量单位应一致。

清单在设置工程量计算单位时考虑了全国各地的差异以及分项工程的具体情况,在部分项目中设置了多个计算单位和相应的规则,选择的单位、规则和后面计价时选用的定额尽量保持一致,以减少后续计算定额工程量的工作。

例如踢脚线工程,规范中有两个计量单位,具体情况见表1.7。

表 1.7　踢脚线清单规定

项目编码	项目名称	项目特征	计量单位	工程量计算规则	工作内容
011105001	水泥砂浆踢脚线	1. 踢脚线高度 2. 底层厚度、砂浆配合比 3. 面层厚度、砂浆配合比	1. m^2 2. m	1. 以平方米计量,按设计图示长度乘高度以面积计算 2. 以米计量,按延长米计算	1. 基层清理 2. 底层和面层抹灰 3. 材料运输

从表中可以看到,规范中的计量单位有面积与长度,其对应的规则也不相同。在计算工程量时,以四川省为例,2020 年版《四川省建设工程工程量清单计价定额》的房屋建筑与装饰工程分册中,踢脚线的工程量是按照面积计算的。因此,在计算踢脚线的清单工程量时,就应选用面积(m^2)的计量单位和其对应的工程量计算规则,这样后面计算定额工程量时就不需要再重新计算一次了,节省时间的同时又能减少计算的错误。

还需要特别注意的是,如果在同一个项目中有多个相同的分项工程,那么其工程量单位和计算规则应当一致。例如,计算卧室中的水泥砂浆踢脚线工程量时选择了面积计量单位,那么同一项目中客厅的水泥砂浆踢脚线的计量单位也必须选择面积的。

4.采用统筹法计算工程量

每个分项工程量计算有着各自的特点,但都离不开计算"线""面"之类的基数,它们在整个工程量计算中经常被反复使用。根据这个特性,运用统筹法原理,对每个分项工程的工程量进行分析,然后依据计算过程的内在联系,按先主后次,统筹安排计算程序,从而简化了烦琐的计算,形成了统筹计算工程量的计算方法。其基本要点是"确定项目,统筹安排;根据方案,选定基数;规划顺序,连续算量;先常后偏,灵活机动"。

例如,在规范中,墙分项工程属于附录D"砌筑工程",门和窗分项工程属于附录H"门窗工程",砌筑工程按顺序应排在门窗工程前面,但是在计算工程量时,按规范规定,墙面积应当扣除门、窗所占体积,这时先计算出门窗面积,计算墙面积时就可以直接扣除已经计算出的门窗面积,将节省大量计算时间。

5.工程量的计算

计算工程量时,必须按照《房屋建筑与装饰工程工程量计算规范》中的工程量计算规则进行计算。规范的工程量计算规则是按照简明适用的原则进行设置的,与施工的实际用量是不完全相同的,要注意两者的区别,按照规范计算工程量。常见的有以下情况:

(1)与施工实际用量不同

例如,屋面卷材防水工程施工时,铺设高聚物改性沥青防水卷材,用满粘法时其用量为80 mm,用空铺、点粘、条粘法时其用量为100 mm。但是计算工程量时,根据规范规定,屋面防水搭接不另行计算。

(2)与施工实际单位不同

例如,混凝土散水在施工时是按照体积进行施工的,但是在规范中散水的工程量计量单位是面积的,其计算规则见表1.8。

表1.8　散水、坡道清单规定

项目编码	项目名称	项目特征	计量单位	工程量计算规则	工作内容
010507001	散水、坡道	1.垫层材料种类、厚度 2.面层厚度 3.混凝土种类 4.混凝土强度等级 5.变形缝填塞材料种类	m²	按设计图示尺寸以水平投影面积计算。不扣除单个≤0.3 m²的孔洞所占面积	1.地基夯实 2.铺设垫层 3.模板及支撑制作、安装、拆除、堆放、运输及清理模内杂物、刷隔离剂等 4.混凝土制作、运输、浇筑、振捣、养护 5.变形缝填塞
010507002	室外地坪	1.地坪厚度 2.混凝土强度等级			

从施工角度看,工程量计算规则看似不合理,但是规则是按照简明适用和综合考虑的情况进行设置的,根据规范规定,计算工程量时必须按照规则进行计算。

①计算工程量时,根据规范的要求,部分项目要考虑各省、自治区和直辖市的规定。

以挖沟槽为例,规范的内容见表1.9。

表1.9 挖沟槽清单规定

项目编码	项目名称	项目特征	计量单位	工程量计算规则	工作内容
010101003	挖沟槽土方	1. 土壤类别 2. 挖土深度 3. 弃土运距	m^3	按设计图示尺寸以基础垫层底面积乘以挖土深度计算	1. 排地表水 2. 土方开挖 3. 围护(挡土板)及拆除 4. 基底钎探 5. 运输
010101004	挖基坑土方				

从表中可以看到,挖沟槽的工程量 = 基础垫层底面积×挖土深度。但是在规范的注释中又规定了挖沟槽、基坑、一般土方因工作面和放坡增加的工程量是否并入各省、自治区、直辖市或行业建设主管部门的规定实施,如并入各土方工程量中,办理工程结算时增加的工程量按经发包人认可的施工组织设计规定计算,编制工程量清单时可按放坡系数表、基础施工所需工程面宽度计算表的规定计算。根据四川省川建造价发〔2013〕370号文第一点"关于工程量清单编制"第二条的规定,即"挖一般土方、沟槽、基坑、管沟土方中因工作面和放坡增加的工程量并入相应土方工程量内",在四川省,计算挖沟槽土方时要计算工作面和放坡增加的工程量。所以在四川省,挖沟槽的工程量 = 基础垫层底面积×挖土深度 + 工作面增加的工程量 + 放坡增加的工程量。

②计算工程量时,根据规范的要求,部分项目要考虑到常规施工组织设计或施工方案的内容。例如挖土方时,为了防止边坡失稳垮塌,既可以采用放坡,也可以采用支挡土板的方式。两种方案的工程量计算公式如下:

考虑放坡的工程量 = 基础垫层底面积×挖土深度 + 工作面增加的工程量 + 放坡增加的工程量

考虑支挡土板的工程量 = 基础垫层底面积×挖土深度 + 工作面增加的工程量 + 挡土板所占体积的工程量

可以看出,两种方案的工程量大相径庭,要按照常规施工组织设计或施工方案确定的施工方式进行选择。

六、任务成果

①清单工程量计算表,见表1.10。

②钢筋汇总表,见表1.11。

表 1.10 清单工程量计算表

单位工程名称:仓库楼(建筑与装饰工程)　　　　　　　　　　　　　　第　页　共　册

序号	项目编码	工程名称 (分项工程)	单位	工程量	计 算 式
1	10101001001	平整场地	m²	198.99	$S_{平场} = (29.5 + 0.2) \times (6.5 + 0.2)$
2	10101004001	机械挖基坑土方	m³	499.54	$H_{基坑} = 2.0 + 0.1 - 0.3 = 1.80 \text{ m} > 1.50 \text{ m}, 放坡, 加工作面$ $V_{基坑} = [(2.6 + 0.1 \times 2 + 0.3 \times 2 + 0.67 \times 1.8)^2 \times 1.8 + 1/3 \times 0.67^2 \times 1.8^3] \times 6 + [(2.9 + 0.1 \times 2 + 0.3 \times 2 + 0.67 \times 1.8)^2 \times 1.8 + 1/3 \times 0.67^2 \times 1.8^3] \times 6$
3	10101003001	机械挖沟槽土方	m³	14.52	$H_{沟槽500} = 0.36 + 0.5 - 0.3 = 0.56 \text{ m} < 1.50 \text{ m}, 不放坡, 加工作面$ $V_{沟槽500} = (0.25 + 0.3 \times 2) \times (0.36 + 0.5 - 0.3) \times [6 + 6.5 \times 3 - 0.1 - (2.9 + 0.1 \times 2 + 0.3 \times 2) \times 2 - (2.6 + 0.1 \times 2 + 0.3 \times 2) \times 2] \times 2 + (0.25 + 0.3 \times 2) \times (0.36 + 0.5 - 0.3) \times [6.5 - 0.2 - (2.9 + 0.1 \times 2 + 0.3 \times 2)] \times 2 + (0.25 + 0.3 \times 2) \times (0.36 + 0.5 - 0.3) \times [6.5 - 0.2 - (2.6 + 0.1 \times 2 + 0.3 \times 2)]$
4	10101003002	机械挖沟槽土方	m³	1.50	$H_{沟槽400} = 0.36 + 0.4 - 0.3 = 0.46 \text{ m} < 1.50 \text{ m}, 不放坡, 加工作面$ $V_{沟槽400} = (0.25 + 0.3 \times 2) \times (0.36 + 0.4 - 0.3) \times [4 - 0.1 - (2.9 + 0.1 \times 2 + 0.3 \times 2)/2 - (2.6 + 0.1 \times 2 + 0.3 \times 2)/2] \times 2 + (0.25 + 0.3 \times 2) \times (0.36 + 0.4 - 0.3) \times [4 - (0.25/2 + 0.3 + 0.15 + 0.3)]$
5	10501001001	现浇 C15 混凝土基础垫层	m³	10.47	$V_{基垫} = (2.9 + 0.1 \times 2)^2 \times 0.1 \times 6 + (2.6 + 0.1 \times 2)^2 \times 0.1 \times 6$
6	10501003001	现浇 C30 混凝土独立基础	m³	45.51	$V_{独基} = 2.9 \times 2.9 \times 0.5 \times 6 + 2.6 \times 2.6 \times 0.5 \times 6$
7	10502001001	现浇 C30 混凝土矩形柱	m³	16.19	$V_{框柱} = 0.4 \times 0.4 \times (2 - 0.5 + 5.6) \times 8 + 0.4 \times 0.4 \times (2 - 0.5 + 9.6) \times 4$
8	10503001001	现浇 C30 混凝土基础梁	m³	9.24	$V_{基梁} = 0.25 \times 0.5 \times (6.5 - 0.3 \times 2) \times 3 + [0.25 \times 0.5 \times (6 + 6.5 \times 3 - 0.3 - 0.4 \times 3 - 0.2) + 0.25 \times 0.4 \times (4 - 0.2 - 0.3)] \times 2 + 0.25 \times 0.4 \times (4 - 0.25/2 - 0.15)$

砖基础大放脚
计算公式

续表

序号	项目编码	工程名称（分项工程）	单位	工程量	计 算 式
9	10401001001	M5 水泥砂浆砌筑砖基础	m³	4.91	$V_{砖基} = 0.2 \times 0.36 \times [(29.5 + 6.5) \times 2 - 0.4 \times 8 - 0.3 \times 8] - (0.3 + 0.03 \times 2) \times 0.2 \times 0.36 \times 4 - (0.2 + 0.03 \times 2) \times 0.2 \times 0.36 \times 16 - [0.2 \times 0.2 + (0.2 \times 0.03) \times 3] \times 0.36 + 0.2 \times 0.36 \times (6.5 - 0.3 - 1.8 + 4 - 0.14) - (0.2 + 0.03 \times 2) \times 0.2 \times 0.36 \times 2$
10	10103001001	基础回填土	m³	449.43	$V_{基础回填土} = 499.54 + 16.01 - 10.47 - 45.51 - 0.4 \times 0.4 \times 0.06 - 9.24 - 0.2 \times (0.36 - 0.3) \times [(29.5 + 6.5) \times 2 - 0.4 \times 8 - 0.3 \times 8 + (6.5 - 0.3 - 1.8 + 4 - 0.14)]$
11	10103001002	室内回填土	m³	6.38	$V_{室内回填土} = [(6 + 6.5 \times 3 - 0.2) \times (6.5 - 0.2) + 4 \times (1.4 + 0.3 - 0.1)] \times (0.3 - 0.045 - 0.002 - 0.02 - 0.2) + (2 + 1.25 + 1.35 - 0.1) \times (4 - 0.2) \times (0.3 - 0.2 - 0.02 - 0.015 - 0.012)$
12	10103002001	余方弃置	m³	59.74	$V_{运土} = 499.54 + 16.01 - 449.43 - 6.38$
13	10503002001	现浇 C30 混凝土矩形梁	m³	2.2	$V_{框梁} = 0.24 \times 0.55 \times [(6 - 0.3 \times 2) \times 2 + 6.5 - 0.3 \times 2]$
14	10505001001	现浇 C30 混凝土有梁板（5.6 m）	m³	28.49	$V_{梁板5.6 m} = (6.5 \times 3 + 4 + 0.14 + 0.1) \times (6.5 + 0.1 \times 2) \times 0.12 + 0.24 \times (0.55 - 0.12) \times (6.5 - 0.3 \times 2) \times 5 + 0.24 \times (0.55 - 0.12) \times (6.5 \times 3 - 0.4 \times 2 - 0.2 - 0.1) + 0.24 \times (0.4 - 0.12) \times (4 - 0.2 - 0.3) + 0.24 \times (0.55 - 0.12) \times (6.5 \times 3 + 4 - 0.3 - 0.1 - 0.4 \times 3) + 0.24 \times (0.4 - 0.12) \times (4 - 0.14 - 0.24/2) + 0.24 \times (0.5 - 0.12) \times (6.5 \times 3 - 0.1 - 0.24/2 - 0.24 \times 2)$
15	10505001002	现浇 C30 混凝土有梁板（9.6 m）	m³	7.84	$V_{梁板9.6 m} = (6 + 0.1 \times 2) \times (6.5 + 0.1 \times 2) \times 0.12 + 0.24 \times (0.55 - 0.12) \times (6.5 - 0.3 \times 2) \times 2 + 0.24 \times (0.55 - 0.12) \times (6 - 0.3 \times 2) \times 2 + 0.24 \times (0.5 - 0.12) \times (6 - 0.14 \times 2)$

博物楼混凝土
板工程量计算

续表

序号	项目编码	工程名称（分项工程）	单位	工程量	计 算 式
16	10502002001	现浇 C30 混凝土门柱	m³	1.93	$V_{门柱} = [0.2 \times 0.3 \times (0.36 + 9.6 - 0.55 \times 2) + 0.03 \times 0.2 \times (0.36 + 9.6 - 0.55 \times 2 - 0.5) + 0.03 \times 0.2 \times (0.36 + 9.6 - 0.55 \times 2 - 0.5 - 4.1)] \times 2 + [0.2 \times 0.3 \times (0.36 + 5.6 - 0.55) + 0.03 \times 0.2 \times (0.36 + 5.6 - 0.55 - 0.5) + 0.03 \times 0.2 \times (0.36 + 5.6 - 0.55 - 0.5 - 4.1)] \times 2$
17	10502002002	现浇 C30 混凝土构造柱	m³	5.73	$V_{构造柱} = [0.2 \times 0.2 \times (0.36 + 9.6 - 0.55 \times 2) + 0.03 \times 0.2 \times (0.36 + 9.6 - 0.55 \times 2 - 0.25) + 0.03 \times 0.2 \times (0.36 + 9.6 - 0.55 \times 2 - 0.25 - 3)] \times 4 + [0.2 \times 0.2 \times (0.36 + 5.6 - 0.55) + 0.03 \times 0.2 \times (0.36 + 5.6 - 0.55 - 0.25) + 0.03 \times 0.2 \times (0.36 + 5.6 - 0.55 - 0.25 - 3)] \times 13 + 0.2 \times 0.2 \times (0.36 + 5.6 - 0.55) + 0.03 \times 0.2 \times (0.36 + 5.6 - 0.55 - 0.25 - 0.09) + 0.03 \times 0.2 \times (0.36 + 5.6 - 0.55) + 0.2 \times 0.2 \times (0.36 + 5.6 - 0.55) + 0.03 \times 0.2 \times (0.36 + 5.6 - 0.55 - 0.25) \times 3$
18	10503004001	现浇 C30 混凝土圈梁	m³	2.97	$V_{圈梁} = 0.2 \times 0.25 \times [(29.5 - 0.3 \times 2 - 0.4 \times 4 + 6.5 - 0.3 \times 2) \times 2 + (3 + 0.85 \times 2 + 4 - 0.3 - 0.1) - (6 - 0.3 \times 2) - (6.5 - 0.2 \times 2) - 0.2 \times 19]$
19	10503005001	现浇 C30 混凝土雨篷梁	m³	1.38	$V_{雨篷梁} = 0.2 \times 0.5 \times [(6 - 0.3 \times 2 - 0.3 \times 2) + (6.5 - 0.2 \times 2 - 0.3 \times 2) + (4 - 0.2 - 0.3)]$
20	10503005002	现浇 C30 混凝土过梁	m³	0.02	$V_{过梁} = (0.9 + 0.24 + 0.2) \times 0.09 \times 0.2$
21	10507005001	现浇 C30 混凝土窗台压顶	m³	0.53	$V_{压顶} = [0.06 \times (0.2 + 0.06) + (0.2 + 0.26) \times (0.08 - 0.06)/2] \times [3 \times 8 + (2 + 0.24)]$
22	10514002001	预制 C30 混凝土窗台压顶	m³	0.05	$V_{预制压顶} = [0.06 \times (0.2 + 0.06) + (0.2 + 0.26) \times (0.08 - 0.06)/2] \times (1.8 + 0.24 \times 2)$
23	010804004001	钢大门	m²	28.50	$S_{钢大门} = 1.5 \times 2.6 + 3 \times 4.1 \times 2$
24	010801001001	木门	m²	1.98	$S_{木门} = 2.2 \times 0.9$
25	010807001001	铝合金推拉窗	m²	83.40	$S_{窗} = 3 \times 3 \times 8 + 3 \times 1.8 + 2 \times 3$

续表

序号	项目编码	工程名称（分项工程）	单位	工程量	计 算 式
26	10401004008	M5 混合砂浆砌筑多孔砖墙	m³	55.62	$V_{砖墙} = [(29.5 - 0.4 \times 4 - 0.3 \times 2 + 6.5 - 0.3 \times 2) \times 2 \times (5.6 - 0.55) + (4 - 0.2 - 0.3) \times (0.55 - 0.4) + (3 + 0.85 \times 2 + 4 - 0.3 - 0.14) \times (5.6 - 0.55) + (4 - 0.24/2 + 0.14) \times (0.55 - 0.4)] \times 0.2 + (6 - 0.3 \times 2 + 6.5 - 0.3 \times 2) \times 2 \times (9.6 - 5.6 - 0.55) \times 0.2 - (3.9 + 24.6 + 1.98 + 54 + 5.4 + 18 + 6) \times 0.2 - 1.93 - 5.73 - 1.38 - 2.97 - 0.02 - 0.58 + (0.3 + 0.03 \times 2) \times 0.2 \times 0.36 \times 4 - (0.2 + 0.03 \times 2) \times 0.2 \times 0.36 \times 16 - [0.2 \times 0.2 + (0.2 \times 0.03) \times 3] \times 0.36$
27	10504001001	现浇 C30 混凝土女儿墙（100 mm 厚）	m³	2.68	$V_{女儿墙100} = 0.1 \times 0.5 \times [(6.5 \times 3 + 4 + 0.1 - 0.1 - 0.1/2) \times 2 + (6.5 + 0.1 \times 2 - 0.1)]$
28	10504001002	现浇 C30 混凝土女儿墙（240 mm 厚）	m³	0.71	$V_{女儿墙240} = 0.24 \times 0.5 \times (6.5 - 0.3 \times 2)$
29	10505008001	现浇 C30 混凝土雨篷	m³	1.36	$V_{雨篷} = (1.2 - 0.06) \times (2.5 - 0.06 \times 2) \times (0.12 + 0.07)/2 + 0.06 \times 0.25 \times [2.5 - 0.06 + (1.2 - 0.06/2) \times 2] + \{(1.2 - 0.06) \times (4 - 0.06 \times 2) \times (0.12 + 0.07)/2 + 0.06 \times 0.25 \times [4 - 0.06 + (1.2 - 0.06/2) \times 2]\} \times 2$
30	10507001001	现浇 C25 混凝土坡道	m²	8.64	$S_{坡道} = (3 + 0.3 \times 2) \times 1.2 \times 2$
31	11001001002	现浇 C20 混凝土散水	m²	39	$S_{散水} = [(29.5 + 0.2 + 6.5 + 0.2) \times 2 + 0.6 \times 4 - (3 + 0.3 \times 2) \times 2 - (1.5 + 0.3 \times 2 + 0.45 \times 2)] \times 0.6$
32	10507004001	现浇 C25 混凝土台阶	m²	2.52	$S_{台阶} = 0.6 \times (0.9 \times 2 + 1.5 + 0.45 \times 2)$
33	10515001001	现浇构件钢筋（ϕ≤10 mm）	t	2.096	详见钢筋汇总表
34	10515001002	墙体加固钢筋（ϕ≤10 mm）	t	0.392	详见钢筋汇总表
35	10515001003	现浇构件钢筋（屈服强度≥400 MPa，ϕ≤10 mm）	t	2.924	详见钢筋汇总表

续表

序号	项目编码	工程名称（分项工程）	单位	工程量	计 算 式
36	10515001004	现浇构件钢筋（屈服强度≥400 MPa, $\phi=12\sim16$ mm）	t	3.949	详见钢筋汇总表
37	10515001005	现浇构件钢筋（屈服强度≥400 MPa, $\phi>16$ mm）	t	3.589	详见钢筋汇总表
38	10515002001	预制构件钢筋	t	0.002	详见钢筋汇总表
39	10516002001	预埋铁件	t	0.001	$G_{预埋铁件}=0.12\times0.2\times0.006\times7\ 850+0.006\ 165\times10\times10\times(0.12+0.15\times2+6.25\times0.01\times2)$
40	10516003007	机械连接（螺纹套筒连接）	个	12	$N=12$
41	10606013001	零星钢构件（∟80×6）	t	0.001	$G=7.376\times0.2$
42	10902003001	屋面细石混凝土刚性防水层（5.6 m）	m²	152.1	$S_{屋面刚性防水5.6\ m}=(6.5\times3+4-0.1)\times6.5$
43	10902003002	屋面细石混凝土刚性防水层（9.6 m）	m²	39.00	$S_{屋面刚性防水9.6\ m}=6\times6.5$
44	11001001001	水泥炉渣保温隔热屋面（5.6 m）	m²	152.1	$S_{屋面保温5.6\ m}=(6.5\times3+4-0.1)\times6.5$
45	11001001002	水泥炉渣保温隔热屋面（9.6 m）	m²	39.00	$S_{屋面保温9.6\ m}=6\times6.5$
46	11101006002	屋面1:2水泥砂浆平面找平层（5.6 m）	m²	170.04	$S_{屋面找平5.6\ m}=(6.5\times3+4-0.1)\times6.5+(6.5\times3+4-0.1+6.5)\times2\times0.3$
47	11101006003	屋面1:2水泥砂浆平面找平层（9.6 m）	m²	46.5	$S_{屋面找平9.6\ m}=6\times6.5+(6+6.5)\times2\times0.3$

序号	项目编码	工程名称（分项工程）	单位	工程量	计算式
48	10902001001	屋面 EVA 高分子卷材防水（5.6 m）	m²	170.04	$S_{屋面卷材防水5.6\ m} = (6.5 \times 3 + 4 - 0.1) \times 6.5 + (6.5 \times 3 + 4 - 0.1 + 6.5) \times 2 \times 0.3$
49	10902001002	屋面 EVA 高分子卷材防水（9.6 m）	m²	46.5	$S_{屋面卷材防水9.6\ m} = 6 \times 6.5 + (6 + 6.5) \times 2 \times 0.3$
50	11101001001	屋面 1:2 水泥砂浆保护层（5.6 m）	m²	170.04	$S_{屋面保护5.6\ m} = (6.5 \times 3 + 4 - 0.1) \times 6.5 + (6.5 \times 3 + 4 - 0.1 + 6.5) \times 2 \times 0.3$
51	11101001002	屋面 1:2 水泥砂浆保护层（9.6 m）	m²	46.5	$S_{屋面保护9.6\ m} = 6 \times 6.5 + (6 + 6.5) \times 2 \times 0.3$
52	10902003003	雨篷细石混凝土刚性防水层	m²	11.63	$S_{雨篷刚性防水} = (1.2 - 0.06) \times (4 - 0.06 \times 2) \times 2 + (1.2 - 0.06) \times (2.5 - 0.06)$
53	10902002001	单组分聚氨酯防水涂料雨篷面涂膜防水	m²	14.21	$S_{雨篷涂料防水} = (1.2 - 0.06) \times (4 - 0.06 \times 2) \times 2 + (1.2 - 0.06 + 4 - 0.06 \times 2) \times 2 \times 0.15 + (1.2 - 0.06) \times (2.5 - 0.06) + (1.2 - 0.06 + 2.5 - 0.06) \times 2 \times 0.15$
54	10902004001	屋面塑料水落管	m	11.44	$L_{排水管} = (5.6 - 0.12 + 0.3 - 0.06) \times 2$
55	10902006001	雨篷吐水管	根	5	$N_{吐水管} = 5$
56	10501001002	现浇 C25 混凝土室内地面垫层	m³	33.76	$V_{地面垫层} = [(29.5 - 0.3 \times 2) \times (6.5 - 0.3 \times 2) - 0.2 \times (3 + 0.85 \times 2 - 0.1 + 4 - 0.1)] \times 0.2$
57	11101006001	1:2 水泥砂浆地面找平层	m²	165.79	$S_{地面找平} = (6 + 6.5 \times 3 - 0.2) \times (6.5 - 0.2) + 4 \times (1.4 + 0.3 - 0.1)$
58	10904002001	改性沥青防水涂料地面涂膜防水	m²	181.87	$S_{地面防水} = (6 + 6.5 \times 3 - 0.2) \times (6.5 - 0.2) + 4 \times (1.4 + 0.3 - 0.1) + [(29.5 - 0.1 \times 2 + 6.5 - 0.1 \times 2) \times 2 - 0.9 - 3 \times 2] \times 0.25$
59	11101002001	现浇水磨石地面	m²	165.79	$S_{水磨石地面} = (6 + 6.5 \times 3 - 0.2) \times (6.5 - 0.2) + 4 \times (1.4 + 0.3 - 0.1)$

续表

序号	项目编码	工程名称（分项工程）	单位	工程量	计 算 式
60	11102001001	大理石地面	m²	18.66	$S_{大理石地面} = (4-0.2) \times (3+0.85 \times 2 - 0.2) + (1.5+0.9) \times 0.2 + (1.5+0.45 \times 2 - 0.3 \times 2) \times 0.6$
61	11105002001	大理石板踢脚线	m²	2.22	$S_{大理石踢脚线} = [(4-0.2+3+0.85 \times 2 - 0.2) \times 2 - 1.5 - 0.9 + (0.2-0.08) \times 4 + (0.2-0.08)/2 \times 2] \times 0.15$
62	11105003001	彩釉砖踢脚线	m²	9.74	$S_{彩釉砖踢脚线} = [(29.5-0.1 \times 2 + 6.5 - 0.1 \times 2) \times 2 - 0.9 - 3 \times 2 + (0.2-0.08) \times 4 + (0.2-0.08)/2 \times 2] \times 0.15$
63	11101001003	1:1.5水泥砂浆坡道面层	m²	8.91	$S_{坡道面层} = (3+0.3 \times 2) \times (0.3 \times 0.3 + 1.2 \times 1.2)^{1/2} \times 2$
64	11107001001	大理石台阶面层	m²	2.52	$S_{台阶面层} = 0.6 \times (0.9 \times 2 + 1.5 + 0.45 \times 2)$
65	11201001001	室内墙面混合砂浆一般抹灰（储藏室）	m²	339.08	$S_{墙内抹灰} = (29.5-0.1 \times 2 + 6.5 - 0.1 \times 2) \times 2 \times (5.6-0.12) + (6-0.1 \times 2 + 6.5 - 0.1 \times 2) \times (9.6-5.6) - (3 \times 4.1 \times 2 + 2.2 \times 0.9 + 3 \times 3 \times 7 + 1.8 \times 3 + 2 \times 3) + (3 \times 7 + 1.8 + 2) \times (0.2-0.08)/2$
66	11406001001	室内墙面刷乳胶漆	m²	343.09	$S_{墙内乳胶漆} = (29.5-0.1 \times 2 + 6.5 - 0.1 \times 2) \times 2 \times (5.6-0.12) + (6-0.1 \times 2 + 6.5 - 0.1 \times 2) \times (9.6-5.6) - (3 \times 4.1 \times 2 + 2.2 \times 0.9 + 3 \times 3 \times 7 + 1.8 \times 3 + 2 \times 3) + [(3+3) \times 2 \times 5 + (3+1.8) \times 2 + (3+3) \times 2 + (2+3) \times 2] \times (0.2-0.08)/2$
67	11204003001	室内墙面贴面砖	m²	67.18	$S_{墙内贴面砖} = (4-0.2-0.045 \times 2 + 3 + 0.85 \times 2 - 0.2 - 0.045 \times 2) \times 2 \times (5.6-0.12-0.15) - [(1.5-0.045 \times 2) \times (2.6-0.045) + (2.2-0.045) \times (0.9-0.045 \times 2) + (3-0.045 \times 2) \times (3-0.045 \times 2) + (2-0.045 \times 2) \times (3-0.045 \times 2)]$
68	11206002001	墙面零星块料（办公室门窗侧面、顶面、底面）	m²	3.39	$S_{零星块料} = [(1.5-0.045 \times 2) + (2.6-0.15-0.045) \times 2 + (2.2-0.15-0.045) \times 2 + (0.9-0.045 \times 2) + (3-0.045 \times 2 + 3 - 0.045 \times 2) \times 2 + (2-0.045 \times 2 + 3 - 0.045 \times 2) \times 2] \times [(0.2-0.08)/2 + 0.045]$

续表

序号	项目编码	工程名称（分项工程）	单位	工程量	计 算 式
69	11301001001	天棚混合砂浆抹灰(5.6 m)	m²	185.07	$S_{天棚抹灰5.6\,m} = (6.5 \times 3 + 4 + 0.14 - 0.1) \times (6.5 - 0.2) + (0.24 - 0.2) \times [(6 - 0.3) \times 2 + (6.5 - 0.3)] + (0.55 - 0.12) \times (6.5 - 0.3 \times 2) \times 8 + (0.5 - 0.12) \times (6.5 \times 3 + 0.14 + 0.24/2 - 0.24 \times 4) \times 2 + (0.4 - 0.12) \times (4 - 0.14 - 0.24/2) \times 2 - (0.5 - 0.12) \times 0.24 \times 6 - (0.4 - 0.12) \times 0.24$
70	11301001002	天棚混合砂浆抹灰(9.6 m)	m²	39.93	$S_{天棚抹灰9.6\,m} = (6.5 \times 3 + 4 + 0.14 - 0.1) \times (6.5 - 0.2) + (0.24 - 0.2) \times [(6 - 0.3) \times 2 + (6.5 - 0.3)] + (0.55 - 0.12) \times (6.5 - 0.3 \times 2) \times 8 + (0.5 - 0.12) \times (6.5 \times 3 + 0.14 + 0.24/2 - 0.24 \times 4) \times 2 + (0.4 - 0.12) \times (4 - 0.14 - 0.24/2) \times 2 - (0.5 - 0.12) \times 0.24 \times 6 - (0.4 - 0.12) \times 0.24$
71	11406001002	天棚刷乳胶漆(5.6 m)	m²	185.07	$S_{天棚刷漆5.6\,m} = (6.5 \times 3 + 4 + 0.14 - 0.1) \times (6.5 - 0.2) + (0.24 - 0.2) \times [(6 - 0.3) \times 2 + (6.5 - 0.3)] + (0.55 - 0.12) \times (6.5 - 0.3 \times 2) \times 8 + (0.5 - 0.12) \times (6.5 \times 3 + 0.14 + 0.24/2 - 0.24 \times 4) \times 2 + (0.4 - 0.12) \times (4 - 0.14 - 0.24/2) \times 2 - (0.5 - 0.12) \times 0.24 \times 6 - (0.4 - 0.12) \times 0.24$
72	11406001003	天棚刷乳胶漆(9.6 m)	m²	39.93	$S_{天棚刷漆9.6\,m} = (6.5 \times 3 + 4 + 0.14 - 0.1) \times (6.5 - 0.2) + (0.24 - 0.2) \times [(6 - 0.3) \times 2 + (6.5 - 0.3)] + (0.55 - 0.12) \times (6.5 - 0.3 \times 2) \times 8 + (0.5 - 0.12) \times (6.5 \times 3 + 0.14 + 0.24/2 - 0.24 \times 4) \times 2 + (0.4 - 0.12) \times (4 - 0.14 - 0.24/2) \times 2 - (0.5 - 0.12) \times 0.24 \times 6 - (0.4 - 0.12) \times 0.24$
73	11201001002	室外墙面混合砂浆一般抹灰	m²	491.24	$S_{墙外抹灰} = (29.5 + 0.2 + 6.5 + 0.2) \times 2 \times (0.3 + 6.1) + (6 + 0.2 + 6.5 + 0.2) \times 2 \times (10.1 - 6.1) - (1.5 \times 2.6 + 3 \times 4.1 \times 2 + 3 \times 3 \times 8 + 3 \times 1.8) + (3 \times 8 + 1.8) \times (2 - 0.08)/2 + 6.5 \times 0.5$
74	10903002001	单组分聚氨酯防水涂料外墙面涂膜防水	m²	464.65	$S_{墙外防水} = (29.5 + 0.2 + 6.5 + 0.2) \times 2 \times (0.3 + 6.1) + (6 + 0.2 + 6.5 + 0.2) \times 2 \times (10.1 - 6.1) - (1.5 \times 2.6 + 3 \times 4.1 \times 2 + 3 \times 3 \times 8 + 3 \times 1.8) - (3.6 \times 0.3 \times 2 + 2.4 \times 0.3) - (4 + 6.5 + 6) \times 0.12 - (0.25 - 0.12) \times 0.06 \times 6 + [(3 + 3) \times 2 \times 8 + (3 + 1.8) \times 2] \times (0.2 - 0.08)/2$

续表

序号	项目编码	工程名称（分项工程）	单位	工程量	计 算 式
75	11001003001	挤塑板保温隔热外墙墙面	m²	458.31	$S_{墙外保温} = (29.5 + 0.2 + 6.5 + 0.2) \times 2 \times (0.3 + 6.1) + (6 + 0.2 + 6.5 + 0.2) \times 2 \times (10.1 - 6.1) - (1.5 \times 2.6 + 3 \times 4.1 \times 2 + 3 \times 3 \times 8 + 3 \times 1.8) - (3.6 \times 0.3 \times 2 + 2.4 \times 0.3) - (4 + 6.5 + 6) \times 0.12 - (0.25 - 0.12) \times 0.06 \times 6$
76	11204003002	室外墙面贴面砖	m²	472.21	$S_{墙外贴砖} = (29.5 + 0.2 + 0.057 \times 2 + 6.5 + 0.2 + 0.057 \times 2) \times 2 \times (0.3 + 6.1) + (6 + 0.2 + 0.057 \times 2 + 6.5 + 0.2 + 0.057 \times 2) \times 2 \times (10.1 - 6.1) - [1.5 \times 2.6 + 3 \times 4.1 \times 2 + (3 - 0.057 \times 2) \times (3 - 0.057 \times 2) \times 8 + (3 - 0.057 \times 2) \times (1.8 - 0.057 \times 2)] + 6.5 \times 0.5 - (3.6 \times 0.3 \times 2 + 2.4 \times 0.3) - (4 + 6.5 + 6) \times 0.12 - (0.25 - 0.12) \times 0.06 \times 6$
77	11206002002	墙面零星块料（外墙门窗侧面、顶面、底面）	m²	6.08	$S_{零星块料} = [(3 - 0.06 \times 2 + 3 - 0.06 \times 2) \times 2 \times 8 + (3 - 0.06 \times 2 + 1.8 - 0.06 \times 2) \times 2] \times (0.2 - 0.08)/2$
78	11201001003	雨篷侧面混合砂浆一般抹灰	m²	4.43	$S_{雨篷侧面抹灰} = (1.2 \times 2 + 4) \times 0.25 \times 2 + (1.2 \times 2 + 2.5) \times 0.25$
79	11407001001	雨篷侧面喷刷仿瓷涂料	m²	4.43	$S_{雨篷侧面涂料} = (1.2 \times 2 + 4) \times 0.25 \times 2 + (1.2 \times 2 + 2.5) \times 0.25$
80	11301001003	雨篷底混合砂浆抹灰	m²	12.6	$S_{雨篷底面抹灰} = 1.2 \times 4 \times 2 + 1.2 \times 2.5$
81	11407002001	雨篷底面喷刷涂料	m²	12.6	$S_{雨篷底面涂料} = 1.2 \times 4 \times 2 + 1.2 \times 2.5$
单价措施项目					
1	11701001001	综合脚手架（檐口5.78 m）	m²	157.45	$S_{脚手架5.78\,m} = (6.5 \times 3 + 4) \times (6.5 + 0.2)$
2	11701001002	综合脚手架（檐口9.78 m）	m²	41.54	$S_{脚手架9.78\,m} = (6 + 0.2) \times (6.5 + 0.2)$
3	11702001001	基础垫层模板及支架	m²	14.16	$S_{基垫模板} = (2.6 + 0.1 \times 2) \times 4 \times 0.1 \times 6 + (2.9 + 0.1 \times 2) \times 4 \times 0.1 \times 6$
4	11702001002	基础模板及支架	m²	66.00	$S_{基础模板} = 2.6 \times 4 \times 0.5 \times 6 + 2.9 \times 4 \times 0.5 \times 6$

序号	项目编码	工程名称（分项工程）	单位	工程量	计 算 式
5	11702002001	矩形柱模板及支架(5.6 m)	m²	85.48	$S_{矩形柱模板5.6\,m} = 0.4 \times 4 \times (2 - 0.5 + 5.6) \times 8 - (0.25 \times 0.5 \times 14 + 0.25 \times 0.4 \times 4) - 0.12 \times 0.4 \times 22 - (0.55 - 0.12) \times 0.24 \times 20 - (0.4 - 0.12) \times 0.24 \times 2$
6	11702002002	矩形柱模板及支架(9.6 m)	m²	67.47	$S_{矩形柱模板9.6\,m} = 0.4 \times 4 \times (2 - 0.5 + 9.6) \times 4 - (0.25 \times 0.5 \times 8) - 0.24 \times 0.55 \times 8 - 0.12 \times 0.4 \times 2 - (0.55 - 0.12) \times 0.24 \times 2 - 0.12 \times 0.4 \times 8 - (0.55 - 0.12) \times 0.24 \times 8$
7	11702003001	门柱模板及支架(5.6 m)	m²	7.18	$S_{门柱模板5.6\,m} = [0.3 \times (0.36 + 5.6 - 0.55) + 0.03 \times (0.36 + 5.6 - 0.55 - 0.5) + 0.03 \times (0.36 + 5.6 - 0.55 - 0.5 - 4.1)] \times 2 \times 2$
8	11702003002	门柱模板及支架(9.6 m)	m²	12.15	$S_{门柱模板9.6\,m} = [0.3 \times (0.36 + 9.6 - 0.55 \times 2) + 0.03 \times (0.36 + 9.6 - 0.55 \times 2 - 0.5) + 0.03 \times (0.36 + 9.6 - 0.55 \times 2 - 0.5 - 4.1)] \times 2 \times 2$
9	11702003003	构造柱模板及支架(5.6 m)	m²	38.65	$S_{构造柱模板5.6\,m} = [0.2 \times (0.36 + 5.6 - 0.55) + 0.03 \times (0.36 + 5.6 - 0.55 - 0.25) + 0.03 \times (0.36 + 5.6 - 0.55 - 0.25 - 3)] \times 2 \times 13 + 0.2 \times (0.36 + 5.6 - 0.55) \times 2 + 0.03 \times 2 \times (0.36 + 5.6 - 0.55 - 0.25 - 0.09) + 0.03 \times 2 \times (0.36 + 5.6 - 0.55) + 0.2 \times (0.36 + 5.6 - 0.55) + 0.03 \times 2 \times (0.36 + 5.6 - 0.55 - 0.25) \times 3$
10	11702003004	构造柱模板及支架(9.6 m)	m²	17.59	$S_{构造柱模板9.6\,m} = [0.2 \times (0.36 + 9.6 - 0.55 \times 2) + 0.03 \times (0.36 + 9.6 - 0.55 \times 2 - 0.25) + 0.03 \times (0.36 + 9.6 - 0.55 \times 2 - 0.25 - 3)] \times 2 \times 4$
11	11702005001	基础梁模板及支架	m²	73.68	$S_{基础梁模板} = [(6 + 6.5 \times 3 - 0.3 - 0.2 - 0.4 \times 3) \times 2 \times 2 + (6.5 - 0.3 \times 2) \times 2 \times 3] \times 0.5 + (4 - 0.2 - 0.3) \times 2 \times 2 \times 0.4 + (4 - 0.25/2 - 0.15) \times 2 \times 0.4 - 0.4 \times 0.25 \times 2$
12	11702006001	矩形梁模板及支架(5.6 m)	m²	22.38	$S_{矩形梁模板} = (0.24 + 0.55 \times 2) \times [(6 - 0.3 \times 2) \times 2 + (6.5 - 0.3 \times 2)]$
13	11702008001	圈梁模板及支架	m²	35.26	$S_{圈梁模板} = 0.25 \times [(29.5 - 0.3 \times 2 - 0.4 \times 4 + 6.5 - 0.3 \times 2) \times 2 + (3 + 0.85 \times 2 + 4 - 0.3 - 0.1) - (6 - 0.3 \times 2) - (6.5 - 0.2 \times 2) - 0.2 \times 19] \times 2 + 0.2 \times (3 \times 8 + 1.8 + 2)$
14	11702009001	过梁模板及支架	m²	0.42	$S_{过梁模板} = (0.9 + 0.24 + 0.2) \times 0.09 \times 2 + 0.9 \times 0.2$

续表

序号	项目编码	工程名称（分项工程）	单位	工程量	计 算 式
15	11702009002	雨篷梁模板及支架	m²	13.99	$S_{雨篷梁模板} = 0.5 \times [(6-0.3 \times 2-0.3 \times 2) + (6.5 - 0.2 \times 2 - 0.3 \times 2) + (4-0.2-0.3)] \times 2 + 0.2 \times (3 \times 2 + 1.5) - 0.12 \times (4 \times 2 + 2.5) - (0.25-0.12) \times 0.06 \times 6$
16	011702025001	窗台压顶模板及支架	m²	5.25	$S_{压顶} = (0.06+0.06+0.08) \times [3 \times 8 + (2+0.24)]$
17	11702014001	有梁板模板及支架（5.6 m）	m²	241.81	$S_{有梁板模板5.6\,m} = (6.5 \times 3+4+0.14+0.1) \times (6.5+0.1 \times 2) + (0.55 \times 2-0.12) \times (6.5 \times 3-0.1-0.2-0.4 \times 2+6.5 \times 3+4-0.1-0.3-0.4 \times 3+6.5-0.3 \times 2+6.5-0.3 \times 2) + (0.4 \times 2-0.12) \times (4-0.2-0.3) + (0.55-0.12) \times 2 \times (6.5-0.3 \times 2) \times 3 + (0.5-0.12) \times 2 \times (6.5 \times 3-0.1-0.24 \times 2-0.24/2) + (0.4-0.12) \times 2 \times (4-0.2-0.3) - 0.24 \times (0.5-0.12) \times 6-0.24 \times (0.4-0.12) \times 2-0.4 \times 0.4 \times 8-0.4 \times 0.24 \times 2$
18	11702014002	有梁板模板及支架（9.6 m）	m²	67.21	$S_{有梁板模板9.6\,m} = (6+0.1 \times 2) \times (6.5+0.1 \times 2) + (0.55 \times 2-0.12) \times (6-0.3 \times 2+6.5-0.3 \times 2) \times 2 + (0.5-0.12) \times 2 \times (6-0.14 \times 2) - 0.24 \times (0.5-0.12) \times 2-0.4 \times 0.4 \times 4$
19	11702011001	女儿墙模板及支架	m²	59.4	$S_{女儿墙模板} = 0.5 \times [(6.5 \times 3+4+0.1-0.1-0.1/2) \times 2 + (6.5+0.1 \times 2-0.1)] \times 2 + 0.5 \times (6.5-0.3 \times 2) \times 2$
20	11702023001	雨篷模板及支架	m²	12.6	$S_{雨篷模板} = 4 \times 1.2 \times 2+2.5 \times 1.2$
21	11702027001	台阶模板及支架	m²	2.52	$S_{台阶模板} = 0.6 \times (0.9 \times 2+1.5+0.45 \times 2)$
22	11703001001	垂直运输（檐口高度 5.78 m）	m²	157.45	$S_{垂直运输5.78\,m} = (6.5 \times 3+4) \times (6.5+0.2)$
23	11703001002	垂直运输（檐口高度 9.78 m）	m²	41.54	$S_{垂直运输9.78\,m} = (6+0.2) \times (6.5+0.2)$
24	11705001001	履带式挖掘机进场费（斗容量 ≤1 m³）	台次	1	$N_{挖掘机} = 1$
25	11705001002	履带式起重机进场费（提升质量 ≤30 t）	台次	1	$N_{起重机} = 1$

表 1.11 钢筋汇总表

构件类型	钢筋总质量/kg	HPB300		HRB400								
		6	8	8	10	12	14	16	18	20	22	25
柱	2 788.304		755.432					550.364	508.416	710.548		
构造柱	767.967	169.499				598.468						
剪力墙	694.89			694.89								
砌体墙	238.646	238.646										
砌体加筋	153.275	153.275										
过梁	51.413	10.033	3.79	32.877	4.713							
梁	2 733.078	42.164	561.258			396.086	27.012	411.056	419.276	825.5	43.026	7.7
连梁	383.73		95.31				88.8	87.696	111.924			
圈梁	394.806	66.836				327.97						
现浇板	1 940.789	13.824		1 736.347	190.618							
基础梁	1 789.413		377.483			281.228		168.488	308.45	653.764		
独立基础	1 013.472					1 013.472						
栏板	3.912	3.912										
合计	12 953.695	698.189	1 793.273	2 464.114	458.875	2 617.224	115.812	1 217.604	1 348.066	2 189.812	43.026	7.7

框架梁钢筋的组成

框架柱钢筋的组成

楼板钢筋的组成

任务三　编写分部分项工程量清单与单价措施项目清单

分部分项工程量清单编制

一、任务内容

根据设计文件、清单规范、常规施工组织设计等资料,以及项目一任务二的工程量计算成果,编制项目的分部分项工程量清单与单价措施项目清单。

二、任务目标

学生通过完成该任务,能够达到以下目标:

①掌握分部分项工程量清单编制的方法,具备使用给定的资料、结合实际情况,编制分部分项工程量清单的能力。

②掌握单价措施项目清单编制的方法,具备使用给定的资料、结合实际情况,编制单价措施项目清单的能力。

③树立爱岗敬业的精神,严格遵循有关标准、规范、规程、管理的规定。

三、知识储备

1. 基本概念

工程量清单:载明建设工程分部分项工程项目、措施项目、其他项目的名称和相应数量以及规费、税金项目等内容的明细清单。

招标工程量清单:招标人依据国家标准、招标文件、设计文件以及施工现场实际情况编制的,随招标文件发布供投标报价的工程量清单,内容包括说明和表格。

项目特征:构成分部分项工程项目、措施项目自身价值的本质特征。

2. 分部分项工程量清单编制要求

分部分项工程量清单必须载明五个要素:项目编码、项目名称、项目特征、计量单位和工程量。

分部分项工程量清单必须按照五个统一进行编制,根据相关工程现行国家计量规范规定的项目编码、项目名称、项目特征、计量单位和工程量计算规则进行编制。

3. 单价措施项目清单编制要求

单价措施项目清单必须载明五个要素:项目编码、项目名称、项目特征、计量单位和工程量。

单价措施项目清单必须按照五个统一进行编制,根据相关工程现行国家计量规范规定的项目编码、项目名称、项目特征、计量单位和工程量计算规则进行编制。

在编制单价措施项目清单时,如因工程情况不同,出现计量规范附录中未列的措施项目,可根据工程的具体情况对单价措施项目清单作补充。

4. 项目特征的填写要求

工程量清单的项目特征是确定一个清单项目综合单价的不可缺少的依据,在编制工程量清单时,必须对项目特征进行准确和全面的描述。但有些项目特征用文字往往难以准确和全面地描述,为达到规范、简洁、准确、全面描述项目特征的要求,在描述工程量清单项目特征时应按以下原则进行。

①项目特征描述的内容应按规范附录中的规定,结合拟建工程的实际,满足确定综合单价的需要。

②若采用标准图集或施工图纸能够全部或部分满足项目特征描述的要求,项目特征描述可直接采用详见××图集或××图号的方式。对不能满足项目特征描述要求的部分,仍应用文字描述。

四、任务步骤

1. 填写项目编码和项目名称

将任务一和任务二整理后的分部分项工程和单价措施项目的项目名称和项目编码,按照顺序填入分部分项工程量清单与计价表和单价措施项目清单与计价表。

2. 填写项目特征

根据图纸和相关资料,确定项目特征,填入表格。

3. 填写计量单位和工程量

将任务二选定的计量单位和计算出的工程量,根据对应项目编码和项目名称,填入表格。

五、任务指导

1. 分部分项工程和单价措施项目的填写顺序

填写分部分项工程量清单与计价表和单价措施项目清单与计价表时,分部分项工程和单价措施项目的填写顺序与工程量计算时的顺序不一样。在计算工程量时,为方便计算,采用了统筹法;但在填写表格时,为方便计价时汇总,要按照《房屋建筑与装饰工程工程量计算规范》附录里的顺序将项目编码由小到大排序,再分别填写。

2. 项目特征的填写

项目特征是分部分项工程和单价措施项目的本质特征,填写时应按规范附录中规定的项目特征,结合拟建工程项目的实际予以描述。规范附录中列举的项目特征不一定全部用上,没有的也可以补充。编制清单时,项目特征越准确、全面,投标方的报价就越准确,未来实施时变更和索赔就越少。这里以平整场地为例,见表1.12。

表 1.12　平整场地清单规定

项目编码	项目名称	项目特征	计量单位	工程量计算规则	工作内容
010101001	平整场地	1. 土壤类别 2. 弃土运距 3. 取土运距	m²	按设计图示尺寸以建筑物首层建筑面积计算	1. 土方挖填 2. 场地找平 3. 运输

可以看到,规范中平整场地的项目特征有三个,分别是土壤类别、弃土运距和取土运距。填写分部分项工程量清单与计价表和单价措施项目清单与计价表中平整场地的项目特征时,如果当地的定额里"土壤类别"不影响定额工程量的计算,同时定额里的消耗量不受土壤类别的影响,那么"土壤类别"这个项目特征可以不写。项目特征第二项"弃土运距",如果业主填写了它,投标方在投标时就会在平整场地的报价中加入土方运输的价格;如果业主没有填写它,投标方在投标时就会认为平整场地后多余的土方是不需要外运的,实际施工时如果发生土方外运,承包商可以就此向业主索赔。所以,在填写项目特征时,一定要保证其准确性和全面性。

3. 计量单位和工程量的填写

计量单位和工程量应直接对照项目一任务二中工程量计算表的项目进行填写。

六、任务成果

①分部分项工程量清单与计价表,见表1.13。
②单价措施项目清单与计价表,见表1.14。

表 1.13　分部分项工程量清单与计价表

工程名称:博物楼(建筑与装饰工程)　　　　　标段:　　　　　　　　　　第　页　共　页

序号	项目编码	项目名称	项目特征描述	计量单位	工程量	综合单价	合价	定额人工费	定额机械费	暂估价
								金额/元 其中		
			0101 土石方工程							
1	10101001001	平整场地	土壤类别:三类土	m²	198.99					
2	10101003001	挖沟槽土方	1. 土壤类别:三类土 2. 挖土深度:0.56 m	m³	14.52					

序号	项目编码	项目名称	项目特征描述	计量单位	工程量	金额/元				
						综合单价	合价	其中		
								定额人工费	定额机械费	暂估价
3	10101003009	挖沟槽土方	1.土壤类别:一类土 2.挖土深度:0.46 m	m³	1.5					
4	10101004001	挖基坑土方	1.土壤类别:三类土 2.挖土深度:1.8 m	m³	499.54					
5	10103001001	基础回填土	1.土质要求:一般土壤 2.密实度要求:按规范要求,夯填	m³	449.43					
6	10103001002	室内回填土	1.土质要求:一般土壤 2.密实度要求:按规范要求,夯填	m³	6.38					
7	10103002001	余方弃置	1.废弃料品种:一般土壤 2.运距:运至距项目最近的政府指定建筑垃圾堆放点	m³	59.74					
		分部小计								
			0104 砌筑工程							
8	10401001001	砖基础	1.砖品种、规格、强度等级:MU10 标准砖,240 mm×115 mm×53 mm 2.基础类型:条形基础 3.砂浆强度等级:M5 水泥砂浆 4.防潮层材料种类:1:2水泥砂浆防潮层(5 层做法)	m³	4.91					
9	10401004001	多孔砖墙	1.砖品种、规格、强度等级:烧结多孔砖,200 mm×115 mm×90 mm 2.墙体类型:直行墙 3.砂浆强度等级、配合比:M5 混合砂浆	m³	55.62					
		分部小计								

续表

序号	项目编码	项目名称	项目特征描述	计量单位	工程量	综合单价	合价	定额人工费	定额机械费	暂估价
								金额/元		
								其中		
			0105 混凝土及钢筋混凝土工程							
10	10501001001	基础垫层	1. 混凝土种类:清水混凝土,现场搅拌 2. 混凝土强度等级:C15	m³	10.47					
11	10501001002	室内地面垫层	1. 混凝土种类:清水混凝土,现场搅拌 2. 混凝土强度等级:C25	m³	33.76					
12	10501003001	独立基础	1. 混凝土种类:清水混凝土,现场搅拌 2. 混凝土强度等级:C30	m³	45.51					
13	10502001001	矩形柱	1. 混凝土种类:清水混凝土,现场搅拌 2. 混凝土强度等级:C30	m³	16.19					
14	10502002001	门柱	1. 混凝土种类:清水混凝土,现场搅拌 2. 混凝土强度等级:C30	m³	1.93					
15	10502002002	构造柱	1. 混凝土种类:清水混凝土,现场搅拌 2. 混凝土强度等级:C30	m³	5.73					
16	10503001001	基础梁	1. 混凝土种类:清水混凝土,现场搅拌 2. 混凝土强度等级:C30	m³	9.24					
17	10503002001	矩形梁	1. 混凝土种类:清水混凝土,现场搅拌 2. 混凝土强度等级:C30	m³	2.2					
18	10503004001	圈梁	1. 混凝土种类:清水混凝土,现场搅拌 2. 混凝土强度等级:C30	m³	2.97					

续表

序号	项目编码	项目名称	项目特征描述	计量单位	工程量	综合单价	合价	定额人工费	定额机械费	暂估价
							金额/元			
								其中		
19	10503005001	雨篷梁	1.混凝土种类:清水混凝土,现场搅拌 2.混凝土强度等级:C30	m³	1.38					
20	10503005002	过梁	1.混凝土种类:清水混凝土,现场搅拌 2.混凝土强度等级:C30	m³	0.02					
21	10504001001	女儿墙（100 mm厚）	1.混凝土种类:清水混凝土,现场搅拌 2.混凝土强度等级:C30	m³	2.68					
22	10504001002	直形墙（240 mm厚）	1.混凝土种类:清水混凝土,现场搅拌 2.混凝土强度等级:C30	m³	0.71					
23	10505001001	有梁板（5.6 m）	1.混凝土种类:清水混凝土,现场搅拌 2.混凝土强度等级:C30	m³	28.49					
24	10505001002	有梁板（9.6 m）	1.混凝土种类:清水混凝土,现场搅拌 2.混凝土强度等级:C30	m³	7.84					
25	10505008001	雨篷	1.混凝土种类:清水混凝土,现场搅拌 2.混凝土强度等级:C30	m³	1.36					
26	10507001001	坡道	1.垫层材料种类、厚度:人工级配砂石,厚100 mm 2.面层厚度:20 mm 3.混凝土种类:清水混凝土,现场搅拌 4.混凝土强度等级:C25	m²	8.64					

续表

序号	项目编码	项目名称	项目特征描述	计量单位	工程量	金额/元				
						综合单价	合价	其中		
								定额人工费	定额机械费	暂估价
27	10507001002	散水	1. 垫层材料种类、厚度:砾石灌M2.5混合砂浆,厚度150 mm 2. 面层厚度:60 mm 3. 混凝土种类:清水混凝土,现场搅拌 4. 混凝土强度等级:C20 5. 变形缝填塞材料种类:建筑油膏	m²	39					
28	10507004001	台阶	1. 踏步高、宽:高150 mm、宽300 mm 2. 混凝土种类:清水混凝土,现场搅拌 3. 混凝土强度等级:C25	m²	2.52					
29	10507005001	窗台压顶	1. 构件类型:窗台压顶 2. 压顶断面:20 mm×230 mm+60 mm×260 mm 3. 混凝土种类:清水混凝土,现场搅拌 4. 混凝土强度等级:C30	m³	0.53					
30	10514002001	预制窗台压顶	1. 单件体积:0.05 m³ 2. 构件的类型:窗台压顶 3. 混凝土强度等级:C30 4. 砂浆强度等级:1:2水泥砂浆	m³	0.05					
31	10515001001	现浇构件钢筋	钢筋种类、规格:HPB300、圆钢φ6 mm、φ8 mm	t	2.096					
32	10515001002	现浇构件钢筋	1. 钢筋种类、规格:HPB300、圆钢φ6 mm、φ8 mm 2. 钢筋作用:砌体墙加筋	t	0.392					
33	10515001003	现浇构件钢筋	钢筋种类、规格:HRB400、热轧带肋钢筋φ8 mm、φ10 mm	t	2.924					

序号	项目编码	项目名称	项目特征描述	计量单位	工程量	综合单价	合价	定额人工费	定额机械费	暂估价
								金额/元 其中		
34	10515001004	现浇构件钢筋	钢筋种类、规格：HRB400、热轧带肋钢筋 ϕ12 mm、ϕ14 mm、ϕ16 mm	t	3.949					
35	10515001005	现浇构件钢筋	钢筋种类、规格：HRB400、热轧带肋钢筋 ϕ8 mm、ϕ20 mm、ϕ22 mm、ϕ25 mm	t	3.589					
36	10515002001	预制构件钢筋	钢筋种类、规格：HPB300、圆钢 ϕ6 mm、ϕ8 mm	t	0.002					
37	10516002001	预埋铁件	1. 钢材种类、规格：圆钢 ϕ10 mm 2. 铁件尺寸：扁钢 120 mm × 200 mm、厚 8 mm	t	0.001					
38	10516003007	机械连接	钢筋种类、规格：热轧带肋钢筋 ϕ16 mm、ϕ18 mm、ϕ20 mm、ϕ22 mm、ϕ25 mm	个	12					
		分部小计								
		0106 金属结构工程								
39	10606013001	零星钢构件	1. 钢材品种、规格：角钢∟80×6 2. 构件作用：搁置过梁 3. 油漆品种、刷漆遍数：除锈除污、刷防锈漆一遍、刷调和漆两遍	t	0.001					
		分部小计								
		0109 屋面及防水工程								
40	10902001001	屋面卷材防水(5.6 m)	1. 卷材品种、规格：EVA 高分子防水卷材、厚 1.5 mm 2. 防水层作法： (1) 刷基层处理剂一道 (2) EVA 高分子防水卷材一道，PVC 聚氯乙烯黏合剂二道 3. 嵌缝材料种类：CSPE 嵌缝油膏	m²	170.04					

续表

序号	项目编码	项目名称	项目特征描述	计量单位	工程量	金额/元				
						综合单价	合价	其中		
								定额人工费	定额机械费	暂估价
41	10902001002	屋面卷材防水(9.6 m)	1.卷材品种、规格:EVA 高分子防水卷材、厚 1.5 mm 2.防水层作法: (1)刷基层处理剂一道 (2)EVA 高分子防水卷材一道,PVC 聚氯乙烯黏合剂二道 3.嵌缝材料种类:CSPE 嵌缝油膏	m²	46.5					
42	10902002001	屋面涂膜防水	1.防水膜品种:单组分聚氨酯防水涂料 2.涂膜厚度:厚 1.5 mm 3.防护材料种类:石英砂	m²	14.21					
43	10902003001	屋面刚性层(5.6 m)	1.防水层厚度:40 mm 2.嵌缝材料种类:建筑油膏 3.混凝土强度等级:C20	m²	152.1					
44	10902003002	屋面刚性层(9.6 m)	1.防水层厚度:40 mm 2.嵌缝材料种类:建筑油膏 3.混凝土强度等级:C20	m²	39					
45	10902003003	雨篷刚性层	1.防水层厚度:40 mm 2.嵌缝材料种类:建筑油膏 3.混凝土强度等级:C20	m²	11.63					
46	10902004001	雨篷吐水管	1.排水管品种、规格:塑料水落管 ϕ110 mm 2.雨水斗、山墙出水口品种、规格:塑料落水口(带罩)ϕ110 mm 3.接缝、嵌缝材料种类:PVC 聚氯乙烯黏合剂	m	11.44					
47	10902006001	屋面吐水管	1.吐水管品种、规格:塑料管、ϕ50 mm 2.接缝、嵌缝材料种类:M5 水泥砂浆	个	5					

续表

序号	项目编码	项目名称	项目特征描述	计量单位	工程量	金额/元				
						综合单价	合价	定额人工费	定额机械费	暂估价
48	10903002001	墙面涂膜防水	1.防水膜品种:单组分聚氨酯防水涂料 2.涂膜厚度:厚1.5 mm	m²	464.65					
49	10904002001	地面涂膜防水	1.防水膜品种:改性沥青防水涂料 2.涂膜厚度、遍数:厚20 mm,二布三涂 3.增强材料种类:玻纤布 4.翻边高度:250 mm	m²	181.87					
		分部小计								
		0110 保温、隔热、防腐工程								
50	11001001001	保温隔热屋面(5.6 m)	1.部位:屋面 2.保温隔热材料品种及厚度:水泥炉渣混凝土1:6、厚125 mm	m²	152.1					
51	11001001002	保温隔热屋面(9.6 m)	1.部位:屋面 2.保温隔热材料品种及厚度:水泥炉渣混凝土1:6、厚125 mm	m²	39					
52	11001003001	保温隔热墙面	1.部位:外墙面附墙铺贴 2.保温隔热方式:外保温 3.保温隔热材料品种、规格:挤塑板、厚25 mm 4.黏结材料种类:胶黏剂	m²	458.31					
		分部小计								
		0111 楼地面装饰工程								
53	11101001001	屋面水泥砂浆保护层(5.6 m)	面层厚度、砂浆配合比:厚25 mm、1:2水泥砂浆	m²	170.04					

续表

序号	项目编码	项目名称	项目特征描述	计量单位	工程量	综合单价	合价	定额人工费	定额机械费	暂估价
							金额/元			
								其中		
54	11101001002	屋面水泥砂浆保护层(9.6 m)	面层厚度、砂浆配合比:厚25 mm、1:2水泥砂浆	m²	46.5					
55	11101001003	坡道水泥砂浆楼地面	1. 面层厚度、砂浆配合比:20 mm 厚、1:2水泥砂浆 2. 面层做法要求:15 mm 宽金刚砂防滑条,中距80 mm,凸出坡面	m²	8.91					
56	11101002001	现浇水磨石楼地面	1. 面层厚度、水泥石子浆配合比:面层厚 15 mm,底层厚25 mm;水泥白石子浆1:1.5,水泥砂浆1:3 2. 嵌条材料种类、规格:平板玻璃、厚3 mm 3. 石子种类、规格、颜色:白石子(方解石)	m²	165.79					
57	11101006001	平面砂浆找平层	找平层厚度、砂浆配合比:20 mm厚、1:2水泥砂浆	m²	165.79					
58	11101006002	屋面平面砂浆找平层(5.6 m)	找平层厚度、砂浆配合比:20 mm厚、1:2水泥砂浆	m²	170.04					
59	11101006003	屋面平面砂浆找平层(9.6 m)	找平层厚度、砂浆配合比:20 mm厚、1:2水泥砂浆	m²	46.5					
60	11102001001	石材楼地面	1. 找平层厚度、砂浆配合比:28 mm厚、1:3水泥砂浆 2. 结合层厚度、砂浆配合比:15 mm厚、1:2水泥砂浆 3. 面层材料品种、规格、厚度、颜色:大理石、800 mm × 800 mm、厚20 mm、白色 4. 嵌缝材料种类:白水泥	m²	18.66					

续表

序号	项目编码	项目名称	项目特征描述	计量单位	工程量	金额/元				
						综合单价	合价	其中		
								定额人工费	定额机械费	暂估价
61	11105002001	石材踢脚线	1. 踢脚线高度:150 mm 2. 粘贴层厚度、材料种类:8 mm厚、水泥砂浆1:2 3. 面层材料品种、厚度、颜色:大理石板、厚20 mm、白色	m²	2.22					
62	11105003001	块料踢脚线	1. 踢脚线高度:150 mm 2. 粘贴层厚度、材料种类:8 mm厚、水泥砂浆1:2 3. 面层材料品种、规格、颜色:彩釉地砖、300 mm×300 mm 4. 嵌缝材料:白水泥	m²	9.74					
63	11107001001	石材台阶面	1. 找平层厚度、砂浆配合比:20 mm厚、1:3水泥砂浆 2. 黏结材料种类:1:2水泥砂浆 3. 面层材料品种、规格、厚度、颜色:大理石、800 mm×800 mm、厚20 mm、白色 4. 勾缝材料种类:白水泥	m²	2.52					
		分部小计								
		0112 墙、柱面装饰与隔断、幕墙工程								
64	11201001001	室内墙面一般抹灰(储藏室)	1. 墙体类型:砖内墙 2. 抹灰厚度、砂浆配合比:21 mm厚,1:1:6混合砂浆 3. 装饰面材料种类:乳胶漆	m²	339.08					

续表

序号	项目编码	项目名称	项目特征描述	计量单位	工程量	综合单价	合价	定额人工费	定额机械费	暂估价
								其中		
65	11201001002	室外墙面一般抹灰	1.墙体类型:砖砌外墙面 2.抹灰厚度、砂浆配合比:21 mm厚,1:1:6混合砂浆 3.装饰面材料种类:面砖	m²	491.24					
66	11201001003	雨篷侧面一般抹灰	1.墙体类型:混凝土外墙 2.抹灰厚度、砂浆配合比:21 mm厚,1:1:6混合砂浆	m²	4.43					
67	11204003001	室内块料墙面	1.墙体类型:砖内墙 2.安装方式:砂浆粘贴 3.基层做法:素水泥浆一遍 4.找平层材料、厚度:1:2水泥砂浆、17 mm厚 5.黏结层材料、厚度:1:3水泥砂浆、8 mm厚 6.面层材料品种、规格、颜色:墙面砖、800 mm×800 mm、白色 7.缝宽、嵌缝材料种类:白水泥	m²	67.18					
68	11204003002	室外块料墙面	1.墙体类型:砌体外墙 2.安装方式:砂浆粘贴 3.黏结层厚度、材料:8 mm厚、1:0.5:2混合砂浆 4.面层材料品种、规格、颜色:面砖、240 mm×60 mm、黄色 5.缝宽、嵌缝材料种类:宽5 mm、白水泥	m²	472.21					

序号	项目编码	项目名称	项目特征描述	计量单位	工程量	金额/元				
						综合单价	合价	其中		
								定额人工费	定额机械费	暂估价
69	11206002001	块料零星项目（室内门窗侧壁、顶面和底面）	1. 基层类型、部位:室内门窗侧壁、顶面和底面 2. 安装方式:砂浆粘贴 3. 基础材料:素水泥浆一道 4. 黏结层厚度、材料:8 mm 厚、1:0.5:2混合砂浆 5. 面层材料品种、规格、颜色:面砖、240 mm×60 mm、白色 6. 缝宽、嵌缝材料种类:宽5 mm、白水泥	m²	3.39					
70	11206002002	块料零星项目（室外门窗侧壁、顶面和底面）	1. 基层类型、部位:室外门窗侧壁、顶面和底面 2. 安装方式:砂浆粘贴 3. 黏结层厚度、材料:8 mm 厚、1:0.5:2混合砂浆 4. 面层材料品种、规格、颜色:面砖、240 mm×60 mm、黄色 5. 缝宽、嵌缝材料种类:宽5 mm、白水泥	m²	9.82					
		分部小计								
		0113 天棚工程								
71	11301001001	天棚抹灰（5.6 m）	1. 基层类型:现浇混凝土板 2. 砂浆配合比:11 mm 厚、1:0.5:2.5 混合砂浆打底,7 mm 厚、1:0.3:3混合砂浆抹面	m²	185.07					
72	11301001002	天棚抹灰（9.6 m）	1. 基层类型:现浇混凝土板 2. 砂浆配合比:11 mm 厚、1:0.5:2.5 混合砂浆打底,7 mm 厚、1:0.3:3混合砂浆抹面	m²	39.93					

续表

序号	项目编码	项目名称	项目特征描述	计量单位	工程量	金额/元				
						综合单价	合价	其中		
								定额人工费	定额机械费	暂估价
73	11301001003	雨篷底抹灰	1.基层类型:现浇混凝土板 2.砂浆配合比:11 mm 厚、1:0.5:2.5 混合砂浆打底、7 mm、厚1:0.3:3混合砂浆抹面	m²	12.6					
			分部小计							
			0114 油漆、涂料、裱糊工程							
74	11406001001	室内墙面刷油漆	1.基层类型:墙面一般抹灰 2.腻子种类:滑石粉腻子 3.刮腻子遍数:两遍 4.油漆品种、刷漆遍数:乳胶漆、底漆一遍,面漆两遍 5.部位:室内	m²	343.09					
75	11406001002	天棚抹灰面油漆(5.6 m)	1.基层类型:天棚抹灰 2.腻子种类:滑石粉腻子 3.刮腻子遍数:两遍 4.油漆品种、刷漆遍数:乳胶漆、底漆一遍,面漆两遍 5.部位:室内	m²	185.07					
76	11406001003	天棚抹灰面油漆(9.6 m)	1.基层类型:天棚抹灰 2.腻子种类:滑石粉腻子 3.刮腻子遍数:两遍 4.油漆品种、刷漆遍数:乳胶漆、底漆一遍,面漆两遍 5.部位:室内	m²	39.93					

续表

序号	项目编码	项目名称	项目特征描述	计量单位	工程量	综合单价	合价	定额人工费	定额机械费	暂估价
								其中		
									金额/元	
77	11407001001	墙面喷刷涂料	1. 基层类型:墙面一般抹灰 2. 喷刷涂料部位:雨篷侧面 3. 腻子种类:成品腻子粉,耐水型(N) 4. 刮腻子要求:基层清理、修补,砂纸打磨;满刮腻子一遍,找补两遍 5. 涂料品种、喷刷遍数:仿瓷涂料、喷刷三遍	m²	4.43					
78	11407002001	天棚喷刷涂料	1. 基层类型:天棚抹灰 2. 喷刷涂料部位:雨篷底面 3. 腻子种类:成品腻子粉,耐水型(N) 4. 刮腻子要求:基层清理、修补,砂纸打磨;满刮腻子一遍,找补两遍 5. 涂料品种、喷刷遍数:仿瓷涂料、喷刷两遍	m²	12.6					
		分部小计								
		合计								

表 1.14　单价措施项目清单与计价表

工程名称:博物楼(建筑与装饰工程)　　标段:　　　　　　　　　　第　页 共　页

序号	项目编码	项目名称	项目特征描述	计量单位	工程量	综合单价	合价	定额人工费	定额机械费	暂估价
								其中		
									金额/元	
		脚手架工程								
1	11701001001	综合脚手架(檐口高度5.78 m)	1. 建筑结构形式:框架结构 2. 檐口高度:5.78 m	m²	157.45					

续表

序号	项目编码	项目名称	项目特征描述	计量单位	工程量	金额/元				
						综合单价	合价	其中		
								定额人工费	定额机械费	暂估价
2	11701001002	综合脚手架（檐口高度9.78 m）	1.建筑结构形式:框架结构 2.檐口高度:9.78 m	m²	41.54					
		小计								
			混凝土模板及支架(撑)							
3	11702001001	基础垫层模板及支架	基础类型:独立基础	m²	14.16					
4	11702001002	基础模板及支架	基础类型:独立基础	m²	66					
5	11702002001	矩形柱模板及支架（5.6 m）	支撑高度:5.6 m	m²	85.48					
6	11702002002	矩形柱模板及支架（9.6 m）	支撑高度:4 m	m²	67.47					
7	11702003001	门柱模板及支架（5.6 m）	支撑高度:5.6 m	m²	7.18					
8	11702003002	门柱模板及支架（9.6 m）	支撑高度:4 m	m²	12.15					
9	11702003003	构造柱模板及支架（5.6 m）	支撑高度:5.6 m	m²	38.65					
10	11702003004	构造柱模板及支架（9.6 m）	支撑高度:4 m	m²	17.59					
11	11702005001	基础梁模板及支架	梁截面形状:矩形	m²	73.68					

续表

序号	项目编码	项目名称	项目特征描述	计量单位	工程量	综合单价	合价	定额人工费	定额机械费	暂估价
12	11702006001	矩形梁模板及支架（5.6 m）	支撑高度:5.6 m	m²	22.38					
13	11702008001	圈梁模板及支架	1.梁截面形状:矩形 2.支撑高度:4 m	m²	35.26					
14	11702009001	过梁模板及支架	1.梁截面形状:矩形 2.支撑高度:2.2 m	m²	0.42					
15	11702009002	雨篷梁模板及支架	1.梁截面形状:矩形 2.支撑高度:2.6 m、4.1 m	m²	13.99					
16	11702011001	直形墙模板及支架	1.墙截面形状:矩形 2.支撑高度:0.5 m	m²	59.4					
17	11702014001	有梁板模板及支架（5.6 m）	支撑高度:5.6 m	m²	241.81					
18	11702014002	有梁板模板及支架（9.6 m）	支撑高度:4 m	m²	67.21					
19	11702023001	雨篷模板及支架	1.构件类型:雨篷 2.板厚度:95 mm	m²	12.6					
20	11702025001	窗台压顶模板及支架	构件类型:窗台压顶	m²	5.25					
21	11702027001	台阶模板及支架	台阶踏步宽:300 mm	m²	2.52					
		小计								
		垂直运输								
22	11703001001	垂直运输（檐口高度5.78 m）	1.建筑物建筑类型及结构形式:现浇框架 2.建筑物檐口高度、层数:5.78 m、1层	m²	157.45					

续表

序号	项目编码	项目名称	项目特征描述	计量单位	工程量	综合单价	合价	定额人工费	定额机械费	暂估价
									金额/元	
								其中		
23	11703001002	垂直运输（檐口高度9.78 m）	1.建筑物建筑类型及结构形式:现浇框架 2.建筑物檐口高度、层数:9.78 m、1层	m²	41.54					
		小计								
			大型机械设备进出场及安拆							
24	11705001001	大型机械设备进出场及安拆	1.机械设备名称:履带式挖掘机 2.机械设备规格型号:斗容量≤1 m³	台次	1					
25	11705001002	大型机械设备进出场及安拆	1.机械设备名称:履带式起重机 2.机械设备规格型号:提升质量≤30 t	台次	1					
		小计								
		合计								

任务四　编写总价措施项目清单

措施项目、其他项目清单编制

一、任务内容

根据设计文件、常规施工组织设计（常规施工方案）、清单规范等编制总价措施项目清单。

二、任务目标

学生通过完成该任务,能够达到以下目标:

①掌握总价措施项目确定的方法,具备根据资料、结合实际情况,确定总价措施项目的能力。

②掌握总价措施项目清单的填写方法,具备按照要求填写总价措施项目清单的能力。

③逐步树立法治意识、法治观念、法治思维。

三、知识储备

1. 基本概念

总价措施项目:不能计算工程量的措施项目,如文明施工和安全防护、临时设施等,以"项"计价。总价措施项目包括安全文明施工费和其他总价措施项目费共两种类型。

(1)安全文明施工费

在合同履行过程中,承包人按照国家法律、法规、标准等规定,为保证安全施工、文明施工,保护现场内外环境和搭拆临时设施等所采用的措施而产生的费用。其由环境保护费、安全施工费、文明施工费和临时设施费共四项费用组成。

环境保护费:是指使施工现场条件达到环保部门要求所需要的各项费用。环保措施包括现场施工机械设备降低噪声、防扰民的措施,水泥和其他易飞扬细颗粒建筑材料密闭存放措施或采取的覆盖措施等,工程防扬尘的洒水措施,土石方、建渣外运车辆防护措施等,现场污染源的控制、生活垃圾清理外运、场地排水排污措施,其他环境保护措施。

安全施工费:指施工现场安全施工所需要的各项费用。现场安全施工措施包括安全资料、特殊作业专项方案的编制,安全施工标志的购置及安全宣传;"三宝"(安全帽、安全带、安全网)、"四口"(楼梯口、电梯井口、通道口、预留洞口)、"五临边"(阳台围边、楼板围边、屋面围边、槽坑围边、卸料平台两侧),水平防护架,垂直防护架,外架封闭等防护;施工安全用电,包括配电箱三级配电、两级保护装置要求、外电防护措施;起重机、塔吊等起重设备(含井架、门架)以及外用电梯的安全防护措施(含警示标志)以及卸料平台的临边防护、层间安全门、防护棚等设施;建筑工地起重机械的检验、检测;施工机具防护棚及其围栏的安全保护设施;施工安全防护通道;工人的安全防护用品、用具购置;消防设施与消防器材的配置;电气保护、安全照明设施;其他安全防护措施。

文明施工费:是指施工现场文明施工所需要的各项费用。现场文明施工措施包括"五牌一图";现场围挡的墙面美化(包括内外粉刷、刷白、标语等)、压顶装饰;现场厕所便槽刷白,贴面砖,铺水泥砂浆地面或地砖,修建建筑物内临时便溺设施;其他施工现场临时设施的装饰装修、美化措施;现场生活卫生设施;符合卫生要求的饮水设备、淋浴、消毒等设施;生活用洁净燃料;防煤气中毒、防蚊虫叮咬等措施;施工现场操作场地的硬化;现场绿化、治安综合治理;现场配备医药保健器材、物品和急救人员培训;现场工人的防暑降温、电风扇、空调等设备及用电;其他文明施工措施。

临时设施费:是指施工企业为进行建设工程施工所必须搭设的生活和生产用临时建筑物、构筑物和其他临时设施费用。临时设施费包含临时设施的搭设、维修、拆除、清理费或摊销费等,具体包括施工现场采用的彩色、定型钢板,砖、混凝土砌块等围挡的安砌、维修、拆除;施工现场临时建筑物、构筑物的搭设、维修、拆除,如临时宿舍、办公室、食堂、厨房、厕所、诊疗所、临时文化福利用房、临时仓库、加工场、搅拌台、临时简易水塔、水池等;施工现场临时设施的搭设、维修、拆除,如临时供水管道、临时供电管线、小型临时设施等;施工现场规定范围内临时简易道路铺设,临时排水沟、排水设施安砌、维修、拆除;其他临时设施搭设、维修、拆除。

（2）其他总价措施项目费

其他总价措施项目费包括夜间施工增加费、非夜间施工增加费、二次搬运费、冬雨季施工增加费、已完工程及设备保护费、工程定位复测费等。

夜间施工增加费：是指因夜间施工所产生的夜班补助费，夜间施工降效、夜间施工照明设备摊销及照明用电等费用。具体涉及夜间固定照明灯具和临时可移动照明灯具的设置、拆除，夜间施工时施工现场交通标志、安全标牌、警示灯等的设置、移动、拆除，以及夜间照明设备及照明用电、施工人员夜班补助、夜间施工劳动效率降低等。

非夜间施工增加费：是指在白天无自然光的场所施工所产生的施工降效、施工照明设备摊销及照明用电等费用。具体涉及为保证工程施工正常进行，在地下室等特殊施工部位施工时所采取的照明设备的安拆、维护及照明用电等。

二次搬运费：是指因施工场地条件限制而发生的材料、构配件、半成品等经一次运输不能到达堆放地点，必须进行二次或多次搬运所发生的费用。

冬雨季施工增加费：是指在冬季或雨季施工需增加的临时设施，防滑、排除雨雪措施，人工及施工机械效率降低等产生的费用。具体费用包括冬雨（风）季施工时增加的临时设施（防寒保温、防雨、防风设施）的搭设、拆除，以及对砌体、混凝土等采用的特殊加温、保温和养护措施，还有施工现场的防滑处理、对影响施工的雨雪的清除和增加的临时设施、施工人员的劳动保护用品、劳动效率降低产生的费用等。

已完工程及设备保护费：是指竣工验收前，对已完工程及设备采取必要保护措施所产生的费用。

2.总价措施项目清单的编制要求

总价措施项目清单必须根据相关工程现行国家计量规范的规定编制，应根据拟建工程的实际情况列项。

四、任务步骤

1.填写安全文明施工费

安全文明施工费是总价措施项目中必不可少的费用，在编制总价措施项目清单时应当首先填写该项。

2.确定并填写其他总价措施项目

根据设计文件、常规施工组织设计（常规施工方案）等资料确定除安全文明施工费以外的总价措施项目及相关信息，并填入表格。

五、任务指导

1.总价措施项目清单的编制

编制措施项目清单需考虑多种因素，包括工程本身的因素以及水文、气象、环境、安全等。影响措施项目设置的因素太多，计量规范不可能将施工中可能出现的措施项目全部列出，所以在编制措施项目清单时，如因工程情况不同，出现计量规范附录中未列的措施项目，可根据工程的具体情况对措施项目清单作补充，所以除了安全文明施工费必须按照《房屋建筑与装饰工程工程量计算规范》的要求填写外，其他总价措施项目是根据实际情况，参照规范和工程实际情况进行填写，可以补充规范上没有的项目。

在表格上填写时，因为无法计算总价措施项目工程量，因此只需要填写项目编码和项目名称。

2. 安全文明施工费的编制

安全文明施工费是必须编制的。在《房屋建筑与装饰工程工程量计算规范》中，安全文明施工费虽然由四项费用组成，但是只有一个编码，需要按照工程所在地的规定进行填写。有些地区，安全文明施工费只有一个费率，安全文明施工费就只需要列成一项。但是有些地区如四川，安全文明施工费中四个项目都单独给出了费率，这就需要列"安全文明施工费"为主项，设置一个项目编码，再将环境保护费、安全施工费、文明施工费和临时设施费这四项费用按顺序列出，但只设置编号，不再设置项目编码，详见表1.15。

表 1.15　安全文明施工费

序号	项目编码	项目名称	计算基础	费率/%	金额/元	调整费率/%	调整后的金额/元	备注
1	011707001001	安全文明施工费						
1.1	①	环境保护费						
1.2	②	安全施工费						
1.3	③	文明施工费						
1.4	④	临时设施费						

3. 其他总价措施项目的编制

除安全文明施工费外的其他总价措施项目，应当根据项目的实际情况进行选择。二次搬运费、已完工程保护费等必然发生的项目，不需要过多判断，可直接填写。夜间施工增加费、冬雨季施工增加费则要根据施工组织设计和周围环境情况进行填写，如果工程进度紧张、需要夜间施工，就需要考虑夜间施工费；如果工程所在地的冬天很冷，不利于施工或无法正常施工，就需要设置冬雨季施工增加费。

六、任务成果

总价措施项目清单与计价表，见表1.16。

表 1.16   总价措施项目清单与计价表

工程名称:博物楼(建筑与装饰工程)   标段:

序号	项目编码	项目名称	计算基础	费率 /%	金额 /元	调整 费率 /%	调整后 的金额 /元	备注
			定额(人工费 + 机械费)					
1	011707001001	安全文明施工费						
1.1	①	环境保护费	分部分项工程及单价措施项目(定额人工费 + 定额机械费)					
1.2	②	文明施工费	分部分项工程及单价措施项目(定额人工费 + 定额机械费)					
1.3	③	安全施工费	分部分项工程及单价措施项目(定额人工费 + 定额机械费)					
1.4	④	临时设施费	分部分项工程及单价措施项目(定额人工费 + 定额机械费)					
2	011707002001	夜间施工增加费	分部分项工程及单价措施项目(定额人工费 + 定额机械费)					
3	011707004001	二次搬运费	分部分项工程及单价措施项目(定额人工费 + 定额机械费)					
4	011707005001	冬雨季施工增加费	分部分项工程及单价措施项目(定额人工费 + 定额机械费)					
5	011707008001	工程定位复测费	分部分项工程及单价措施项目(定额人工费 + 定额机械费)					
合计								

注:按施工方案计算的措施费,若无"计算基础"和"费率"的数值,可只填"金额"的数值,但应在备注栏说明施工方案
　　出处或计算方法。用于投标报价时,"调整费率"及"调整后的金额"无须填写。

任务五　编写其他项目清单

一、任务内容

根据设计文件、清单规范、常规施工组织设计等资料编制其他项目清单。

二、任务目标

学生通过完成该任务,能够达到以下目标:

①掌握暂列金额和暂估价的确定方法,具备确定暂列金额、暂估价的能力。

②掌握编制其他项目清单的能力;具备根据资料、结合实际情况,编写其他项目清单的能力。

③逐步树立在日常生活、学习和工作中,伙伴间互相支持、互相配合,顾全大局、团结协作的奋斗精神。

三、知识储备

其他项目清单:规范只规定了暂列金额、暂估价、计日工和总承包服务费共四个部分,可根据工程具体情况进行补充。

暂列金额:招标人在工程量清单中暂定并包括在合同价款中的一笔款项。这是用于工程合同签订时尚未确定或者不可预见的所需材料、工程设备、服务的采购,施工中可能发生的工程变更、合同约定调整因素出现时的合同价款调整以及发生的索赔、现场签证确认等的费用。

暂估价:包括材料暂估单价、工程设备暂估单价和专业工程暂估价。招标人在工程量清单中提供的用于支付必然发生但暂时不能确定价格的材料、工程设备的单价以及专业工程的金额。

计日工:在施工过程中,承包人完成发包人提出的工程合同范围以外的零星项目或工作,按合同中约定的单价计价的一种方式。

总承包服务费:总承包人为配合、协调发包人进行的专业工程发包,对发包人自行采购的材料、工程设备等提供保管以及施工现场管理,竣工资料汇总整理等服务所需的费用。

四、任务步骤

1.确定并填写暂列金额

暂列金额应根据工程特点,按有关计价规定估算。

2.确定并填写材料和工程设备暂估价

暂估价中的材料、工程设备暂估单价应根据工程造价信息或参照市场价格估算,列出明细表。

3.确定并填写专业工程暂估价

专业工程暂估价应分不同专业,按有关计价规定估算,列出明细表。

4.填写计日工表

计日工表中应列出项目名称、计量单位和暂估数量。

5. 填写总承包服务费表

总承包服务费表中应列出服务项目及其内容等。

6. 填写其他项目清单与计价汇总表

将暂列金额和暂估价中的专业工程暂估价填入表中。

五、任务指导

1. 估算暂列金额

按照《建设工程工程量清单计价规范》的规定,招标人应根据工程特点,按有关计价规定估算。在估算暂列金额时,应当根据工程所在地的规则进行估算。

按照规范的规定,暂列金额应当在编制招标工程量清单时由招标人估算,估算方式按照工程所在地的规则。编制招标工程量清单时准确地估算暂列金额是不太容易的,四川省定额规定中只说明了在编制招标控制价(最高投标限价、标底)时,暂列金额可按分部分项工程费和措施项目费的 10% ~15% 计取,并没有说明如何估算招标工程量清单中的暂列金额。因为在编制招标工程量清单时,除了暂列金额和暂估价外,其他项目是没有金额的,自然无法准确计算出暂列金额,之所以常用的方式是在编制招标控制价时,按分部分项工程费和措施项目费的 10% ~15% 计算出暂列金额,再写入招标工程量清单中,是因为通常编制招标工程量清单和编制招标控制价的是同一家单位。

招标人填写暂列金额时,可以详列项目和每项分配的金额;也可只列一项,名称就是暂列金额,暂定金额栏中填写总金额。

2. 确定材料、工程设备暂估价

材料、工程设备暂估价分为两种,一种是发包人提供的材料和设备(甲供材料和甲供设备),是在合同中约定好的;另一种是由承包人提供的材料和设备,但是因为暂时不能确定价格,所以由招标人暂时确定价格。两者的区别在于,甲供材料(设备)未来产生的材料款是不支付给乙方的,而非甲供材料(设备)则是招标人按照未来实际产生的材料款支付给乙方。

在编制招标工程量清单时,甲供材料(设备)和非甲供材料(设备)都是由招标人根据工程造价信息或参照市场价格进行估算的,这里要注意优先参照工程造价信息上的价格进行估算,工程造价信息上没有的则按照市场价格进行单价估算。在估算单价的同时,还需要写明计量单位、数量和计算的合价,并且在备注栏中写明暂估的材料和工程设备拟用在哪些清单项目上,方便投标人在进行清单报价时将其计入综合单价。

3. 明确专业工程暂估价

这里的专业工程是指招标人在招标文件中确定的专业分包工程,由招标人按不同专业和有关计价规定估算,列出包括工程名称、工程内容、暂估金额等在内的明细表。专业工程暂估价应是综合暂估价,包括除规费和税金外的全部费用。

4. 确定计日工明细

计日工是为解决现场发生的零星工作的计价而设立的。招标人应当列出在施工过程中可能需要施工方完成的工程合同范围以外的零星项目或工作所消耗的人工、材料和机械的明细，并对人工工时、材料数量、施工机械台班进行估算计量，并将项目名称、计量单位和暂估数量填入表中。计日工适用的所谓零星工作一般是指合同约定之外或者因变更而产生的、工程量清单中没有相应项目的额外工作，尤其是那些不允许事先商定价格的额外工作。

5. 确定总承包服务的内容

总承包服务是为了解决招标人在法律、法规允许的条件下进行专业工程发包以及自行供应材料、工程设备，并需要总承包人对发包的专业工程提供协调和配合服务，对甲供材料、工程设备提供收、发和保管服务以及在进行施工现场管理时发生并向总承包人支付费用的项目。发包人应当确定项目名称、项目价值和服务内容，在填写时要注意总承包服务的项目分为两大类，一类是发包人发包专业工程下属的项目明细与专业工程暂估价表中的项目有关联，项目名称和项目价值应当一致；另一类是发包人提供材料，包括的内容应当与材料（工程设备）暂估单价及调整表中的甲供材料（设备）有关联，其材料名称和项目价值应当和暂估价表相同。

6. 填写其他项目清单与计价汇总表

完成了暂列金额、暂估价、计日工和总承包服务费这四个分项内容的填写后，需要填写其他项目清单与计价汇总表。招标人在填写时，只填写暂列金额和暂估价的金额，计日工和总承包服务费因为只确定了其内容而没有价格，所以汇总表中不必填写。特别注意的是，暂估价中的材料（工程设备）暂估价也不填写，因为该项价格会在后面编制工程量清单报价时作为综合单价的组成部分，汇总到分部分项工程费或措施项目费中，这里如果填写了，会出现材料（工程设备）暂估价重复计算的情况。

六、任务成果

①其他项目清单与计价汇总表，见表 1.17。
②暂列金额明细表，见表 1.18。
③材料（工程设备）暂估单价及调整表，见表 1.19。
④专业工程暂估价及结算价表，见表 1.20。
⑤ 计日工表，见表 1.21。
⑥总承包服务费计价表，见表 1.22。

表 1.17 其他项目清单与计价汇总表

工程名称:博物楼(建筑与装饰工程)　　　　标段:　　　　　　第 1 页 共 1 页

序号	项 目 名 称	金额/元	结算金额/元	备注
1	暂列金额	60 000.00		明细详见表 1.18
2	暂估价	39 356.00		
2.1	材料(工程设备)暂估价/结算价	—		明细详见表 1.19
2.2	专业工程暂估价/结算价	39 356.00		明细详见表 1.20
3	计日工			明细详见表 1.21
4	总承包服务费			明细详见表 1.22
	合计	106 806.05	—	—

注:材料(工程设备)暂估单价计入清单项目综合单价,此处不汇总。

表 1.18 暂列金额明细表

工程名称:博物楼(建筑与装饰工程)　　　　标段:　　　　　　第 1 页 共 1 页

序号	项目名称	计量单位	暂定金额/元	备注
1	暂列金额	项	60 000.00	
	合计		60 000.00	—

注:此表由招标人填写,如不能详列,也可只列暂定金额总额,投标人应将上述暂列金额计入投标总价中。

表1.19　材料(工程设备)暂估单价及调整表

工程名称:博物楼(建筑与装饰工程)　　　标段:　　　　　　　第1页 共1页

序号	材料(工程设备)名称、规格、型号	计量单位	数量		暂估/元		确认/元		差额(±)/元		备注
			暂估	确认	单价	合价	单价	合价	单价	合价	
1	大理石板,厚20 mm	m²	25.237		489.76	12 360.07					楼地面工程
2	彩釉地砖,300 mm×300 mm	m²	9.894		87.27	863.45					楼地面工程
3	面砖,240 mm×60 mm	m²	426.53		33.84	14 433.78					墙面工程
4	成品零星钢构件综合	t	0.001		5 200.00	5.20					零星钢构件
5	钢筋,$\phi \leqslant 10$ mm	t	2.65		4 000.00	10 600.00					钢筋工程
6	高强钢筋,$\phi \leqslant 10$ mm	t	3.129		4 000.00	12 516.00					钢筋工程
7	高强钢筋,$\phi = 12 \sim 16$ mm	t	4.206		4 000.00	16 824.00					钢筋工程
8	高强钢筋,$\phi > 16$ mm	t	3.768		4 000.00	15 072.00					钢筋工程
9	热轧带肋钢筋,$\phi > 10$ mm	t	0.002		4 000.00	8.00					钢筋工程
	合计					82 682.50					

注:此表由招标人填写暂估单价,并在备注栏说明暂估单价的材料、工程设备拟用在哪些清单项目上,投标人应将上述材料、工程设备暂估单价计入工程量清单综合单价报价中。工程结算时,依据承发包双方确认价调整差额。

表 1.20　专业工程暂估价及结算价表

工程名称:博物楼(建筑与装饰工程)　　　　　　　　　　标段:　　　　　　第1页 共1页

序号	工程名称	工程内容	暂估金额/元	结算金额/元	差额(±)/元	备注
1	成品钢大门运输与安装就位	钢大门的制作、运输和安装	10 000.00			
2	成品木门运输与安装就位	木门的制作、运输和安装	1 000.00			
3	铝合金推拉窗运输与安装	铝合金推拉窗的制作、运输和安装	28 356.00			
	合计		39 356.00	—	—	—

注:此表中暂估金额由招标人填写,投标人应将暂估金额计入投标总价中,结算时按合同约定的结算金额填写数值。

表 1.21　计日工表

工程名称:博物楼(建筑与装饰工程)　　　　　　　　　　标段:　　　　　　第1页 共1页

编号	项目名称	单位	暂定数量	实际数量	综合单价/元	合价/元	
						暂定	实际
一	人工						
1	房屋建筑工程普工	工日	5				
2	装饰工程普工	工日	2				
3	房屋建筑工程技工	工日	4				
4	装饰工程技工	工日	3				
5	高级技工	工日	2				
	人工小计						
二	材料						
1	中砂	m³	3				
2	普通水泥32.5	t	0.5				
	材料小计						

编号	项目名称	单位	暂定数量	实际数量	综合单价/元	合价/元 暂定	合价/元 实际
三	施工机械						
1	轮胎式拖拉机,功率(21 kW)	台班	2				
2	载重汽车,装载质量(2 t)	台班	1				
	施工机械小计						
	总计						

注:1.此表项目名称、暂定数量由招标人填写,编制招标控制价时单价由招标人按有关计价规定确定;投标时单价由投标人自主报价,按暂定数量计算合价,计入投标总价中。结算时,按发承包双方确认的实际数量计算合价。若采用一般计税法,材料单价、施工机械台班单价应不含税。

2.此表中综合单价包括管理费、利润、安全文明施工费等。

表1.22 总承包服务费计价表

工程名称:博物楼(建筑与装饰工程)　　　　　　　　　　　标段:　　第1页 共1页

序号	项目名称	项目价值/元	服务内容	计算基础	费率/%	金额/元
1	发包人发包专业工程	39 356.00	按专业工程承包人的要求,提供施工工作面并对施工现场进行统一管理,对竣工资料进行统一整理汇总	专业工程暂估价		
2	发包人提供材料	55 020.00	对发包人供应的材料进行验收、保管和使用、发放	材料设备暂估价		
	合计	—		—		—

注:此表项目名称、服务内容由招标人填写,编制招标控制价时,费率及金额由招标人按有关计价规定确定;投标时,费率及金额由投标人自主报价,计入投标总价中。

任务六　确定规费和税金

一、任务内容

运用《建筑安装工程费用项目组成》(建标〔2013〕44 号文)、清单规范、地方定额等资料编制规费和税金清单。

二、任务目标

学生通过完成该任务,能够达到以下目标:

①掌握规费的计算和编制方法,具备根据资料编制规费清单的能力。

②掌握税金的计算和编制方法,具备根据资料编制税金清单的能力。

③逐步树立查询资料、主动学习、分析问题、解决问题、与时俱进的创新精神。

三、知识储备

1. 规费

规费指按国家法律、法规规定,由省级政府和省级有关权力部门规定必须缴纳或计取的费用,包括社会保险费、住房公积金和工程排污费,其他应列而未列入的规费按实际发生的计取。

(1)社会保险费

①养老保险费:是指企业按照规定标准为职工缴纳的基本养老保险费。

②失业保险费:是指企业按照规定标准为职工缴纳的失业保险费。

③医疗保险费:是指企业按照规定标准为职工缴纳的基本医疗保险费。

④生育保险费:是指企业按照规定标准为职工缴纳的生育保险费。

⑤工伤保险费:是指企业按照规定标准为职工缴纳的工伤保险费。

(2)住房公积金

住房公积金是指企业按规定标准为职工缴纳的住房公积金。

(3)工程排污费

工程排污费是指按规定缴纳的施工现场工程排污费。

2. 税金

税金是指国家税法规定的应计入建筑安装工程造价内的营业税、城市维护建设税、教育费附加以及地方教育附加。

3. 营改增

其全称是营业税改增值税,指将以前缴纳营业税的应税项目改成缴纳增值税。营改增的最大特点是减少重复征税,可以促使社会形成更好的良性循环,有利于降低企业税负。2016年3月18日召开的国务院常务会议决定,自2016年5月1日起,中国将全面推开营改增试点,将建筑业纳入营改增试点,以增值税取代营业税,营业税退出历史舞台。

四、任务步骤

1. 填写规费清单

应当根据《建设工程工程量清单计价规范》的要求,结合项目所在地的要求填写规费项目。

2. 编写税金清单

应当根据《建设工程工程量清单计价规范》的要求和税务部门的规定,结合项目所在地的要求填写税金项目。

五、任务指导

1. 确定规费项目

按照《建筑安装工程费用项目组成》(建标〔2013〕44号文)和《建设工程工程量清单计价规范》的规定,规费项目包括五险一金、工程排污费,具体见表1.23。

表1.23　清单规范中的规费表

序号	项目名称	计算基础	计算基数	计算费率/%	金额/元
1	规费				
1.1	社会保险费				
(1)	养老保险费				
(2)	失业保险费				
(3)	医疗保险费				
(4)	工伤保险费				
(5)	生育保险费				
1.2	住房公积金				
1.3	工程排污费				

这里要注意的是,《建设工程工程量清单计价规范》提供的表格中的规费项目为通常的规费项目,如果工程所在地有规范中未列的项目,应当按照省级政府或省级有关部门的规定列项。

在2020年版《四川省建设工程工程量清单计价定额》中,规费清单上没有将五险一金和工程排污费分别列出,而是根据企业的资质,确定规费的取费类别和取费的费率,直接体现在汇总表中。四川省的招标工程量清单没有设置单独的规费清单,确定招标控制价和投标报价时,直接填写在单位工程招标控制价/投标报价汇总表里,在编制招标工程量清单时,可以不填写规费清单表格。

2. 确定税金项目

《建设工程工程量清单计价规范》中税金清单是不分税种的,只有一项,项目名称就是"税金",具体见表1.24。

表1.24　清单规范中的税金表

序号	项目名称	计算基础	计算基数	计算费率/%	金额/元
2	税金				

以前税金由营业税、城市维护建设税、教育费附加以及地方教育附加四项税金组成,其中营业税是价内税,其他三项都是以营业税为基础进行计算的,所以表格中税金的"计算费率"就是四种税的综合税率。营改增后,增值税为价外税,无法计算综合税率,表格中的"计算费率"就是增值税的税率,另外三种税金则放到了其他地方。

四川省定额中,税金被分成了销项增值税额和附加税两部分,直接体现在汇总表中,其中附加税包括了城市维护建设税、教育费附加以及地方教育附加三项税金。四川省的招标工程量清单中没有设置单独的税金清单,确定招标控制价和投标报价时,是直接填写在单位工程汇总表里,在编制招标工程量清单时不填写税金清单表格。

六、任务成果

为方便理解,这里给出规费和税金的清单表格。规费、税金项目计价表,见表1.25。

表1.25　规费、税金项目计价表

工程名称:博物楼(建筑与装饰工程)　　　　　　　　　　标段:　　　　第1页 共1页

序号	项目名称	计算基础	计算基数	计算费率/%	金额/元
1	规费	分部分项工程定额人工费＋单价措施项目定额人工费			
2	销项增值税	分部分项工程费＋措施项目费＋其他项目费＋规费＋按实计算费用＋创优质工程奖补偿奖励费－按规定不计税的工程设备金额－除税甲供材料(设备)费			

续表

序号	项目名称	计算基础	计算基数	计算费率/%	金额/元
3	附加税	分部分项工程费＋措施项目费＋其他项目费＋规费＋按实计算费用＋创优质工程奖补偿奖励费－按规定不计税的工程设备金额－除税甲供材料(设备)费			
	合计				

任务七　编写发包人提供主要材料和工程设备一览表

一、任务内容

根据清单规范、招标文件、设计文件等资料,编写发包人提供主要材料和工程设备一览表。

二、任务目标

学生通过完成该任务,能够达到以下目标:
①掌握统计发包人提供主要材料和工程设备的数量和确定价格的方法。
②具备编写发包人提供主要材料和工程设备一览表的能力。
③树立绿色环保、节能减排、勤俭节约的意识。

三、知识储备

①发包人提供的材料和工程设备(甲供材料和甲供设备)应在招标文件中按照规范的规定填写,在发包人提供主要材料和工程设备一览表中写明甲供材料(设备)的名称、规格、数量、单价、交货方式、交货地点等。

②发包人提供的甲供材料（设备）如规格、数量或质量不符合合同要求，或由于发包人原因发生交货日期延误、交货地点及交货方式变更等情况的，发包人应承担由此增加的费用和（或）工期延误，并向承包人支付合理利润。

③发包人提供主要材料和工程设备一览表由招标人填写，供投标人在投标报价、确定总承包服务费时参考。

四、任务步骤

①确定发包人提供的主要材料和工程设备的价格和数量。

②编写发包人提供主要材料和工程设备一览表。

五、任务指导

1. 发包人提供的主要材料、工程设备的价格和数量的确定

甲供材料（设备）的数量和价格是根据招标文件及相关资料确认的，其中数量一般是在编制招标控制价时根据综合单价分析表里的材料明细来确定的。

2. 发包人提供主要材料和工程设备一览表的编写

发包人提供主要材料和工程设备一览表是用于统计发包人主要材料和工程设备的数量和价格的，见表1.26。

表1.26　发包人提供主要材料和工程设备一览表

工程名称：　　　　　　　　　　　　　　　　　　　　　　　标段：　　　　第　页共　页

序号	材料（工程设备）名称、规格、型号	单位	数量	单价/元	交货方式	送达地点	备注

在编制招标工程量清单时，需要按照招标文件和相关资料填写材料（工程设备）的名称、规格、型号、单位、数量和单价。

六、任务成果

发包人提供的主要材料和工程设备见表1.27。

表1.27　发包人提供主要材料和工程设备一览表

工程名称：博物楼（建筑与装饰工程）　　　　　　　　　　　标段：　　　　第1页　共1页

序号	材料（工程设备）名称、规格、型号	单位	数量	单价/元	交货方式	送达地点	备注
1	钢筋，$\phi \leq 10$ mm	t	2.65	4 000.00			
2	高强钢筋，$\phi \leq 10$ mm	t	3.129	4 000.00			

续表

序号	材料(工程设备)名称、规格、型号	单位	数量	单价/元	交货方式	送达地点	备注
3	高强钢筋,$\phi = 12 \sim 16$ mm	t	4.206	4 000.00			
4	高强钢筋,$\phi > 16$ mm	t	3.768	4 000.00			
5	热轧带肋钢筋,$\phi > 10$ mm	t	0.002	4 000.00			

注:此表由招标人填写,供投标人在投标报价、确定总承包服务费时参考。

任务八　编写招标工程量清单总说明和扉页、封面,装订成册

一、任务内容

根据清单规范、项目背景、设计文件等资料,编写招标工程量清单总说明,填写扉页、封面并装订成册。

二、任务目标

学生通过完成该任务,能够达到以下目标:

①掌握编制招标工程量清单总说明的方法,具备根据给定的资料、结合实际情况,编制招标工程量清单总说明的能力。

②掌握编制招标工程量清单扉页和封面的方法,具备根据给定的资料、结合实际情况,编制招标工程量清单扉页和封面的能力。

③掌握整理招标工程量清单成果文件的方法,具备整理装订招标工程量清单成果文件的能力。

④逐步树立精心组织、严格把关、顾全大局的意识,确保工程造价文件的质量。

三、任务步骤

①编制招标工程量清单总说明。

②编制招标工程量清单扉页。

③编制招标工程量清单封面。

④整理装订招标工程量清单成果文件。

四、任务指导

1.招标工程量清单总说明的编制

招标工程量清单总说明应按下列内容填写：

①工程概况。工程概况包括建设规模、工程特征、计划工期、施工现场实际情况、自然地理条件、环境保护要求等。

②工程招标和专业工程发包范围。

③工程量清单编制依据。

④工程质量、材料、施工等的特殊要求。

⑤其他需要说明的问题。

2.招标工程量清单扉页和封面的编制

①扉页应按规定的内容填写、签字、盖章，由造价人员编制的工程量清单应由负责审核的一级造价工程师签字、盖章。受委托编制的工程量清单应由一级造价工程师签字、盖章以及工程造价咨询人盖章。

②封面按照项目背景填写。

3.招标工程量清单成果文件的整理和装订

对招标工程量清单表格，应当按照右下角的阿拉伯数字从小到大的顺序进行整理，依次按照封面、扉页、总说明、分部分项工程量清单与计价表、单价措施项目清单与计价表、总价措施项目清单与计价表、其他项目清单与计价汇总表、暂列金额明细表、材料（工程设备）暂估单价及调整表、专业工程暂估价表、计日工表、总承包服务费计价表、发包人提供主要材料和工程设备一览表的顺序从上到下放置，并装订成册。工程量计算表不放入招标工程量清单中，只能作为底稿存档。按照四川省的规定，规费和税金项目计价表也不放入招标工程量清单中，同样作为底稿存档。

五、任务成果

①招标工程量清单总说明，见表1.28。

②招标工程量清单扉页，如图1.2所示。

③招标工程量清单封面，如图1.3所示。

表 1.28　招标工程量清单总说明

工程名称:博物楼(建筑与装饰工程)　　　　　　　　　　　　　　　　第 1 页 共 1 页

1. 工程概况

　　本工程为××股份有限公司投资新建的办公和存储物品的博物楼。

　　(1)建设规模:建筑面积为 198.99 m²。

　　(2)工程特征:建筑层数为 1 层,框架结构,采用独立混凝土基础。装修标准为一般装修,详见设计施工图中建筑设计施工说明的装饰做法表。

　　(3)计划工期:详见招标文件。

　　(4)施工现场实际情况:已完成三通一平。

　　(5)环境保护要求:必须符合当地环保部门对噪声、粉尘、污水、垃圾的限制或处理要求。

2. 工程招标和分包范围

　　本工程按施工图纸范围招标(包括土建及结构工程、装饰装修工程)。除门窗采用二次专业设计,委托相关材料供应单位供应安装外,其他工程项目均采用施工总承包。

3. 工程量清单编制依据

　　(1)《建设工程工程量清单计价规范》(GB 50500—2013)。

　　(2)《房屋建筑与装饰工程工程量计算规范》(GB 50854—2013)。

　　(3)2020 年版《四川省建设工程工程量清单计价定额》房屋建筑与装饰工程分册、2020 年版《四川省建设工程工程量清单计价定额》爆破工程建筑安装工程费用附录分册。

　　(4)博物楼设计施工图以及与工程相关的标准、规范等。

　　(5)博物楼招标文件。

4. 工程、材料、施工等的特殊要求

　　(1)土建工程施工质量应满足《混凝土结构工程施工质量验收规范》(GB 50204—2015)、《砌体结构工程施工质量验收规范》(GB 50203—2019)、《屋面工程质量验收规范》(GB 50207—2012)等的规定。

　　(2)装饰工程施工质量应满足《建筑装饰装修工程质量验收标准》(GB 50210—2018)的规定。

　　(3)工程中钢筋材料由甲方提供。甲方应对材料的规格、品质、采购等负责。材料到达工地现场,施工方应和甲方代表共同取样验收,验收合格后材料方能用于工程。

5. 其他需要说明的问题

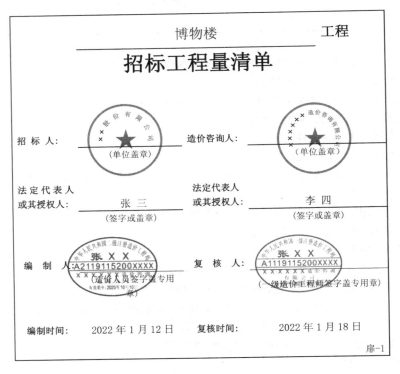

图 1.2　招标工程量清单扉页

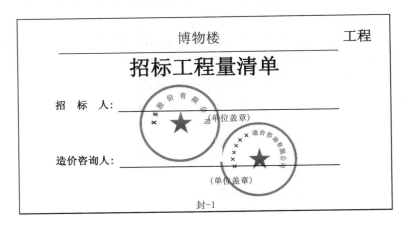

图 1.3　招标工程量清单封面

项目二

编制招标控制价

招标控制价
编制

一、项目内容

  学生以招标人或造价咨询人的视角,结合工作岗位,完成招标控制价的编制,提升在招标过程中的工程造价专业能力。

二、项目目标

  通过项目学习,学生能够掌握招标控制价的编制方法,具备运用招标工程量清单、预算定额、施工方案编制招标控制价的能力;逐步树立拥党爱国、爱岗敬业、求实创新、刻苦实干、团结协作、与时俱进,以精准化量价数据处理和精细化工程造价管理为内涵的工匠精神。

三、相关规定

  ①国有资金投资的建设工程招标,招标人必须编制招标控制价。

  ②招标控制价应由具有编制能力的招标人或受其委托具有相应资质的工程造价咨询人编制和复核。

  ③工程造价咨询人接受招标人委托编制招标控制价,不得再就同一工程接受投标人委托编制投标报价。

  ④招标控制价应按照规定编制,不应上调或下浮。

  ⑤当招标控制价超过批准的概算时,招标人应将其报原概算审批部门审核。

  ⑥招标人应在发布招标文件时公布招标控制价,同时应将招标控制价及有关资料报送工程所在地或有该工程管辖权的行业管理部门工程造价管理机构备查。

  ⑦招标控制价应根据下列依据编制与复核:

  a. 本规范。

  b. 国家或省级、行业建设主管部门颁发的计价定额和计价办法。

c. 建设工程设计文件及相关资料。

d. 拟定的招标文件及招标工程量清单。

e. 与建设项目相关的标准、规范、技术资料。

f. 施工现场情况、工程特点及常规施工方案。

g. 工程造价管理机构发布的工程造价信息,工程造价信息没有发布时则参照市场价。

h. 其他相关资料。

四、案例背景

该项目为××股份有限公司投资新建的办公和存储物品的博物楼。

①招标文件(见项目一)。

②招标工程量清单(见项目一)。

③设计施工图(见文件附录)。

④委托编制招标控制价。

因业主不具备编制招标控制价的能力,所以委托××造价咨询有限公司编制招标控制价。

⑤人工费单价的确定。

人工费单价按《四川省建设工程造价总站关于对各市(州)2020年〈四川省建设工程工程量清单计价定额〉人工费调整的批复》(川建价发〔2021〕39号文)进行调整。

⑥材料价格的确定。

材料价格参照四川省工程造价管理机构发布的工程造价信息(2022年04期)确定。

⑦常规施工方案。

为满足实训要求,该项目不采用商品混凝土和干拌砂浆。常规施工方案见表2.1。

表2.1 常规施工方案

序号	专业分部工程	工作内容
1	土石方工程	(1)土方开挖:将设计施工图中垫层底面标高作为最终开挖面标高进行开挖,开挖区的土方类别为三类土;开挖方式为机械开挖,其中基坑采用挖掘机,沟槽采用小型挖掘机,开挖深度在2 m以内,必要时采用放坡开挖 (2)土方回填:本区域开挖土方的工程性质均良好,全部用作回填,压实系数控制在95%以上;室内回填为房心回填,回填标高控制在室内地坪扣除装饰层厚度标高以内 (3)余方弃置:运距上考虑为运输至距离施工现场5.6 km处的弃土场
2	基础工程	(1)地基验槽后,基础垫层采用C15混凝土浇筑 (2)独立基础采用现浇C30混凝土浇筑 (3)砖基础采用MU10标准页岩砖,采用铺浆法砌筑,砂浆采用M5建筑水泥砂浆;砖墙水平灰缝和竖向灰缝宽度宜为10 mm,墙体与构造柱的交接处应留置马牙槎
3	砌体工程	实心砖墙采用MU10烧结多孔砖,采用铺浆法砌筑,砂浆采用M5混合砂浆;砖墙水平灰缝和竖向灰缝宽度宜为10 mm,墙体与构造柱的交接处应留置马牙槎

序号	专业分部工程	工作内容
4	钢筋混凝土工程	（1）混凝土矩形梁、基础梁、矩形梁、门柱、构造柱、圈梁、有梁板、女儿墙、雨篷和窗台压顶带均采用 C30 混凝土支模浇筑 （2）混凝土坡道、台阶采用 C25 混凝土支模浇筑 （3）混凝土散水采用 C20 混凝土支模浇筑 （4）部分窗台压顶采用预制 C30 混凝土构件 （5）各浇筑基本过程：支模→浇筑混凝土→振捣→养护→拆除模板
5	门窗	（1）门材料为钢大门和木门，采用成品采购，定位安装 （2）窗材料为铝合金推拉窗，采用成品采购，定位安装
6	装饰装修工程	（1）水磨石地面施工：清理基层→浇筑 C25 混凝土垫层→找平层施工→二布三涂改性沥青防水涂料→浇水磨石面层→养护→清理 （2）大理石地面施工：清理基层→浇筑 C25 混凝土垫层→找平层施工→铺贴大理石→养护→勾缝→清理 （3）油漆内墙面施工：清理基层→墙面抹灰→墙面满刮腻子两遍→刷乳胶漆→清理 （4）墙砖内墙面施工：清理基层→找平层施工→刷素水泥浆一遍→铺贴面砖→养护→勾缝→清理 （5）块料外墙面施工：清理基层→混合砂浆抹灰→粘铺挤塑板保温层→铺贴面砖→养护→勾缝→清理 （6）雨篷底面、侧面施工：清理基层→混合砂浆抹灰→满刮成品腻子→喷刷仿瓷涂料两遍→清理
7	屋面工程	（1）屋面施工：清理基层→制备水泥炉渣→铺设水泥炉渣（应满足 2% 的坡度要求）→细石混凝土刚性防水施工→找平层施工→铺贴 EVA 高分子卷材→保护层施工→清理 （2）雨篷面施工：清理基层→刚性防水层→聚氨酯涂料防水层→水泥砂浆保护层→清理 （3）屋面防水排水：采用有组织排水，设有塑料水落管。

五、任务分解

以能力为导向分解项目，可以划分为若干任务，任务具体要求及需要提交的任务成果文件见表 2.2。

表 2.2　编制招标控制价任务分解表

项目	任务分解	任务要求	成果文件
编制招标控制价	任务一:匹配定额项目并计算工程量	1.匹配定额工程项目	定额工程量计算表
		2.计算定额工程量	
	任务二:确定分部分项工程费	1.编写分部分项工程综合单价分析表	1.分部分项工程综合单价分析表
		2.编写分部分项工程量清单与计价表	2.分部分项工程量清单与计价表
	任务三:确定措施项目费	1.编写单价措施项目综合单价分析表	1.单价措施项目综合单价分析表
		2.编写单价措施项目清单与计价表	2.单价措施项目清单与计价表
		3.编写总价措施项目清单与计价表	3.总价措施项目清单与计价表
	任务四:确定其他项目费	1.编写暂列金额明细表	1.暂列金额明细表
		2.编写材料(工程设备)暂估价表	2.材料(工程设备)暂估价表
		3.编写专业工程暂估价表	3.专业工程暂估价表
		4.编写计日工表	4.计日工表
		5.编写总承包服务费计价表	5.总承包服务费计价表
		6.编写其他项目清单与计价汇总表	6.其他项目清单与计价汇总表
	任务五:确定规费和税金	1.计算规费	规费、税金项目计价表
		2.计算税金	
	任务六:确定招标控制价	1.计算招标控制价 2.编写单位工程招标控制价汇总表 3.编写单项工程招标控制价汇总表 4.编写建设工程招标控制价汇总表	1.单位工程招标控制价汇总表 2.单项工程招标控制价汇总表 3.建设项目招标控制价汇总表
	任务七:编写主要材料和工程设备一览表	1.查抄发包人提供主要材料和工程设备一览表	1.发包人提供主要材料和工程设备一览表
		2.编写承包人提供主要材料和工程设备一览表	2.承包人提供主要材料和工程设备一览表
	任务八:编写招标控制价总说明和扉页、封面,装订成册	1.编写总说明	招标控制价成果文件
		2.填写扉页、封面	
		3.装订文件	

六、资料准备

需要准备的资料如下：

①招标文件。

②招标工程量清单。

③图纸（含建筑施工图、结构施工图）、其他设计文件。

④《房屋建筑与装饰工程工程量计算规范》（GB 50854—2013）。

⑤2020 年版《四川省建设工程工程量清单计价定额》房屋建筑与装饰工程分册和构筑物工程、爆破工程、建筑安装工程费用、附录分册。

⑥相关图集。

⑦常规施工组织设计或施工方案。

⑧材料造价信息价格或市场价格。

任务一　匹配定额项目并计算工程量

一、任务内容

根据提供的招标工程量清单、设计文件、常规施工方案等资料，按照定额规定，给分部分项工程量清单和单价措施项目匹配上定额项目，并计算其工程量。

二、任务目标

学生通过完成该任务，能够达到以下目标：

①根据招标工程量清单、图纸、定额等资料，给分部分项工程量清单和单价措施项目清单的项目匹配定额项目。

②准确查找定额工程量计算规则，并运用规则正确计算定额工程量。

三、知识储备

1. 定额

定额是国家行政主管部门颁发的用于规定完成单位建筑安装产品所需消耗的人力、物力和财力的数量标准。定额反映了在一定生产力水平条件下的生产技术水平和管理水平。建筑工程定额主要包括劳动定额、材料消耗定额、机械台班使用定额、施工定额、预算定额、概算定额、概算指标、估算指标和费用定额等。

2. 定额的作用

定额是编审建设工程设计概算、施工图预算、最高投标限价（招标控制价、招标标底），调解处理工程造价纠纷、鉴定及控制工程造价的依据;是招标人组合综合单价,衡量投标报价合理性的基础;是投标人组合综合单价,确定投标报价的参考;是编制建设工程投资估算等指标的基础。

3. 预算定额

预算定额是规定消耗在单位建筑产品上的人工、材料、机械台班的社会必要劳动消耗量的数量标准。

4. 定额项目

定额项目是根据定额的工作内容以及常规施工方案确定的项目分项工程。

5. 定额项目划分

定额项目划分是为了准确计算工程造价,充分体现定额的先进性、维护其严肃,同时简单易行、使用方便、满足定额的适应性,正确地对定额项目进行的划分。

6. 定额项目匹配

定额项目匹配是按照清单项目的内容,根据相关规定,将定额项目与清单项目进行匹配。

7. 定额工程量

定额工程量是根据定额中的工程量计算规则,计算出来的分项工程工程量。相同的分项工程在不同定额中的计算规则不一定相同。定额工程量计算规则与清单计算规则也不一定相同。

四、任务步骤

1. 熟悉资料

仔细分析招标工程量清单、设计文件、常规施工方案等资料,从建筑构造、结构形式、施工工艺、所用材料等方面对工程进行全面了解。

2. 确定定额项目

根据招标工程量清单、图纸、施工方案,结合定额等资料,确定清单项目对应的定额项目。

3. 计算定额工程量

根据图纸的构件数据和施工方案选择的施工工艺,按照定额计算规则计算定额工程量。

五、任务指导

1.正确匹配定额项目

清单和定额项目的工作内容并不完全相同,导致清单项目和定额项目不一定是完全对应的。这就需要根据清单和定额项目的工作内容,结合招标文件、招标工程量清单等相关资料,为清单项目匹配定额项目。清单与定额项目的匹配主要有以下几种情况。

(1)单清单项目匹配单定额项目

清单项目和同名的定额项目的工作内容基本一致,同时招标工程量清单的项目特征中没有超过同名定额的工作内容。这里以"平整场地"为例。

清单规范中,"平整场地"的工作内容包括土方挖填、场地找平和运输,见表2.3。

表 2.3　平整场地清单内容

项目编码	项目名称	项目特征	计量单位	工程量计算规则	工作内容
010101001	平整场地	1.土壤类别 2.弃土运距 3.取土运距	m²	按设计图示尺寸以建筑物首层建筑面积计算	1.土方挖填 2.场地找平 3.运输

在四川省定额中,"平整场地"的工作内容是:标高 ≤ ±300 mm 的挖填找平,见表2.4。

表 2.4　平整场地定额内容

工作内容:标高 ≤ ±300 mm 的挖填找平　　　　　　　　　　　　　　单位:100 m²

定额编号				AA0001
项目				平整场地
综合基价/元				129.10
其中	人工费/元			57.27
	材料费/元			—
	机械费/元			54.22
	管理费/元			5.46
	利润/元			12.15
名称		单位	单价/元	数量
机械　柴油		L		(4.641)

将清单规范和四川定额的"平整场地"的工作内容进行对比,可以看出四川定额的工作内容并没有提到"运输",这时需要再看招标工程量清单中平整场地的项目,见表2.5。

在分部分项工程量清单与计价表中可以看到,"平整场地"的项目特征描述只有"土壤类别",没有关于"运输"的描述,可以判定该项目中"平整场地"清单项目所匹配的只有"平整场地"一个定额项目,见表2.6。

表 2.5　分部分项工程量清单与计价表

工程名称:博物楼(建筑与装饰工程)　　　　　　　　　　　　　　标段:　　　　　　第　页共　页

序号	项目编码	项目名称	项目特征描述	计量单位	工程量	综合单价	合价	定额人工费	定额机械费	暂估价
								其中		
1	010101001001	平整场地	1.土壤类别:三类土	m²	198.99					

表 2.6　平整场地工程量计算表

工程名称:博物楼(建筑与装饰工程)　　　　　　　　　　　　　　　　　　　　第　页共　页

序号	项目编码	工程名称	单位	工程量	计算式
1	10101001001	平整场地	m²	198.99	$S_{平场} = (29.5 + 0.2) \times (6.5 + 0.2)$
	AA0001	平整场地			

(2)单清单匹配多定额项目

清单项目的工作内容比同名的定额工作内容多,同时招标工程量清单中关于项目特征的描述中有同名定额未包括的项目内容。这里以"砖基础"项目为例。

清单规范中"砖基础"项目的工作内容包括砂浆制作、运输、砌砖、防潮层铺设、材料运输,见表2.7。

表 2.7　砖基础清单内容

项目编码	项目名称	项目特征	计量单位	工程量计算规则	工作内容
010401001	砖基础	1.砖品种、规格、强度等级 2.基础类型 3.砂浆强度等级 4.防潮层材料种类	m³	按设计图示尺寸以体积计算 包括附墙垛基础宽出部分体积,扣除地梁(圈梁)、构造柱所占体积,不扣除基础大放脚T形接头处的重叠部分及嵌入基础内的钢筋、铁件、管道、基础砂浆防潮层和单个面积≤0.3 m²的孔洞所占体积,靠墙暖气沟的挑檐不增加 基础长度:外墙按外墙中心线,内墙按内墙净长线计算	1.砂浆制作、运输 2.砌砖 3.防潮层铺设 4.材料运输

四川省定额中,"砖基础"的工作内容包括清理基槽及基坑,调、运、铺砂浆,运砖、砌砖,见表2.8。

经过对比可以发现,四川省定额中"砖基础"的工作内容中"调、运、铺砂浆"与清单规范中的"砂浆制作、运输"对应,"砌砖"与"砌砖"对应,"运砖"和"材料运输"对应。但是清单规范中的"防潮层铺设"是定额工作内容中没有的,而且在定额的"屋面及防水工程"章节有单独的防潮层项目。同时,定额工作内容中的"清理基槽及基坑"是清单规范中没有的,但是该工作内容不能单独成为项目,是砌筑砖基础前必须完成的工序,并没有专门的清单或定额项目。所以按照规定,"砖基础"清单项目包含"砖基础"和"防潮层"两个定额项目。

表 2.8　砖基础定额内容

工作内容:清理基槽及基坑,调、运、铺砂浆,运砖、砌砖。　　　　　　　　　　　　单位:10 m³

定额编号		AD0001	AD0002	AD0003	AD0004
项目		砖基础			
		水泥砂浆(细砂)	水泥砂浆(特细砂)	干混砂浆	湿拌砂浆
		M5			
综合基价/元		4 361.59	4 353.50	4 708.23	4 468.06
其中	人工费/元	1 300.14	1 300.14	1 143.06	1 085.94
	材料费/元	2 645.65	2 637.56	3 205.38	3 044.40
	机械费/元	8.74	8.74	3.28	—
	管理费/元	124.34	124.34	108.90	103.16
	利润/元	282.72	282.72	247.61	234.56

这时还需要查看招标工程量清单中的"砖基础"项目,确定其项目编码中是否有防潮层的特征描述,见表 2.9。

表 2.9　分部分项工程量清单与计价表

工程名称:仓库楼/单项工程1(建筑与装饰工程)　　　　　　　　标段:　　　　　第　页共　页

序号	项目编码	项目名称	项目特征描述	计量单位	工程量	金额/元				
						综合单价	合价	其中		
								定额人工费	定额机械费	暂估价
8	010401001001	砖基础	1. 砖品种、规格、强度等级:MU10标准砖、240 mm×115 mm×53 mm 2. 基础类型:条形基础 3. 砂浆强度等级:M5 水泥砂浆 4. 防潮层材料种类:1:2 水泥砂浆防潮层(5 层做法)	m³	4.91					

从表 2.9 中可以看到,该项目的"砖基础"特征中,防潮层材料种类是"1∶2 水泥砂浆防潮层(5 层做法)",说明该项目中"砖基础"清单项目包含"防潮层"项目,在进行项目匹配时"砖基础"清单项目就要填写"砖基础"和"防潮层"两个定额项目,具体计算见表 2.10。

表 2.10　定额工程量计算表

工程名称:博物楼(建筑与装饰工程)　　　　　　　　　　　　　　　　　　　　　　　　　　　第　　页

序号	项目编码	工程名称	单位	工程量	计算式
8	10401001001	砖基础	m³	4.91	$V_{砖基} = 0.2 \times 0.36 \times [(29.5 + 6.5) \times 2 - 0.4 \times 8 - 0.3 \times 8] - (0.3 + 0.03 \times 2) \times 0.2 \times 0.36 \times 4 - (0.2 + 0.03 \times 2) \times 0.2 \times 0.36 \times 16 - [0.2 \times 0.2 + (0.2 \times 0.03) \times 3] \times 0.36 + 0.2 \times 0.36 \times (6.5 - 0.3 - 1.8 + 4 - 0.14) - (0.2 + 0.03 \times 2) \times 0.2 \times 0.36 \times 2$
	AD0001	M5 水泥砂浆砌筑砖基础			
	AJ0135	1∶2 水泥砂浆防潮层			

这里要特别说明的是,如果某个分项工程清单项目没有匹配定额,那么对该分项工程无法计算价格。

2.准确计算定额工程量

清单项目和定额项目的工程量计算规则等并不完全相同,在计算定额工程量时主要有以下几种情况:

(1)清单项目与定额项目的工程量计算规则相同

当清单工程量计算规则与定额工程量计算规则相同时,可以直接采用清单工程量计算规则。这里以"平整场地"为例,《房屋建筑与装饰工程工程量计算规范》中"平整场地"工程量的计算规则见表 2.11。

表 2.11　平整场地清单内容

项目编码	项目名称	项目特征	计量单位	工程量计算规则	工作内容
010101001	平整场地	1.土壤类别 2.弃土运距 3.取土运距	m²	按设计图示尺寸以建筑物首层建筑面积计算	1.土方挖填 2.场地找平 3.运输

四川省定额中"平整场地"工程量的计算规则:平整场地按设计图示尺寸以建筑物首层建筑面积计算。

"平整场地"的清单规则和定额规则是一样的,据此计算出来的工程量也肯定是相等的,因此无须再计算"平整场地"的定额工程量,可直接采用其清单工程量,见表 2.12。

表 2.12　定额工程量计算表

工程名称:博物楼(建筑与装饰工程)　　　　　　　　　　　　　　　　　　　　　　　　第　页共　页

序号	项目编码	工程名称	单位	工程量	计算式
1	10101001001	平整场地	m^2	198.99	$S_{平场} = (29.5 + 0.2) \times (6.5 + 0.2)$
	AA0001	平整场地	m^2	198.99	同清单工程量

(2)清单项目与定额项目的工程量计算规则不同

当清单工程量计算规则与定额工程量计算规则不同时,必须重新计算定额工程量。这里以屋面保温为例,《房屋建筑与装饰工程工程量计算规范》中"保温隔热屋面"工程量的计算规则是按设计图示尺寸以面积计算,其单位为"m^2",见表 2.13。

表 2.13　保温隔热屋面清单内容

项目编码	项目名称	项目特征	计量单位	工程量计算规则	工作内容
011001001	保温隔热屋面	1. 保温隔热材料品种、规格、厚度 2. 隔气层材料品种、厚度 3. 黏结材料种类、做法 4. 防护材料种类、做法	m^2	按设计图示尺寸以面积计算。扣除面积>0.3 m^2 孔洞及占位面积	1. 基层清理 2. 刷黏结材料 3. 铺粘保温层 4. 铺、刷(喷)防护材料

四川省定额中"保温隔热屋面"工程量的计算规则是屋面、天棚保温、隔热楼地面工程量按设计图示尺寸以"m^3"或"m^2"计算。

该项目采用的是水泥炉渣保温层,从定额表格中可以看到其计量单位为"m^3",见表 2.14。

表 2.14　保温隔热屋面定额内容　　　　　　　　　单位:10 m^3

定额编号		AK0011	AK0012	AK0013	AK0014	AK0015	AK0016
项目		石灰炉渣	石灰矿渣	水泥石灰炉渣	水泥石灰矿渣	水泥焦渣	水泥炉渣
综合基价/元		2 405.67	2 405.67	2 879.93	2 879.93	3 163.38	3 290.64
其中	人工费/元	1 201.50	1 201.50	1 234.80	1 234.80	1 227.60	1 227.60
	材料费/元	829.31	829.31	1 259.87	1 259.87	1 552.77	1 680.03
	机械费/元	—	—	—	—	—	—
	管理费/元	115.34	115.34	118.54	118.54	117.85	117.85
	利润/元	259.52	259.52	266.72	266.72	265.16	265.16

"保温隔热屋面"的清单工程量计算规则是按面积计算,定额工程量计算规则是按体积计算,两者的工程量肯定不相等,这时就必须重新计算"保温隔热屋面"的定额工程量。项目中,"保温隔热屋面"的清单工程量为 152.10 m^2,根据图纸计算可得其平均厚度为 125 mm,用面积乘以其厚度,得到定额工程量为 19.01 m^3,具体计算见表 2.15。

表 2.15 定额工程量计算表

工程名称:博物楼(建筑与装饰工程)   第 页 共 页

序号	项目编码	工程名称	单位	工程量	计算式
50	11001001001	保温隔热屋面(5.6 m)	m^2	152.10	$S_{屋面保温5.6\,m} = (6.5 \times 3 + 4 - 0.1) \times 6.5$
	AK0016	水泥炉渣保温隔热屋面(5.6 m)	m^3	19.01	$H_{平均厚度5.6\,m} = 6.5 \times 2\% / 2 + 0.06$ $V_{屋面保温5.6\,m} = (6.5 \times 3 + 4 - 0.1) \times 6.5 \times 0.125$

(3)清单项目匹配多个定额项目

当清单项目匹配多个定额项目时,按照工程量计算规则相同与否分别对待。这里以砖基础为例。《房屋建筑与装饰工程工程量计算规范》中,砖基础的清单工程量计算规则见表2.7。

四川省定额中,砖基础的定额工程量计算规则为:砖基础以设计图示尺寸按体积计算,包括附墙垛基础宽出部分体积,扣除地梁(圈梁)、构造柱所占体积。砖石基础长度:外墙墙基按外墙中心线长度计算;内墙墙基按内墙净长计算。嵌入砖石基础的钢筋、铁件、管道、基础砂浆防潮层、单个孔洞面积≤0.3 m^2 以及砖石基础大放脚 T 形接头处的重叠部分均不扣除,但靠墙暖气沟的挑砖、石基础洞口上的砖平碹亦不另计算。

砖基础清单工程量计算规则和定额工程量计算规则虽然叙述的方式不尽相同,但实质内容是一样的,砖基础清单工程量和定额工程量相等。但是,砖基础清单项目的匹配定额中,除了砖基础定额项目外还有防潮层定额项目,其工程量计算规则为:墙基防水,外墙按中心线,内墙按净长乘以宽度计算。

可见,防潮层定额工程量是按面积计算的,和其匹配的砖基础清单工程量是按体积计算的,两者并不相同,所以防潮层定额工程量必须重新计算。计算防潮层定额工程量是用墙基的宽度乘以墙的长度,其值为 13.93 m^2,见表 2.16。

六、任务成果

定额工程量计算表,见表 2.17。

表 2.16　砖基础定额工程量计算表

工程名称:博物楼(建筑与装饰工程)　　　　　　　　　　　　　　　　　第　页 共　页

序号	项目编码	工程名称	单位	工程量	计算式
8	10401001001	砖基础	m³	4.91	$V_{砖基}=0.2\times0.36\times\left[(29.5+6.5)\times2-0.4\times8\right.$ $\left.-0.3\times8\right]-(0.3+0.03\times2)\times0.2\times0.36\times4-$ $(0.2+0.03\times2)\times0.2\times0.36\times16-\left[0.2\times0.2\right.$ $\left.+(0.2\times0.03)\times3\right]\times0.36+0.2\times0.36\times(6.5$ $-0.3-1.8+4-0.14)-(0.2+0.03\times2)\times0.2$ $\times0.36\times2$
	AD0001	M5 水泥砂浆砌筑砖基础	m³	4.91	同清单工程量
	AJ0135	1:2 水泥砂浆防潮层	m²	13.93	$S_{基础防潮层}=0.2\times\left[(29.5+6.5)\times2-0.4\times8-\right.$ $\left.0.3\times8\right]-0.3\times0.2\times4-0.2\times0.2\times17+0.2\times$ $(6.5-0.3-1.8+4-0.14)-0.2\times0.2\times2$

表 2.17　定额工程量计算表

单位工程名称:仓库楼(建筑与装饰工程)　　　　　　　　　　　　　　　第　页 共　页

序号	项目编码	工程名称	单位	工程量	计算式
					分部分项工程
					土石方工程
1	10101001001	平整场地	m²	198.99	$S_{平场}=(29.5+0.2)\times(6.5+0.2)$
	A0001	平整场地	m²	198.99	同清单工程量
2	10101003001	挖沟槽土方	m³	14.52	$H_{沟槽500}=0.36+0.5-0.3=0.56\ m<1.50\ m,$不放坡,加工作面 $V_{沟槽500}=(0.25+0.3\times2)\times(0.36+0.5-0.3)\times[6$ $+6.5\times3-0.1-(2.9+0.1\times2+0.3\times2)\times2-$ $(2.6+0.1\times2+0.3\times2)\times2]\times2+(0.25+0.3\times2)$ $\times(0.36+0.5-0.3)\times[6.5-0.2-(2.9+0.1\times2$ $+0.3\times2)]\times2+(0.25+0.3\times2)\times(0.36+0.5-$ $0.3)\times[6.5-0.2-(2.6+0.1\times2+0.3\times2)]$
	AA0013	小型挖掘机挖槽坑土方	m³	14.52	同清单工程量

续表

序号	项目编码	工程名称	单位	工程量	计算式
3	10101003002	挖沟槽土方	m³	1.5	$H_{沟槽400} = 0.36 + 0.4 - 0.3 = 0.46$ m < 1.50 m，不放坡，加工作面
	AA0013	小型挖掘机挖槽坑土方	m³	1.5	同清单工程量
4	10101004001	挖基坑土方	m³	499.54	$H_{基坑} = 2.0 + 0.1 - 0.3 = 1.80$ m > 1.50 m，放坡，加工作面 $V_{基坑} = [(2.6 + 0.1 \times 2 + 0.3 \times 2 + 0.67 \times 1.8)^2 \times 1.8 + 1/3 \times 0.67^2 \times 1.8^3] \times 6 + [(2.9 + 0.1 \times 2 + 0.3 \times 2 + 0.67 \times 1.8)^2 \times 1.8 + 1/3 \times 0.67^2 \times 1.8^3] \times 6$
	AA0015	挖掘机挖槽坑土方	m³	499.54	同清单工程量
5	10103001001	基础回填土	m³	449.43	$V_{基础回填土} = 499.54 + 16.01 - 10.47 - 45.51 - 0.4 \times 0.4 \times 0.06 - 9.24 - 0.2 \times (0.36 - 0.3) \times [(29.5 + 6.5) \times 2 - 0.4 \times 8 - 0.3 \times 8 + (6.5 - 0.3 - 1.8 + 4 - 0.14)]$
	AA0083	基础回填土（机械夯填）	m³	449.43	同清单工程量
6	10103001002	室内回填土	m³	6.38	$V_{室内回填土} = [(6 + 6.5 \times 3 - 0.2) \times (6.5 - 0.2) + 4 \times (1.4 + 0.3 - 0.1)] \times (0.3 - 0.045 - 0.002 - 0.02 - 0.2) + (2 + 1.25 + 1.35 - 0.1) \times (4 - 0.2) \times (0.3 - 0.2 - 0.02 - 0.015 - 0.012)$
	AA0083	室内回填土（机械夯填）	m³	6.38	同清单工程量
7	10103002001	余方弃置	m³	59.74	$V_{运土} = 499.54 + 16.01 - 449.43 - 6.38$
	AA0090 换	余方弃置（机械运土方）	m³	59.74	同清单工程量
砌筑工程					
8	10401001001	砖基础	m³	4.91	$V_{砖基础} = 0.2 \times 0.36 \times [(29.5 + 6.5) \times 2 - 0.4 \times 8 - 0.3 \times 8] - (0.3 + 0.03 \times 2) \times 0.2 \times 0.36 \times 4 - (0.2 + 0.03 \times 2) \times 0.2 \times 0.36 \times 16 - [0.2 \times 0.2 + (0.2 \times 0.03) \times 3] \times 0.36 + 0.2 \times 0.36 \times (6.5 - 0.3 - 1.8 + 4 - 0.14) - (0.2 + 0.03 \times 2) \times 0.2 \times 0.36 \times 2$
	AD0001	M5 水泥砂浆砌筑砖基础	m³	4.91	同清单工程量

序号	项目编码	工程名称	单位	工程量	计算式
8	AJ0135	1:2水泥砂浆防潮层	m²	13.93	$S_{基础防潮层} = 0.2 \times [(29.5 + 6.5) \times 2 - 0.4 \times 8 - 0.3 \times 8] - 0.3 \times 0.2 \times 4 - 0.2 \times 0.2 \times 17 + 0.2 \times (6.5 - 0.3 - 1.8 + 4 - 0.14) - 0.2 \times 0.2 \times 2$
9	10401004001	多孔砖墙	m³	55.62	$V_{砖墙} = [(29.5 - 0.4 \times 4 - 0.3 \times 2 + 6.5 - 0.3 \times 2) \times 2 \times (5.6 - 0.55) + (4 - 0.2 - 0.3) \times (0.55 - 0.4) + (3 + 0.85 \times 2 + 4 - 0.3 - 0.14) \times (5.6 - 0.55) + (4 - 0.24/2 + 0.14) \times (0.55 - 0.4)] \times 0.2 + (6 - 0.3 \times 2 + 6.5 - 0.3 \times 2) \times 2 \times (9.6 - 5.6 - 0.55) \times 0.2 - (3.9 + 24.6 + 1.98 + 54 + 5.4 + 18 + 6) \times 0.2 - 1.93 - 5.73 - 1.38 - 2.97 - 0.02 - 0.58 + (0.3 + 0.03 \times 2) \times 0.2 \times 0.36 \times 4 - (0.2 + 0.03 \times 2) \times 0.2 \times 0.36 \times 16 - [0.2 \times 0.2 + (0.2 \times 0.03) \times 3] \times 0.36$
	AD0037	M5混合砂浆砌筑多孔砖墙	m³	55.62	同清单工程量
	AD0037换	M5混合砂浆砌筑多孔砖墙(超过3.6 m部分)	m³	15.15	$V_{3.6\,m以上砖墙} = [(29.5 - 0.4 \times 4 - 0.3 \times 2 + 6.5 - 0.3 \times 2) \times 2 \times (5.6 - 3.6 - 0.55) + (4 - 0.2 - 0.3) \times (0.55 - 0.4) + (3 + 0.85 \times 2 + 4 - 0.3 - 0.14) \times (5.6 - 3.6 - 0.55) + (4 - 0.24/2 + 0.14) \times (0.55 - 0.4)] \times 0.2 - 2.97 - 0.02 - 1.38 - 0.58 - [0.2 \times 0.3 \times (5.6 - 3.6 - 0.55) + 0.03 \times 0.2 \times (5.6 - 3.6 - 0.55 - 0.5) \times 2] \times 4 - [0.2 \times 0.2 \times (5.6 - 3.6 - 0.55) + 0.03 \times 0.2 \times (5.6 - 3.6 - 0.55 - 0.25) \times 2] \times 18 - [0.2 \times 0.2 \times (5.6 - 3.6 - 0.55) + 0.03 \times 0.2 \times (5.6 - 3.6 - 0.55 - 0.25) \times 3]$
		混凝土及钢筋混凝土工程			
10	10501001001	基础垫层	m³	10.47	$V_{基垫} = (2.9 + 0.1 \times 2)^2 \times 0.1 \times 6 + (2.6 + 0.1 \times 2)^2 \times 0.1 \times 6$
	AE0001	现浇C15混凝土基础垫层	m³	10.47	同清单工程量

续表

序号	项目编码	工程名称	单位	工程量	计算式
11	10501001002	室内地面垫层	m³	33.76	$V_{地面垫层} = [(29.5 - 0.3 \times 2) \times (6.5 - 0.3 \times 2) - 0.2 \times (3 + 0.85 \times 2 - 0.1 + 4 - 0.1)] \times 0.2$
	AE0002 换	现浇 C25 混凝土室内地面垫层	m³	33.76	同清单工程量
12	10501003001	独立基础	m³	45.51	$V_{独基} = 2.9 \times 2.9 \times 0.5 \times 6 + 2.6 \times 2.6 \times 0.5 \times 6$
	AE0010	现浇 C30 混凝土独立基础	m³	45.51	同清单工程量
13	10502001001	矩形柱	m³	16.19	$V_{框柱} = 0.4 \times 0.4 \times (2 - 0.5 + 5.6) \times 8 + 0.4 \times 0.4 \times (2 - 0.5 + 9.6) \times 4$
	AE0024	现浇 C30 混凝土矩形柱	m³	16.19	同清单工程量
14	10502002001	门柱	m³	1.93	$V_{门柱} = [0.2 \times 0.3 \times (0.36 + 9.6 - 0.55 \times 2) + 0.03 \times 0.2 \times (0.36 + 9.6 - 0.55 \times 2 - 0.5) + 0.03 \times 0.2 \times (0.36 + 9.6 - 0.55 \times 2 - 0.5 - 4.1)] \times 2 + [0.2 \times 0.3 \times (0.36 + 5.6 - 0.55) + 0.03 \times 0.2 \times (0.36 + 5.6 - 0.55 - 0.5) + 0.03 \times 0.2 \times (0.36 + 5.6 - 0.55 - 0.5 - 4.1)] \times 2$
	AE0026 换	现浇 C30 混凝土门柱	m³	1.93	同清单工程量
15	10502002002	构造柱	m³	5.73	$V_{构造柱} = [0.2 \times 0.2 \times (0.36 + 9.6 - 0.55 \times 2) + 0.03 \times 0.2 \times (0.36 + 9.6 - 0.55 \times 2 - 0.25) + 0.03 \times 0.2 \times (0.36 + 9.6 - 0.55 \times 2 - 0.25 - 3)] \times 4 + [0.2 \times 0.2 \times (0.36 + 5.6 - 0.55) + 0.03 \times 0.2 \times (0.36 + 5.6 - 0.55 - 0.25) + 0.03 \times 0.2 \times (0.36 + 5.6 - 0.55 - 0.25 - 3)] \times 13 + 0.2 \times 0.2 \times (0.36 + 5.6 - 0.55) + 0.03 \times 0.2 \times (0.36 + 5.6 - 0.55 - 0.25 - 0.09) + 0.03 \times 0.2 \times (0.36 + 5.6 - 0.55) + 0.2 \times 0.2 \times (0.36 + 5.6 - 0.55) + 0.03 \times 0.2 \times (0.36 + 5.6 - 0.55 - 0.25) \times 3$
	AE0026 换	现浇 C30 混凝土构造柱	m³	5.73	同清单工程量

续表

序号	项目编码	工程名称	单位	工程量	计算式
16	10503001001	基础梁	m³	9.24	$V_{基础梁}=0.25\times0.5\times(6.5-0.3\times2)\times3+[0.25\times0.5\times(6+6.5\times3-0.3-0.4\times3-0.2)+0.25\times0.4\times(4-0.2-0.3)]\times2+0.25\times0.4\times(4-0.25/2-0.15)$
	AE0034	现浇 C30 混凝土基础梁	m³	9.24	同清单工程量
17	10503002001	矩形梁	m³	2.2	$V_{框梁}=0.24\times0.55\times[(6-0.3\times2)\times2+6.5-0.3\times2]$
	AE0036	现浇 C30 混凝土矩形梁	m³	2.2	同清单工程量
18	10503004001	圈梁	m³	2.97	$V_{圈梁}=0.2\times0.25\times[(29.5-0.3\times2-0.4\times4+6.5-0.3\times2)\times2+(3+0.85\times2+4-0.3-0.1)-(6-0.3\times2)-(6.5-0.2\times2)-0.2\times19]$
	AE0040 换	现浇 C30 混凝土圈梁	m³	2.97	同清单工程量
19	10503005001	雨篷梁	m³	1.38	$V_{雨篷梁}=0.2\times0.5\times[(6-0.3\times2-0.3\times2)+(6.5-0.2\times2-0.3\times2)+(4-0.2-0.3)]$
	AE0042 换	现浇 C30 混凝土雨篷梁	m³	1.38	同清单工程量
20	10503005002	过梁	m³	0.02	$V_{过梁}=(0.9+0.24+0.2)\times0.09\times0.2$
	AE0042 换	现浇 C30 混凝土过梁	m³	0.02	同清单工程量
21	10504001001	女儿墙（100 mm 厚）	m³	2.68	$V_{女儿墙100}=0.1\times0.5\times[(6.5\times3+4+0.1-0.1-0.1/2)\times2+(6.5+0.1\times2-0.1)]$
	AE0048	现浇 C30 混凝土女儿墙（100 mm 厚）	m³	2.68	同清单工程量
22	10504001002	直形墙（240 mm 厚）	m³	0.71	$V_{女儿墙240}=0.24\times0.5\times(6.5-0.3\times2)$
	AE0049	现浇 C30 混凝土女儿墙（240 mm 厚）	m³	0.71	同清单工程量

续表

序号	项目编码	工程名称	单位	工程量	计算式
23	10505001001	有梁板(5.6 m)	m³	28.49	$V_{有梁板5.6 m} = (6.5 \times 3 + 4 + 0.14 + 0.1) \times (6.5 + 0.1 \times 2) \times 0.12 + 0.24 \times (0.55 - 0.12) \times (6.5 - 0.3 \times 2) \times 5 + 0.24 \times (0.55 - 0.12) \times (6.5 \times 3 - 0.4 \times 2 - 0.2 - 0.1) + 0.24 \times (0.4 - 0.12) \times (4 - 0.2 - 0.3) + 0.24 \times (0.55 - 0.12) \times (6.5 \times 3 + 4 - 0.3 - 0.1 - 0.4 \times 3) + 0.24 \times (0.4 - 0.12) \times (4 - 0.14 - 0.24/2) + 0.24 \times (0.5 - 0.12) \times (6.5 \times 3 - 0.1 - 0.24/2 - 0.24 \times 2)$
	AE0061	现浇 C30 混凝土有梁板(5.6 m)	m³	28.49	同清单工程量
24	10505001002	有梁板(9.6 m)	m³	7.84	$V_{有梁板9.6 m} = (6 + 0.1 \times 2) \times (6.5 + 0.1 \times 2) \times 0.12 + 0.24 \times (0.55 - 0.12) \times (6.5 - 0.3 \times 2) \times 2 + 0.24 \times (0.55 - 0.12) \times (6 - 0.3 \times 2) \times 2 + 0.24 \times (0.5 - 0.12) \times (6 - 0.14 \times 2)$
	AE0061	现浇 C30 混凝土有梁板(9.6 m)	m³	7.84	同清单工程量
25	10505008001	雨篷	m³	1.36	$V_{雨篷} = (1.2 - 0.06) \times (2.5 - 0.06 \times 2) \times (0.12 + 0.07)/2 + 0.06 \times 0.25 \times [2.5 - 0.06 + (1.2 - 0.06/2) \times 2] + \{(1.2 - 0.06) \times (4 - 0.06 \times 2) \times (0.12 + 0.07)/2 + 0.06 \times 0.25 \times [4 - 0.06 + (1.2 - 0.06/2) \times 2]\} \times 2$
	AE0075	现浇 C30 混凝土雨篷	m³	1.36	同清单工程量
26	10507001001	坡道	m²	8.64	$S_{坡道} = (3 + 0.3 \times 2) \times 1.2 \times 2$
	AE0097 换	现浇 C25 混凝土坡道	m³	0.69	$V_{坡道} = (3 + 0.3 \times 2) \times 1.2 \times 2 \times 0.08$
	AD0227 换	级配砂石坡道垫层	m³	0.86	$V_{坡道垫层} = (3 + 0.3 \times 2) \times 1.2 \times 2 \times 0.1$

序号	项目编码	工程名称	单位	工程量	计算式
27	10507001002	散水	m²	39	$S_{散水}=\left[(29.5+0.2+6.5+0.2)\times2+0.6\times4-(3+0.3\times2)\times2-(1.5+0.3\times2+0.45\times2)\right]\times0.6$
	AE0097	现浇 C20 混凝土散水	m³	1.95	$V_{散水}=\left[(29.5+0.2+6.5+0.2)\times2+0.6\times4-(3+0.3\times2)\times2-(1.5+0.3\times2+0.45\times2)\right]\times0.6\times0.05$
	AD0237 换	砾石灌水泥砂浆散水垫层	m³	6.56	$V_{散水垫层}=\left[(29.5+0.2+6.5+0.2)\times2+(0.6+0.07)\times4-(3+0.3\times2)\times2-(1.5+0.3\times2+0.45\times2)\right]\times(0.6+0.07)\times0.15$
	AJ0153	沥青胶泥灌散水变形缝	m	73.92	$L_{变形缝}=(29.5+0.2+6.5+0.2)\times2-(3+0.3\times2)\times2-(1.5+0.3\times2+0.45\times2)+(0.6\times0.6+0.6\times0.6)^{-2}\times4+0.6\times6$
28	10507004001	台阶	m²	2.52	$S_{台阶}=0.6\times(0.9\times2+1.5+0.45\times2)$
	AE0105 换	现浇 C25 混凝土台阶	m³	0.54	$V_{台阶}=(1.5+0.45\times2+0.9\times2)\times0.6\times0.15+\left[1.5+0.45\times2-0.3+(0.9-0.3/2)\times2\right]\times0.3\times0.15$
29	10507005001	窗台压顶	m³	0.53	$V_{压顶}=\left[0.06\times(0.2+0.06)+(0.2+0.26)\times(0.08-0.06)/2\right]\times\left[3\times8+(2+0.24)\right]$
	AE0107 换	现浇 C30 混凝土窗台压顶	m³	0.53	同清单工程量
30	10514002001	预制窗台压顶	m³	0.05	$V_{预制压顶}=\left[0.06\times(0.2+0.06)+(0.2+0.26)\times(0.08-0.06)/2\right]\times(1.8+0.24\times2)$
	AE0135 换	预制 C30 混凝土窗台压顶	m³	0.05	同清单工程量
	AE0137	预制小型构件模板	m²	0.95	$S_{预制压顶模板}=\left[0.06\times(0.2+0.06)+(0.2+0.26)\times(0.08-0.06)/2\right]\times2+(0.06+0.2+0.06+0.08)\times(1.8+0.24\times2)$
31	10515001001	现浇构件钢筋	t	2.096	详见钢筋汇总表
	AE0141	现浇构件钢筋制作安装($\phi\leqslant10$ mm)	t	2.096	同清单工程量

续表

序号	项目编码	工程名称	单位	工程量	计算式
32	10515001002	现浇构件钢筋	t	0.392	详见钢筋汇总表
	AE0141 换	现浇构件钢筋制作安装（$\phi \leq 10$ mm）	t	0.392	同清单工程量
33	10515001003	现浇构件钢筋	t	2.924	详见钢筋汇总表
	AE0144	现浇构件高强钢筋制作安装（$\phi \leq 10$ mm）	t	2.924	同清单工程量
34	10515001004	现浇构件钢筋	t	3.949	详见钢筋汇总表
	AE0145	现浇构件高强钢筋制作安装（$\phi = 12 \sim 16$ mm）	t	3.949	同清单工程量
35	10515001005	现浇构件钢筋	t	3.589	详见钢筋汇总表
	AE0146	现浇构件高强钢筋制作安装（$\phi > 16$ mm）	t	3.589	同清单工程量
36	10515002001	预制构件钢筋	t	0.002	详见钢筋汇总表
	AE0156	预制构件钢筋制作安装	t	0.002	同清单工程量
37	10516002001	预埋铁件	t	0.001	$G_{预埋铁件} = 0.12 \times 0.2 \times 0.006 \times 7850 + 0.006165 \times 10 \times 10 \times (0.12 + 0.15 \times 2 + 6.25 \times 0.01 \times 2)$
	AE0166	预埋铁件制作安装	t	0.001	同清单工程量
38	10516003007	机械连接	个	12	$N = 12$
	AE0169	螺纹套筒连接（$\phi \leq 25$ mm）	个	12	同清单工程量

续表

序号	项目编码	工程名称	单位	工程量	计算式
		金属结构工程			
39	10606013001	零星钢构件	t	0.001	$G = 7.376 \times 0.2$
	MB0128	零星钢构件	t	0.001	同清单工程量
	AP0227	金属构件手工除锈	t	0.001	同清单工程量
	AP0229	金属构件手刷防锈漆一遍	t	0.001	同清单工程量
	AP0245 换	金属构件手刷调和漆两遍	t	0.001	同清单工程量
		屋面及防水工程			
40	10902001001	屋面卷材防水(5.6 m)	m²	170.04	$S_{屋面卷材防水5.6\,m} = (6.5 \times 3 + 4 - 0.1) \times 6.5 + (6.5 \times 3 + 4 - 0.1 + 6.5) \times 2 \times 0.3$
	AJ0024	屋面 EVA 高分子卷材防水(5.6 m)	m²	170.04	同清单工程量
41	10902001002	屋面卷材防水(9.6 m)	m²	46.5	$S_{屋面卷材防水9.6\,m} = 6 \times 6.5 + (6 + 6.5) \times 2 \times 0.3$
	AJ0024	屋面 EVA 高分子卷材防水(9.6 m)	m²	46.5	同清单工程量
42	10902002001	屋面涂膜防水	m²	14.21	$S_{雨篷涂料防水} = (1.2 - 0.06) \times (4 - 0.06 \times 2) \times 2 + (1.2 - 0.06 + 4 - 0.06 \times 2) \times 2 \times 0.15 + (1.2 - 0.06) \times (2.5 - 0.06) + (1.2 - 0.06 + 2.5 - 0.06) \times 2 \times 0.15$
	AJ0037	单组分聚氨酯防水涂料雨篷面涂膜防水	m²	14.21	同清单工程量
	AJ0069	厚 20 mm,雨篷面撒石英砂保护层	m²	14.21	同清单工程量

续表

序号	项目编码	工程名称	单位	工程量	计算式
43	10902003001	屋面刚性防水层(5.6 m)	m²	152.1	$S_{屋面刚性防水层5.6\,m} = (6.5 \times 3 + 4 - 0.1) \times 6.5$
	AJ0063	屋面细石混凝土刚性防水层(5.6 m)	m²	152.1	同清单工程量
44	10902003002	屋面刚性防水层(9.6 m)	m²	39	$S_{屋面刚性防水层9.6\,m} = 6 \times 6.5$
	AJ0063	屋面细石混凝土刚性防水层(9.6 m)	m²	39	同清单工程量
45	10902003003	雨篷刚性防水层	m²	11.63	$S_{雨篷刚性防水层} = (1.2 - 0.06) \times (4 - 0.06 \times 2) \times 2 + (1.2 - 0.06) \times (2.5 - 0.06)$
	AJ0063	雨篷细石混凝土刚性防水层	m²	11.63	同清单工程量
46	10902004001	屋面排水管	m	11.44	$L_{排水管} = (5.6 - 0.12 + 0.3 - 0.06) \times 2$
	AJ0073	屋面塑料水落管(ϕ110 mm)	m	11.44	同清单工程量
	AJ0088	屋面排水塑料落水口(ϕ110 mm)	个	2	$N_{落水口} = 2$
47	10902006001	雨篷吐水管	根	5	$N_{吐水管} = 5$
	AJ0092	雨篷塑料吐水管	根	5	同清单工程量
48	10903002001	墙面涂膜防水	m²	464.65	$S_{墙外防水} = (29.5 + 0.2 + 6.5 + 0.2) \times 2 \times (0.3 + 6.1) + (6 + 0.2 + 6.5 + 0.2) \times 2 \times (10.1 - 6.1) - (1.5 \times 2.6 + 3 \times 4.1 \times 2 + 3 \times 3 \times 8 + 3 \times 1.8) - (3.6 \times 0.3 \times 2 + 2.4 \times 0.3) - (4 + 6.5 + 6) \times 0.12 - (0.25 - 0.12) \times 0.06 \times 6 + [(3+3) \times 2 \times 8 + (3 + 1.8) \times 2] \times (0.2 - 0.08)/2$
	AJ0037	单组分聚氨酯防水涂料外墙面涂膜防水	m²	464.65	同清单工程量

续表

序号	项目编码	工程名称	单位	工程量	计算式
49	10904002001	地面涂膜防水	m²	181.87	$S_{地面防水} = (6 + 6.5 \times 3 - 0.2) \times (6.5 - 0.2) + 4 \times (1.4 + 0.3 - 0.1) + [(29.5 - 0.1 \times 2 + 6.5 - 0.1 \times 2) \times 2 - 0.9 - 3 \times 2] \times 0.25$
	AJ0041	改性沥青防水涂料地面涂膜防水	m²	181.87	同清单工程量
保温、隔热、防腐工程					
50	11001001001	保温隔热屋面 (5.6 m)	m²	152.1	$S_{屋面保温5.6 m} = (6.5 \times 3 + 4 - 0.1) \times 6.5$
	AK0016	水泥炉渣保温隔热屋面(5.6 m)	m³	19.01	$H_{平均厚度5.6 m} = 6.5 \times 2\% / 2 + 0.06 = 0.125 \text{ mm}$ $V_{屋面保温5.6 m} = (6.5 \times 3 + 4 - 0.1) \times 6.5 \times 0.125$
51	11001001002	保温隔热屋面 (9.6 m)	m²	39	$S_{屋面保温9.6 m} = 6 \times 6.5$
	AK0016	水泥炉渣保温隔热屋面(9.6 m)	m³	4.88	$H_{平均厚度9.6 m} = 6.5 \times 2\% / 2 + 0.06 = 0.125 \text{ mm}$ $V_{屋面保温9.6 m} = 6 \times 6.5 \times 0.125$
52	11001003001	保温隔热墙面	m²	458.31	$S_{墙外保温} = (29.5 + 0.2 + 6.5 + 0.2) \times 2 \times (0.3 + 6.1) + (6 + 0.2 + 6.5 + 0.2) \times 2 \times (10.1 - 6.1) - (1.5 \times 2.6 + 3 \times 4.1 \times 2 + 3 \times 3 \times 8 + 3 \times 1.8) - (3.6 \times 0.3 \times 2 + 2.4 \times 0.3) - (4 + 6.5 + 6) \times 0.12 - (0.25 - 0.12) \times 0.06 \times 6$
	AK0071	外墙挤塑板保温层	m²	458.31	同清单工程量
楼地面装饰工程					
53	11101001001	屋面水泥砂浆保护层(5.6 m)	m²	170.04	$S_{屋面保护层5.6 m} = (6.5 \times 3 + 4 - 0.1) \times 6.5 + (6.5 \times 3 + 4 - 0.1 + 6.5) \times 2 \times 0.3$
	AL0002	屋面1:2水泥砂浆保护层(5.6 m)	m²	170.04	同清单工程量

续表

序号	项目编码	工程名称	单位	工程量	计算式
54	11101001002	屋面水泥砂浆保护层(9.6 m)	m²	46.5	$S_{屋面保护层9.6\,m} = 6 \times 6.5 + (6 + 6.5) \times 2 \times 0.3$
	AL0002	屋面 1:2 水泥砂浆保护层(9.6 m)	m²	46.5	同清单工程量
55	11101001003	坡道水泥砂浆楼地面	m²	8.91	$S_{坡道面层} = (3 + 0.3 \times 2) \times (0.3 \times 0.3 + 1.2 \times 1.2)^{1/2} \times 2$
	AL0001 换	1:1.5 水泥砂浆坡道面层	m²	8.91	同清单工程量
	AL0354	金刚砂防滑条	m	49.5	$N_{数量} = 1.2/0.08 = 15$ 根 $L_{防滑条} = (3 + 3 + 0.3 \times 2)/2 \times 15$
56	11101002001	现浇水磨石楼地面	m²	165.79	$S_{水磨石地面} = (6 + 6.5 \times 3 - 0.2) \times (6.5 - 0.2) + 4 \times (1.4 + 0.3 - 0.1)$
	AL0018	现浇水磨石地面	m²	165.79	同清单工程量
57	11101006001	平面砂浆找平层	m²	165.79	$S_{地面找平} = (6 + 6.5 \times 3 - 0.2) \times (6.5 - 0.2) + 4 \times (1.4 + 0.3 - 0.1)$
	AL0064	20 mm 厚,1:2水泥砂浆地面找平层	m²	165.79	同清单工程量
58	11101006002	屋面平面砂浆找平层(5.6 m)	m²	170.04	$S_{屋面找平层5.6\,m} = (6.5 \times 3 + 4 - 0.1) \times 6.5 + (6.5 \times 3 + 4 - 0.1 + 6.5) \times 2 \times 0.3$
	AL0061	20 mm 厚,1:2水泥砂浆屋面找平层(5.6 m)	m²	170.04	同清单工程量

序号	项目编码	工程名称	单位	工程量	计算式
59	11101006003	屋面平面砂浆找平层(9.6 m)	m²	46.5	$S_{屋面平面找平层9.6 m} = 6 \times 6.5 + (6 + 6.5) \times 2 \times 0.3$
	AL0061	20 mm 厚,1:2水泥砂浆屋面找平层(9.6 m)	m²	46.5	同清单工程量
60	11102001001	石材楼地面	m²	18.66	$S_{大理石地面} = (4 - 0.2) \times (3 + 0.85 \times 2 - 0.2) + (1.5 + 0.9) \times 0.2 + (1.5 + 0.45 \times 2 - 0.3 \times 2) \times 0.6$
	AL0080	大理石地面	m²	18.66	同清单工程量
	AL0066 换	28 mm 厚,1:2水泥砂浆找平层	m²	18.66	同清单工程量
61	11105002001	石材踢脚线	m²	2.22	$S_{大理石踢脚线} = [(4 - 0.2 + 3 + 0.85 \times 2 - 0.2) \times 2 - 1.5 - 0.9 + (0.2 - 0.08) \times 4 + (0.2 - 0.08)/2 \times 2] \times 0.15$
	AL0194	大理石板踢脚线	m²	2.22	同清单工程量
62	11105003001	块料踢脚线	m²	9.74	$S_{彩釉砖踢脚线} = [(29.5 - 0.1 \times 2 + 6.5 - 0.1 \times 2) \times 2 - 0.9 - 3 \times 2 + (0.2 - 0.08) \times 4 + (0.2 - 0.08)/2 \times 2] \times 0.15$
	AL0200	彩釉砖踢脚线	m²	9.74	同清单工程量
63	11107001001	石材台阶面	m²	2.52	$S_{台阶面层} = 0.6 \times (0.9 \times 2 + 1.5 + 0.45 \times 2)$
	AL0292	大理石台阶面层	m²	2.52	同清单工程量
	AL0066	20 mm 厚,1:3水泥砂浆找平层	m²	2.52	同清单工程量

续表

序号	项目编码	工程名称	单位	工程量	计算式
				墙、柱面装饰与隔断、幕墙工程	
64	11201001001	室内墙面一般抹灰(储藏室)	m²	339.08	$S_{墙内抹灰}=(29.5-0.1\times2+6.5-0.1\times2)\times2\times(5.6-0.12)+(6-0.1\times2+6.5-0.1\times2)\times(9.6-5.6)-(3\times4.1\times2+2.2\times0.9+3\times3\times7+1.8\times3+2\times3)+(3\times7+1.8\times2)\times(0.2-0.08)/2$
	AM0007	室内墙面混合砂浆一般抹灰(储藏室)	m²	339.08	同清单工程量
65	11201001002	室外墙面一般抹灰	m²	491.24	$S_{墙外抹灰}=(29.5+0.2+6.5+0.2)\times2\times(0.3+6.1)+(6+0.2+6.5+0.2)\times2\times(10.1-6.1)-(1.5\times2.6+3\times4.1\times2+3\times3\times8+3\times1.8)+(3\times8+1.8)\times(2-0.08)/2+6.5\times0.5$
	AM0007	室外墙面混合砂浆一般抹灰	m²	491.24	同清单工程量
66	11201001003	雨篷侧面一般抹灰	m²	4.43	$S_{雨篷侧面抹灰}=(1.2\times2+4)\times0.25\times2+(1.2\times2+2.5)\times0.25$
	AM0005	雨篷侧面混合砂浆一般抹灰	m²	4.43	同清单工程量
67	11204003001	室内块料墙面	m²	67.18	$S_{内墙贴砖}=(4-0.2-0.045\times2+3+0.85\times2-0.2-0.045\times2)\times2\times(5.6-0.12-0.15)-[(1.5-0.045\times2)\times(2.6-0.045)+(2.2-0.045)\times(0.9-0.045\times2)+(3-0.045\times2)\times(3-0.045\times2)+(2-0.045\times2)\times(3-0.045\times2)]$
	AM0114换	17 mm厚,1:2立面水泥砂浆找平层	m²	72.13	$S_{立面找平}=(4-0.2+3+0.85\times2-0.2)\times2\times(5.6-0.12)-(1.5\times2.6+2.2\times0.9+3\times3+2\times3)+(1.5+2.6\times2+0.9+2.2\times2+3\times4+2\times2+3\times2)\times(0.2-0.08)/2$
	AM0026	墙面刷素水泥浆一遍	m²	70.39	$S_{内墙素水泥浆}=(4-0.2+3+0.85\times2-0.2)\times2\times(5.6-0.12)-(1.5\times2.6+2.2\times0.9+3\times3+2\times3)+(3+2)\times(0.2-0.08)/2$
	AM0301	室内墙面贴面砖	m²	67.18	同清单工程量

序号	项目编码	工程名称	单位	工程量	计算式
68	11204003002	室外块料墙面	m^2	472.21	$S_{墙外贴砖} = (29.5 + 0.2 + 0.057 \times 2 + 6.5 + 0.2 + 0.057 \times 2) \times 2 \times (0.3 + 6.1) + (6 + 0.2 + 0.057 \times 2 + 6.5 + 0.2 + 0.057 \times 2) \times 2 \times (10.1 - 6.1) - [1.5 \times 2.6 + 3 \times 4.1 \times 2 + (3 - 0.057 \times 2) \times (3 - 0.057 \times 2) \times 8 + (3 - 0.057 \times 2) \times (1.8 - 0.057 \times 2)] + 6.5 \times 0.5 - (3.6 \times 0.3 \times 2 + 2.4 \times 0.3) - (4 + 6.5 + 6) \times 0.12 - (0.25 - 0.12) \times 0.06 \times 6$
	AM0309	室外墙面贴面砖	m^2	472.21	同清单工程量
69	11206002001	块料零星项目（室内门窗侧壁、顶面和底面）	m^2	3.39	$S_{零星块料} = [(1.5 - 0.045 \times 2) + (2.6 - 0.15 - 0.045) \times 2 + (2.2 - 0.15 - 0.045) \times 2 + (0.9 - 0.045 \times 2) + (3 - 0.045 \times 2 + 3 - 0.045 \times 2) \times 2 + (2 - 0.045 \times 2 + 3 - 0.045 \times 2) \times 2] \times [(0.2 - 0.08)/2 + 0.045]$
	AM0429	室内门窗侧壁、顶面和底面贴块料	100 m^2	3.39	同清单工程量
70	11206002002	块料零星项目（室外门窗侧壁、顶面和底面）	m^2	9.82	$S_{零星块料} = [(3 - 0.06 \times 2 + 3 - 0.06 \times 2) \times 2 \times 8 + (3 - 0.06 \times 2 + 1.8 - 0.06 \times 2) \times 2] \times [(0.2 - 0.08)/2 + 0.037]$
	AM0429	室外门窗侧壁、顶面和底面贴块料	m^2	9.82	同清单工程量
天棚工程					
71	11301001001	天棚抹灰（5.6 m）	m^2	185.07	$S_{天棚抹灰5.6\,m} = (6.5 \times 3 + 4 + 0.14 - 0.1) \times (6.5 - 0.2) + (0.24 - 0.2) \times [(6 - 0.3) \times 2 + (6.5 - 0.3)] + (0.55 - 0.12) \times (6.5 - 0.3 \times 2) \times 8 + (0.5 - 0.12) \times (6.5 \times 3 + 0.14 + 0.24/2 - 0.24 \times 4) \times 2 + (0.4 - 0.12) \times (4 - 0.14 - 0.24/2) \times 2 - (0.5 - 0.12) \times 0.24 \times 6 - (0.4 - 0.12) \times 0.24$
	AN0007	天棚混合砂浆抹灰（5.6 m）	m^2	185.07	同清单工程量

续表

序号	项目编码	工程名称	单位	工程量	计算式
72	11301001002	天棚抹灰(9.6 m)	m²	39.93	$S_{天棚抹灰9.6\,m} = (6.5 \times 3 + 4 + 0.14 - 0.1) \times (6.5 - 0.2) + (0.24 - 0.2) \times [(6 - 0.3) \times 2 + (6.5 - 0.3)] + (0.55 - 0.12) \times (6.5 - 0.3 \times 2) \times 8 + (0.5 - 0.12) \times (6.5 \times 3 + 0.14 + 0.24/2 - 0.24 \times 4) \times 2 + (0.4 - 0.12) \times (4 - 0.14 - 0.24/2) \times 2 - (0.5 - 0.12) \times 0.24 \times 6 - (0.4 - 0.12) \times 0.24$
	AN0007	天棚混合砂浆抹灰(9.6 m)	m²	39.93	同清单工程量
73	11301001003	雨篷底抹灰	m²	12.6	$S_{雨篷底抹灰} = 1.2 \times 4 \times 2 + 1.2 \times 2.5$
	AN0007	雨篷底混合砂浆抹灰	m²	12.6	同清单工程量
油漆、涂料、裱糊工程					
74	11406001001	室内墙面刷油漆	m²	343.09	$S_{墙内乳胶漆} = (29.5 - 0.1 \times 2 + 6.5 - 0.1 \times 2) \times 2 \times (5.6 - 0.12) + (6 - 0.1 \times 2 + 6.5 - 0.1 \times 2) \times (9.6 - 5.6) - (3 \times 4.1 \times 2 + 2.2 \times 0.9 + 3 \times 3 \times 7 + 1.8 \times 3 + 2 \times 3) + [(3 + 3) \times 2 \times 5 + (3 + 1.8) \times 2 + (3 + 3) \times 2 + (2 + 3) \times 2] \times (0.2 - 0.08)/2$
	AP0299	室内墙面刷乳胶漆	m²	343.09	同清单工程量
	AP0330	室内墙面满刮腻子一遍	m²	343.09	同清单工程量
	AP0331	室内墙面刮腻子增加一遍	m²	343.09	同清单工程量
75	11406001002	天棚抹灰面油漆(5.6 m)	m²	185.07	$S_{天棚刷漆5.6\,m} = (6.5 \times 3 + 4 + 0.14 - 0.1) \times (6.5 - 0.2) + (0.24 - 0.2) \times [(6 - 0.3) \times 2 + (6.5 - 0.3)] + (0.55 - 0.12) \times (6.5 - 0.3 \times 2) \times 8 + (0.5 - 0.12) \times (6.5 \times 3 + 0.14 + 0.24/2 - 0.24 \times 4) \times 2 + (0.4 - 0.12) \times (4 - 0.14 - 0.24/2) \times 2 - (0.5 - 0.12) \times 0.24 \times 6 - (0.4 - 0.12) \times 0.24$
	AP0300	天棚刷乳胶漆(5.6 m)	m²	185.07	同清单工程量
	AP0330 换	天棚满刮腻子两遍	m²	185.07	同清单工程量

续表

序号	项目编码	工程名称	单位	工程量	计算式
76	11406001003	天棚抹灰面油漆（9.6 m）	m²	39.93	$S_{天棚刷漆9.6\,m} = (6.5 \times 3 + 4 + 0.14 - 0.1) \times (6.5 - 0.2) + (0.24 - 0.2) \times [(6 - 0.3) \times 2 + (6.5 - 0.3)] + (0.55 - 0.12) \times (6.5 - 0.3 \times 2) \times 8 + (0.5 - 0.12) \times (6.5 \times 3 + 0.14 + 0.24/2 - 0.24 \times 4) \times 2 + (0.4 - 0.12) \times (4 - 0.14 - 0.24/2) \times 2 - (0.5 - 0.12) \times 0.24 \times 6 - (0.4 - 0.12) \times 0.24$
	AP0300	天棚刷乳胶漆（5.6 m）	m²	39.93	同清单工程量
	AP0330	天棚满刮腻子一遍	m²	39.93	同清单工程量
	AP0331	天棚刮腻子增加一遍	m²	39.93	同清单工程量
77	11407001001	雨篷侧面喷刷涂料	m²	4.43	$S_{雨篷侧面涂料} = (1.2 \times 2 + 4) \times 0.25 \times 2 + (1.2 \times 2 + 2.5) \times 0.25$
	AP0355	雨篷侧面喷刷仿瓷涂料	m²	4.43	同清单工程量
	AP0333	雨篷侧面满刮成品腻子	m²	4.43	同清单工程量
78	11407002001	雨篷底面喷刷涂料	m²	12.6	$S_{雨篷底面涂料} = 1.2 \times 4 \times 2 + 1.2 \times 2.5$
	AP0359	雨篷底面喷刷仿瓷涂料一遍	m²	12.6	同清单工程量
	AP0360	雨篷底面喷刷仿瓷涂料增加一遍	m²	12.6	同清单工程量
	AP0333	雨篷底面满刮成品腻子	m²	12.6	同清单工程量

续表

序号	项目编码	工程名称	单位	工程量	计算式
		单价措施项目清单			
		脚手架工程			
1	11701001001	综合脚手架（檐口高度5.78 m）	m²	157.45	$S_{\text{脚手架}5.78\,m}=(6.5\times3+4)\times(6.5+0.2)$
	AS0001	综合脚手架,单层建筑（檐口高度≤6 m）	m²	157.45	同清单工程量
	AS0014 换	单排外脚手架（檐口高度≤15 m）	m²	327.57	$S_{\text{外脚手架}5.78\,m}=\left[(6.5\times3+4)\times2+(6.5+0.2)\right]\times6.1$
2	11701001002	综合脚手架（檐口高度9.78 m）	m²	41.54	$S_{\text{脚手架}9.78\,m}=(6+0.2)\times(6.5+0.2)$
	AS0003	综合脚手架,单层建筑（檐口高度≤15 m）	m²	41.54	同清单工程量
	AS0014 换	单排外脚手架（檐口高度≤15 m）	m²	223.06	$S_{\text{外脚手架}9.78\,m}=\left[(6+0.2)\times2+(6.5+0.2)\right]\times10.1+(6.5+0.2)\times(10.1-5.6)$
		混凝土模板及支架(撑)			
3	11702001001	基础垫层模板及支架	m²	14.16	$S_{\text{基垫模板}}=(2.6+0.1\times2)\times4\times0.1\times6+(2.9+0.1\times2)\times4\times0.1\times6$
	AS0027	混凝土基础垫层复合模板及支架(撑)	m²	14.16	同清单工程量

续表

序号	项目编码	工程名称	单位	工程量	计算式
4	11702001002	基础模板及支架	m²	66	$S_{基础模板} = 2.6 \times 4 \times 0.5 \times 6 + 2.9 \times 4 \times 0.5 \times 6$
	AS0028	混凝土独立基础复合模板及支架（撑）	m²	66	同清单工程量
5	11702002001	矩形柱模板及支架(5.6 m)	m²	85.48	$S_{矩形柱模板5.6\,m} = 0.4 \times 4 \times (2 - 0.5 + 5.6) \times 8 - (0.25 \times 0.5 \times 14 + 0.25 \times 0.4 \times 4) - 0.12 \times 0.4 \times 22 - (0.55 - 0.12) \times 0.24 \times 20 - (0.4 - 0.12) \times 0.24 \times 2$
	AS0040	混凝土矩形柱复合模板及支架（撑）	m²	85.48	同清单工程量
	AS0104 换	混凝土柱模板支撑超高增加费	m²	85.48	同清单工程量
6	11702002002	矩形柱模板及支架(9.6 m)	m²	67.47	$S_{矩形柱模板9.6\,m} = 0.4 \times 4 \times (2 - 0.5 + 9.6) \times 4 - (0.25 \times 0.5 \times 8) - 0.24 \times 0.55 \times 8 - 0.12 \times 0.4 \times 2 - (0.55 - 0.12) \times 0.24 \times 2 - 0.12 \times 0.4 \times 8 - (0.55 - 0.12) \times 0.24 \times 8$
	AS0040	混凝土矩形柱复合模板及支架（撑）	m²	67.47	同清单工程量
	AS0104 换	混凝土柱模板支撑超高增加费	m²	67.47	同清单工程量
7	11702003001	门柱模板及支架(5.6 m)	m²	7.18	$S_{门柱模板5.6\,m} = [0.3 \times (0.36 + 5.6 - 0.55) + 0.03 \times (0.36 + 5.6 - 0.55 - 0.5) + 0.03 \times (0.36 + 5.6 - 0.55 - 0.5 - 4.1)] \times 2 \times 2$
	AS0041	混凝土构造柱复合模板及支架（撑）	m²	7.18	同清单工程量

续表

序号	项目编码	工程名称	单位	工程量	计算式
8	11702003002	门柱模板及支架(9.6 m)	m²	12.15	$S_{门柱模板9.6 m} = [0.3 \times (0.36 + 9.6 - 0.55 \times 2) + 0.03 \times (0.36 + 9.6 - 0.55 \times 2 - 0.5) + 0.03 \times (0.36 + 9.6 - 0.55 \times 2 - 0.5 - 4.1)] \times 2 \times 2$
	AS0041	混凝土门柱复合模板及支架(撑)	m²	12.15	同清单工程量
9	11702003003	构造柱模板及支架(5.6 m)	m²	38.65	$S_{构造柱模板5.6 m} = [0.2 \times (0.36 + 5.6 - 0.55) + 0.03 \times (0.36 + 5.6 - 0.55 - 0.25) + 0.03 \times (0.36 + 5.6 - 0.55 - 0.25 - 3)] \times 2 \times 13 + 0.2 \times (0.36 + 5.6 - 0.55) \times 2 + 0.03 \times 2 \times (0.36 + 5.6 - 0.55 - 0.25 - 0.09) + 0.03 \times 2 \times (0.36 + 5.6 - 0.55) + 0.2 \times (0.36 + 5.6 - 0.55) + 0.03 \times 2 \times (0.36 + 5.6 - 0.55 - 0.25) \times 3$
	AS0041	混凝土构造柱复合模板及支架(撑)	m²	38.65	同清单工程量
10	11702003004	构造柱模板及支架(9.6 m)	m²	17.59	$S_{构造柱模板9.6 m} = [0.2 \times (0.36 + 9.6 - 0.55 \times 2) + 0.03 \times (0.36 + 9.6 - 0.55 \times 2 - 0.25) + 0.03 \times (0.36 + 9.6 - 0.55 \times 2 - 0.25 - 3)] \times 2 \times 4$
	AS0041	混凝土构造柱复合模板及支架(撑)	m²	17.59	同清单工程量
11	11702005001	基础梁模板及支架	m²	73.68	$S_{基础梁模板} = [(6 + 6.5 \times 3 - 0.3 - 0.2 - 0.4 \times 3) \times 2 \times 2 + (6.5 - 0.3 \times 2) \times 2 \times 3] \times 0.5 + (4 - 0.2 - 0.3) \times 2 \times 2 \times 0.4 + (4 - 0.25/2 - 0.15) \times 2 \times 0.4 - 0.4 \times 0.25 \times 2$
	AS0043	混凝土基础梁复合模板及支架(撑)	m²	73.68	同清单工程量
12	11702006001	矩形梁模板及支架(5.6 m)	m²	22.38	$S_{矩形梁模板} = (0.24 + 0.55 \times 2) \times [(6 - 0.3 \times 2) \times 2 + (6.5 - 0.3 \times 2)]$
	AS0044	混凝土矩形梁复合模板及支架(撑)	m²	22.38	同清单工程量
	AS0102 换	混凝土梁模板支撑超高增加费	m²	22.38	同清单工程量

序号	项目编码	工程名称	单位	工程量	计算式
13	11702008001	圈梁模板及支架	m²	35.26	$S_{圈梁模板} = 0.25 \times [(29.5 - 0.3 \times 2 - 0.4 \times 4 + 6.5 - 0.3 \times 2) \times 2 + (3 + 0.85 \times 2 + 4 - 0.3 - 0.1) - (6 - 0.3 \times 2) - (6.5 - 0.2 \times 2) - 0.2 \times 19] \times 2 + 0.2 \times (3 \times 8 + 1.8 + 2)$
	AS0047	混凝土圈梁复合模板及支架(撑)	m²	35.26	同清单工程量
14	11702009001	过梁模板及支架	m²	0.42	$S_{过梁模板} = (0.9 + 0.24 + 0.2) \times 0.09 \times 2 + 0.9 \times 0.2$
	AS0049	混凝土过梁复合模板及支架(撑)	m²	0.42	同清单工程量
15	11702009002	雨篷梁模板及支架	m²	13.99	$S_{雨篷梁模板} = 0.5 \times [(6 - 0.3 \times 2 - 0.3 \times 2) + (6.5 - 0.2 \times 2 - 0.3 \times 2) + (4 - 0.2 - 0.3)] \times 2 + 0.2 \times (3 \times 2 + 1.5) - 0.12 \times (4 \times 2 + 2.5) - (0.25 - 0.12) \times 0.06 \times 6$
	AS0049	混凝土雨篷梁复合模板及支架(撑)	m²	13.99	同清单工程量
16	11702011001	直形墙模板及支架	m²	59.4	$S_{女儿墙模板} = 0.5 \times [(6.5 \times 3 + 4 + 0.1 - 0.1 - 0.1/2) \times 2 + (6.5 + 0.1 \times 2 - 0.1)] \times 2 + 0.5 \times (6.5 - 0.3 \times 2) \times 2$
	AS0052	混凝土直形墙复合模板及支架(撑)	m²	59.4	同清单工程量
17	11702014001	有梁板模板及支架(5.6 m)	m²	241.81	$S_{有梁板模板5.6\,m} = (6.5 \times 3 + 4 + 0.14 + 0.1) \times (6.5 + 0.1 \times 2) + (0.55 \times 2 - 0.12) \times (6.5 \times 3 - 0.1 - 0.2 - 0.4 \times 2 + 6.5 \times 3 + 4 - 0.1 - 0.3 - 0.4 \times 3 + 6.5 - 0.3 \times 2 + 6.5 - 0.3 \times 2) + (0.4 \times 2 - 0.12) \times (4 - 0.2 - 0.3) + (0.55 - 0.12) \times 2 \times (6.5 - 0.3 \times 2) \times 3 + (0.5 - 0.12) \times 2 \times (6.5 \times 3 - 0.1 - 0.24 \times 2 - 0.24/2) + (0.4 - 0.12) \times 2 \times (4 - 0.2 - 0.3) - 0.24 \times (0.5 - 0.12) \times 6 - 0.24 \times (0.4 - 0.12) \times 2 - 0.4 \times 0.4 \times 8 - 0.4 \times 0.24 \times 2$
	AS0057	混凝土有梁板复合模板及支架(撑)	m²	241.81	同清单工程量
	AS0103 换	混凝土有梁板模板支撑超高增加费	m²	241.81	同清单工程量

续表

序号	项目编码	工程名称	单位	工程量	计算式
18	11702014002	有梁板模板及支架(9.6 m)	m^2	67.21	$S_{有梁板模板9.6\,m} = (6 + 0.1 \times 2) \times (6.5 + 0.1 \times 2) + (0.55 \times 2 - 0.12) \times (6 - 0.3 \times 2 + 6.5 - 0.3 \times 2) \times 2 + (0.5 - 0.12) \times 2 \times (6 - 0.14 \times 2) - 0.24 \times (0.5 - 0.12) \times 2 - 0.4 \times 0.4 \times 4$
	AS0057	混凝土有梁板复合模板及支架(撑)	m^2	67.21	同清单工程量
	AS0103 换	混凝土有梁板模板支撑超高增加费	m^2	67.21	同清单工程量
19	11702023001	雨篷模板及支架	m^2	12.6	$S_{雨篷模板} = 4 \times 1.2 \times 2 + 2.5 \times 1.2$
	AS0078	混凝土雨篷复合模板及支架(撑)	m^2	12.6	同清单工程量
20	11702025001	窗台压顶模板及支架	m^2	5.25	$S_{压顶} = (0.06 + 0.06 + 0.08) \times [3 \times 8 + (2 + 0.24)]$
	AS0094	混凝土窗台压顶复合模板及支架(撑)	m^2	5.25	同清单工程量
21	11702027001	台阶模板及支架	m^2	2.52	$S_{台阶模板} = 0.6 \times (0.9 \times 2 + 1.5 + 0.45 \times 2)$
	AS0097	混凝土台阶复合模板及支架(撑)	m^2	2.52	同清单工程量
垂直运输					
22	11703001001	垂直运输(檐口高度5.78 m)	m^2	157.45	$S_{垂直运输5.78\,m} = (6.5 \times 3 + 4) \times (6.5 + 0.2)$
	AS0116	现浇框架垂直运输(檐口高度≤20 m)	m^2	157.45	同清单工程量

续表

序号	项目编码	工程名称	单位	工程量	计算式
23	11703001002	垂直运输（檐口高度9.78 m）	m^2	41.54	$S_{垂直运输9.78\,m} = (6 + 0.2) \times (6.5 + 0.2)$
	AS0116	现浇框架垂直运输（檐口高度≤20 m）	m^2	41.54	同清单工程量
大型机械设备进出场及安拆					
24	11705001001	大型机械设备进出场及安拆	台次	1	$N_{挖掘机} = 1$
	AS0202	履带式挖掘机（斗容量≤1 m^3）进出场费	台次	1	同清单工程量
25	11705001002	大型机械设备进出场及安拆	台次	1	$N_{起重机} = 1$
	AS0206	履带式起重机（提升质量≤30 t）进出场费	台次	1	同清单工程量

任务二　确定分部分项工程费

一、任务内容

　　根据招标工程量清单、设计文件、清单规范、常规施工方案、定额等资料，以及任务一的工程量计算成果，计算分项工程综合单价和分部分项工程费，并填写分部分项工程综合单价分析表和分部分项工程量清单与计价表。

综合单价分析

二、任务目标

　　学生通过完成该任务，能够达到以下目标：

　　①掌握综合单价计算的方法，具备计算招标控制价的分部分项工程综合单价并填写分部分项工程综合单价分析表的能力。

　　②掌握分部分项工程费计算的方法，具备计算招标控制价的分部分项工程费并填写分

部分项工程量清单与计价表的能力。

③树立崇尚劳动、尊重劳动、热爱劳动的理念。

三、知识储备

1.分部分项工程费

分部分项工程费是指各专业工程的分部分项工程应予列支的各项费用。

2.综合单价

综合单价是由完成一个规定计量单位的分部分项工程项目或措施项目的工程内容所需的人工费、材料费、施工机具使用费、企业管理费、利润,以及一定的风险费组成。

3.造价信息价

造价信息价是工程造价管理机构根据调查和测算发布的建设工程人工、材料、工程设备、施工机械台班的价格信息,以及各类工程的造价指数、指标。

4.定额消耗量

定额消耗量是由建设行政主管部门根据合理的施工组织设计,按照正常施工条件制定的,生产一个规定计量单位的工程合格产品所需人工、材料、机械台班的社会平均消耗量标准。

5.预算定额消耗量标准

它是根据国家现行设计标准、施工质量验收规范和安全技术操作规程,以正常的施工条件、合理的施工组织设计、施工工期、施工工艺为基础,结合当地的施工技术水平和施工机械装备程度进行编制的,它反映了社会平均水平。

6.定额套用

定额套用是指根据定额,确定分项工程项目所包含的人工、材料和机械台班的消耗量或费用。定额套用分为直接套用和换算使用两种情况。

（1）直接套用

定额的直接套用指直接使用定额项目中的基价、人工费、机械费、材料费、各种材料用量及各种机械台班耗用量。当分项工程项目的内容与定额项目一致时,可直接套用预算定额。

在编制单位工程施工图预算的过程中,大多数分项工程项目可以直接套用预算定额。套用预算定额时应注意以下几点:

①根据施工图、设计说明、标准图做法说明,选择定额项目。

②应从工程内容、技术特征和施工方法上仔细核对,才能较准确地确定与施工图相对应的定额项目。

③施工图中分项工程的名称、内容和计量单位要与预算定额项目相一致。

（2）换算使用

编制预算时，当施工图中的分项工程项目不能直接套用预算定额时，就产生了定额的换算。预算定额的换算类型有以下四种：

①砂浆换算：砌筑砂浆换强度等级、抹灰砂浆换配合比及砂浆用量换算。

②混凝土换算：构件混凝土的强度等级、混凝土类型换算；楼地面混凝土的强度等级、厚度换算等。

③系数换算：按规定对定额基价，定额中的人工费、材料费、机械费乘以各种系数的换算。

④其他换算：除上述三种情况以外的预算定额换算。

预算定额换算的基本思路：根据选定的预算定额基价，按规定换入增加的费用，换出应扣除的费用。

7. 人工费的调整

四川省定额取定的人工费作为定额综合基价的基价，各地可根据本地劳动力单价及实物工程量劳务单价的实际情况，由当地工程造价管理部门测算并附文报省建设工程造价总站批准后调整人工费。编制设计概算、施工图预算、最高投标限价（招标控制价、标底）时，人工费按工程造价管理部门发布的人工费调整文件进行调整。

8. 材料费调整

四川省定额取定的材料价格作为定额综合基价的基价，调整的材料费进入综合单价。在编制设计概算、施工图预算、最高投标限价（招标控制价、标底）时，依据工程造价管理部门发布的工程造价信息确定材料价格并调整材料费，工程造价信息没有发布的材料，参照市场价确定材料价格并调整材料费。

9. 机械费调整

四川省定额对施工机械及仪器仪表使用费以机械费表示，其作为定额综合基价的基价。定额注明了机械油料消耗量的项目，油价变化时，机械费中的燃料动力费按照上述"材料费调整"的规定进行调整并调整相应定额项目的机械费，机械费中除燃料动力费以外的费用由省建设工程造价总站根据住房和城乡建设部的规定以及四川省实际进行统一调整。调整的机械费进入综合单价，但不作为计取其他费用的基础。

10. 企业管理费、利润调整

四川省定额的企业管理费、利润由省建设工程造价总站根据实际情况进行统一调整。

11. 甲供材料单价

编制招标控制价时，甲供材料单价应计入相应项目的综合单价中。

12. 其他

招标控制价的分部分项工程综合单价中应包括招标文件中划分的、应由投标人承担的风险范围及其费用。招标文件中没有明确的项目,如是工程造价咨询人编制的,应提请招标人明确;如是招标人编制的,应予明确。

招标控制价的分部分项工程单价项目,应根据拟定的招标文件和招标工程量清单项目中的特征描述及有关要求确定综合单价的计算。

四、任务步骤

①计算招标控制价的分部分项工程综合单价,并填写分部分项工程综合单价分析表。
②计算招标控制价的分部分项工程费,并填写分部分项工程量清单与计价表。

五、任务指导

1.计算分项工程综合单价,并填写综合单价分析表

计算分项工程综合单价需要用到综合单价分析表,该表的主要作用是计算业主招标工程量清单中分项工程和单价措施项目的综合单价,见表2.18。

表2.18 综合单价分析表

工程名称: 标段: 第 页共 页

项目编码				项目名称			计量单位		工程量		
清单综合单价组成明细											
定额编号	定额项目名称	定额单位	数量	单价					合价			
				人工费	材料费	机械费	管理费	利润	人工费	材料费	机械费	管理费	利润
人工单价 /元·工日⁻¹		小计										
		未计价材料费										
		清单项目综合单价										
材料费明细		主要材料名称、规格、型号				单位	数量	单价/元	合价/元	暂估单价/元	暂估合价/元	
		其他材料费						—		—	
		材料费小计						—		—	

注:①如不适用省级或行业建设主管部门发布的计价依据,可不填定额编号、名称等。
②招标文件中提供了暂估单价的材料,按材料暂估的单价填入表内"暂估单价"栏及"暂估合价"栏。

以项目中的"混凝土基础垫层"为例,填写综合单价分析表,计算其综合单价。

（1）填写清单内容

表格第一排的"项目编码""项目名称""计量单位"和"工程量",直接按照招标工程量清单中的分部分项工程量清单项目填写,见表2.19。

表2.19 分部分项工程量清单与计价表

工程名称:博物楼（建筑与装饰工程）　　　　　　　标段:　　　　第 2 页 共 18 页

序号	项目编码	项目名称	项目特征描述	计量单位	工程量	综合单价	合价	定额人工费	定额机械费	暂估价
						金额/元		其中		
10	010501001001	基础垫层	1.混凝土种类:清水混凝土,现场搅拌 2.混凝土强度等级:C15	m³	10.47					

表中的"项目编码"为"010501001001","项目名称"为"基础垫层","计量单位"为"m³","工程量"为"10.47",填入综合单价分析表中,见表2.20。

表2.20 综合单价分析表

工程名称:博物楼（建筑与装饰工程）　　　　　　　标段:　　　　第　页 共　页

项目编码	010501001001	项目名称	基础垫层	计量单位	m³	工程量	10.47

清单综合单价组成明细

定额编号	定额项目名称	定额单位	数量	人工费	材料费	机械费	管理费	利润	人工费	材料费	机械费	管理费	利润
				单价/元					合价/元				

小计

未计价材料费

清单项目综合单价

材料费明细	主要材料名称、规格、型号	单位	数量	单价/元	合价/元	暂估单价/元	暂估合价/元
	其他材料费			—		—	
	材料费小计			—		—	

111

需要注意的是,这里的综合单价分析表是四川省的,和前面的表格比较,"清单综合单价组成明细"中管理费和利润是分别计算的,因为在四川省的定额中管理费和利润是分开的。综合单价分析表中的内容可以根据所在地区的要求增加,例如定额人工费、定额机械费、综合费等。

(2)填写清单综合单价组成明细

第一步,查看该清单项目匹配的定额项目,确定其定额编号和定额项目名称,见表2.21。

表2.21 定额工程量计算表

单位工程名称:博物楼(建筑与装饰工程)　　　　　　　　　　　第　页共　页

序号	项目编码	工程名称	单位	工程量	计算式
10	10501001001	基础垫层	m³	10.47	$V_{基垫} = (2.9 + 0.1 \times 2)^2 \times 0.1 \times 6 + (2.6 + 0.1 \times 2)^2 \times 0.1 \times 6$
	AE0001	现浇 C15 混凝土基础垫层	m³	10.47	同清单工程量

从定额工程量计算表中,可以确认"基础垫层"项目只有一个定额匹配项目"现浇 C15 混凝土基础垫层",同时从表中还可以确认其定额编号为"AE0001"。

第二步,查找定额单位和计算数量。

定额单位要根据所选定额进行确认,见表2.22。从表2.22中可以看到,"基础混凝土垫层"的单位为"10 m³"。

表2.22 基础混凝土垫层定额

工作内容:冲洗石子、混凝土搅拌、运输、浇捣、养护等全部操作过程。　　　　单位:10 m³

定额编号		AE0001	AE0002	AE0003	AE0004
项目		基础混凝土垫层(特细砂)	楼地面混凝土垫层(特细砂)	楼地面混凝土垫层	
		C15		炉渣	矿渣
综合基价/元		3 847.60	3 696.30	2 387.80	2 340.60
其中	人工费/元	837.57	730.83	621.84	621.84
	材料费/元	2 652.64	2 652.64	1 529.04	1 481.84
	机械费/元	27.72	24.90	—	—
	管理费/元	100.37	87.66	72.13	72.13
	利润/元	229.30	200.27	164.79	164.79

名　称		单位	单价/元	数量			
材料	混凝土（塑·特细砂、砾石粒径≤40 mm）C15	m³	258.40	10.150	10.150	—	—
	炉渣混凝土 C50	m³	148.70	—	—	10.150	—
	水泥石灰矿渣 1∶1∶8	m³	144.05	—	—	—	10.150
	水泥 32.5	kg		（2 811.550）	（2 811.550）	（1 451.450）	（1 806.700）
	特细砂	m³		（4.669）	（4.669）	—	—
	砾石 5~40 mm	m³		（9.846）	（9.846）	—	—
	炉渣	m³		—	—	（14.921）	—
	矿渣	m³		—	—	—	（12.079）
	生石灰	kg		—	—	（1 218.000）	（903.350）
	水	m³	2.80	7.258	7.258	7.045	7.045
	其他材料费	元		9.560	9.560	—	—

数量不是定额的工程量，是按下面的公式计算而得的。

$$数量 = \left(\frac{定额工程量}{清单工程量} \right) / 定额单位数$$

所以，"现浇 C15 混凝土基础垫层"的数量 =（10.47/10.47）/10 = 0.1。

第三步，人工费的计算。

定额中有人工费、材料费、机械费、管理费和利润，见表 2.22。

人工费不能直接使用定额的，定额上的人工费称为定额人工费，填表时需要用定额人工费乘以人工调整系数，即：

人工费 = 定额人工费 ×（1 + 人工调整系数）

在编制招标控制价时，调整系数应当按照当地造价总站最新的调价文件进行调整。本实训项目使用的文件是《四川省建设工程造价总站关于对各市（州）2020 年〈四川省建设工程工程量清单计价定额〉人工费调整的批复》（川建价发〔2021〕39 号文）。文件摘录如图 2.1 所示。

从文件中可以确定项目所在地的人工费调整系数为 11.33%，所以现浇 C15 混凝土基础垫层的人工费计算如下：

现浇 C15 混凝土基础垫层人工费 = 现浇 C15 混凝土基础垫层定额人工费 ×（1 + 人工调整系数）= 837.57 ×（1 + 11.33%）= 932.47（元）

第四步，材料费的计算。

材料费因为材料市场物价波动频繁，不能直接使用定额上的材料费，应先填写综合单价分析表中的"材料费明细"部分，得到材料费小计，再计算材料费，见表 2.23。

四川省建设工程造价总站

川建价发〔2021〕39号

四川省建设工程造价总站关于对
各市（州）2020年《四川省建设工程工程量 清单计价定额》人工费调整
的批复

各市（州）工程造价管理机构：

按照《四川省住房和城乡建设厅关于发布<四川省建设工程工程量清单计价定额>的通知》（川建造价发〔2020〕315号）和《四川省住房和城乡建设厅关于改进和完善建设工程定额计日工单价和人工费调整工作的通知》（川建造价发〔2020〕316号）的精神，根据《四川省建设工程造价总站关于印发2020年《四川省建设工程工程量清单计价定额》人工费调整系数公式和人工费调整幅度及计日工人工单价表格的通知》（川建价发〔2021〕1号）的要求，现批准2022年上半年各市（州）2020年《四川省建设工程工程量清单计价定额》人工费调整幅度及计日工人工单价（见附件）。

此次批准的人工费调整幅度和计日工人工单价从2022年1月1日起与2020年《四川省建设工程工程量清单计价定额》配套执行，2022年1月1日以前开工，但未竣工的工程，按结转工程量分段执行。人工费调整的计算基础是定额人工费，调整的人工费不作为计取其他费用的基础（税金除外）。

📎 附件：2022年上半年各市（州）2020年《四川省建设工程工程量清单计价定额》人工费调整幅度及计日工人工单价.doc

四川省建设工程造价总站

2021年12月1日

2022年上半年各市（州）2020年《四川省建设工程工程量清单计价定额》人工费调整幅度及计日工人工单价

序号	地区		本次调整后人工费调整幅度（%）		本次调整后人工费调整幅度与上次人工费调整幅度差值（%）		计日工人工单价（元/工日）					备注
			房屋建筑与装饰、仿古建筑、市政、园林绿化、构筑物、爆破、城市轨道交通、既有及小区改造房屋建筑维修与加固、城市地下综合管廊、绿色建筑、装配式建筑、城市道路桥梁养护维修、排水管网非开挖修复工程	通用安装工程	房屋建筑与装饰、仿古建筑、市政、园林绿化、构筑物、爆破、城市轨道交通、既有及小区改造房屋建筑维修与加固、城市地下综合管廊、绿色建筑、装配式建筑、城市道路桥梁养护维修、排水管网非开挖修复工程	通用安装工程	房屋建筑、仿古建筑、市政、园林绿化、抹灰工程、构筑物、城市轨道交通、既有及小区改造房屋建筑维修与加固、城市地下综合管廊、绿色建筑、装配式建筑、城市道路桥梁养护维修、排水管网非开挖修复工程普工	装饰（抹灰工程除外）、通用安装工程普工	房屋建筑、仿古建筑、市政、园林绿化、抹灰工程、构筑物、爆破、城市轨道交通、既有及小区改造房屋建筑维修与加固、城市地下综合管廊、绿色建筑、装配式建筑、城市道路桥梁养护维修、排水管网非开挖修复工程技工	装饰（抹灰工程除外）、通用安装工程技工	高级技工	
1	成都市	天府新区成都直管区、成都高新区、锦江区、青羊区、金牛区、武侯区、成华区、双流区	11.33	13.38	0.78	0.79	167	190	216	235	278	
		东部新区	11.06	13.12	0.77	0.79	165	188	214	233	276	
		龙泉驿区、青白江区、新都区、温江区、郫都区、新津区	11.06	13.12	0.77	0.79	165	188	214	233	276	
		简阳市	10.80	12.87	0.78	0.80	163	186	212	231	274	

图2.1 调价文件截图

"垫层"的定额见表2.22,从定额可以确定材料的名称、型号、规格和单位,直接填入表中。数量是用定额上的数量乘以该定额项目的数量。即：

材料数量 = 材料定额数量 × 定额项目数量

定额中"混凝土（塑·特细砂、砾石粒径≤40 mm）C15"的数量为10.150,"现浇C15混凝土基础垫层"的数量在前面计算出来是0.1,所以材料明细表中"混凝土（塑·特细砂、砾石粒径≤40 mm）C15"的数量为10.150×0.1=1.015。

表 2.23　综合单价分析表中的材料费明细

	主要材料名称、规格、型号	单位	数量	单价/元	合价/元	暂估单价/元	暂估合价/元
材料费明细							
	其他材料费			—		—	
	材料费小计			—		—	

材料单价则是优先选用地方工程造价信息网和《工程造价信息》上"信息价表"的价格，如没有则进行市场询价，最后考虑定额上的价格。该项目选用的是四川省工程造价管理机构发布（2022 年 04 期）的信息价表中的材料单价。材料合价等于材料单价乘以材料数量，即：

材料合价 = 材料单价 × 材料数量

"四川省 2022.04 期信息价表"中"混凝土（塑·特细砂、砾石粒径≤40 mm）C15"的单价为 389.66 元/m³，前面计算出其数量为 1.015，所以其合价为 389.66 元/m³×1.015 m³≈395.50 元。

"其他材料费"是用定额的"其他材料费"价格乘以该定额项目数量，即：9.56 元×0.1≈0.96 元。

最后，将各种材料的合价汇总，就得到了"材料费小计"。特别注意，定额中有些材料的数量有括号，说明该材料是原材料，没有括号的则是半成品，原材料和半成品不能一起汇总计算合价，在填表时应根据需要选择并进行价格计算。该项目选择的是半成品汇总合价，具体见表 2.24。

这里得到的"材料费小计"是"清单综合单价组成明细"中的材料费合计，除以该定额项目数量，就得到了材料费单价，即：398.56/0.1 = 3 985.60 元。

第五步，机械费、管理费和利润的单价填写。

机械费、管理费和利润的单价按照定额中的相应费用来填写，见表 2.22。

机械费为 27.72 元，管理费为 100.37 元，利润为 229.30 元，填入综合单价分析表的"清单综合单价组成明细"中，见表 2.25。

表 2.24　综合单价分析表中的材料费明细

主要材料名称、规格、型号	单位	数量	单价/元	合价/元	暂估单价/元	暂估合价/元
混凝土(塑·特细砂、砾石粒径≤40 mm) C15	m³	1.015	389.66	395.50		
水泥 32.5	kg	[281.155]	0.505	(141.98)		
特细砂	m³	[0.466 9]	189.84	(88.64)		
砾石 5~40 mm	m³	[0.984 6]	167.46	(164.88)		
水	m³	0.725 8	2.90	2.10		
其他材料费			—	0.96	—	
材料费小计			—	398.56	—	

注：左侧第一列合并单元格为"材料费明细"。

表 2.25　综合单价分析表(节选)

工程名称:博物楼(建筑与装饰工程)　　　　　　　　标段:　　　　　第　页共　页

项目编码	010501001001	项目名称	基础垫层	计量单位	m³	工程量	10.47

清单综合单价组成明细												
定额编号	定额项目名称	定额单位	数量	单价/元					合价/元			
				人工费	材料费	机械费	管理费	利润	人工费	材料费	机械费	管理费	利润
AE0001	现浇 C15 基础混凝土垫层	10 m³	0.1	932.47	3 985.60	27.72	100.37	229.30					
小计													
未计价材料费													
清单项目综合单价													

第六步,计算合价,并汇总为清单项目综合单价。

用人工费、材料费、机械费、管理费和利润的单价乘以定额项目的数量,就得到了人工费、材料费、机械费、管理费和利润的合价。再将清单项目所匹配的定额项目的人工费、材料费、机械费、管理费和利润的合价进行汇总,就得到了清单项目综合单价,即:

$$清单项目综合单价 = \sum_{i=1}^{n}(人工费 + 材料费 + 机械费 + 管理费 + 利润)$$

"基础垫层"的综合单价见表 2.26。

表 2.26 综合单价分析表(节选)

工程名称:博物楼(建筑与装饰工程) 标段: 第 页共 页

项目编码	010501001001		项目名称		基础垫层		计量单位		m³		工程量		10.47

清单综合单价组成明细

定额编号	定额项目名称	定额单位	数量	单价/元					合价/元				
				人工费	材料费	机械费	管理费	利润	人工费	材料费	机械费	管理费	利润
AE0001	现浇C15混凝土基础垫层	10 m³	0.1	932.47	3 985.60	27.72	100.37	229.30	93.25	398.56	2.77	10.04	22.93
小计									93.25	398.56	2.77	10.04	22.93
未计价材料费													
清单项目综合单价									527.54				

材料费明细	主要材料名称、规格、型号	单位	数量	单价/元	合价/元	暂估单价/元	暂估合价/元
	混凝土(塑·特细砂、砾石粒径≤40 mm)C15	m³	1.015	389.66	395.50		
	水泥 32.5	kg	[281.155]	0.505	(141.98)		
	特细砂	m³	[0.466 9]	189.84	(88.64)		
	砾石 5~40 mm	m³	[0.984 6]	167.46	(164.88)		
	水	m³	0.725 8	2.90	2.10		
	其他材料费			—	0.96	—	
	材料费小计			—	398.56	—	

2.计算并填写分部分项工程量清单与计价表

计算出清单项目的综合单价后,接下来填写分部分项工程和单价措施项目清单与计价表中分部分项工程的内容。招标工程量清单中的分部分项工程和单价措施项目清单与计价表见表 2.27。

表 2.27 分部分项工程量清单与计价表

工程名称:博物楼(建筑与装饰工程) 标段: 第 2 页 共 26 页

序号	项目编码	项目名称	项目特征描述	计量单位	工程量	金额/元				
						综合单价	合价	其中		
								定额人工费	定额机械费	暂估价
10	010501001001	基础垫层	1.混凝土种类:清水混凝土,现场搅拌 2.混凝土强度等级:C15	m³	10.47					

招标工程量清单中已经填写了项目编码、项目名称、项目特征描述、计量单位和工程量，这五个内容被称为"五个要件"，编制招标控制价时是不能改动的。

综合单价按照"综合单价分析表"计算出的综合单价进行填写，为527.54元，合价为综合单价乘以工程量。即：

基础垫层合价＝综合单价×工程量＝527.54 元/m³×10.47 m³＝5 523.34 元

"定额人工费"和"定额机械费"是各自费用的合计，是四川省在《建设工程工程量清单计价规范》表格的基础上增加的数据填写，用于计算后面的费用，计算时用定额上的"人工费"和"机械费"分别除以定额项目单位，再乘以清单工程量。即：

基础垫层项目定额人工费的计算：

①每单位定额人工费＝定额人工费/定额单位

＝837.57 元/10 m³≈83.76 元/m³

②清单项目定额人工费＝每单位定额人工费×清单工程量

＝83.76 元/m³×10.47 m³≈876.97 元

基础垫层定额机械费的计算：

①每单位定额机械费＝定额机械费/定额单位

＝27.72 元/10 m³≈2.77 元/m³

②清单项目定额机械费＝每单位定额机械费×工程量

＝2.77 元/m³×10.47 m³≈29.00 元

"暂估价"是该清单项目的材料与设备暂估价合计，其价格用综合单价分析表中"材料与设备暂估价"乘以清单工程量计算，"材料与设备暂估价"单价由招标工程量清单的"发包人提供材料和工程设备一览表"提供，基础垫层项目的材料没有材料与设备暂估价，所以不作计算。

将综合单价、合价、定额人工费和定额机械费填入"分部分项工程量清单与计价表"，并在每页小计和最后汇总，即完成了招标控制价分部分项工程费的计算和表格填写。"基础垫层"项目见表2.28。

表2.28 分部分项工程量清单与计价表

工程名称：博物楼（建筑与装饰工程）　　　　　　　　　　　　标段：　　　　第2页 共26页

序号	项目编码	项目名称	项目特征描述	计量单位	工程量	金额/元				
						综合单价	合价	其中		
								定额人工费	定额机械费	暂估价
10	010501001001	基础垫层	1.混凝土种类:清水混凝土,现场搅拌 2.混凝土强度等级:C15	m³	10.47	527.54	5 523.34	876.97	29.00	

六、任务成果

①分部分项工程量清单与计价表，见表2.29。

②综合单价分析表，见表2.30～表2.34（选取具有代表性的几个分项工程）。

表 2.29　分部分项工程量清单与计价表

工程名称：博物楼（建筑与装饰工程）　　　　　　　标段：　　　　　　　第　页　共　页

序号	项目编码	项目名称	项目特征描述	计量单位	工程量	综合单价	金额/元			暂估价
							合价	其中		
								定额人工费	定额机械费	
			0101 土石方工程							
1	010101001001	平整场地	土壤类别：三类土	m²	198.99	1.47	292.52	113.42	107.45	
2	010101003001	挖沟槽土方	1. 土壤类别：三类土 2. 挖土深度：0.56 m	m³	14.52	17.28	250.91	133.29	59.53	
3	010101003009	挖沟槽土方	1. 土壤类别：一类土 2. 挖土深度：0.46 m	m³	1.5	17.28	25.92	13.77	6.15	
4	010101004001	挖基坑土方	1. 土壤类别：三类土 2. 挖土深度：1.8 m	m³	499.54	13.52	6 753.78	4 056.26	1 163.93	
5	010103001001	基础回填土	1. 土质要求：一般土壤 2. 密实度要求：按规范要求,夯填	m³	449.43	8.42	3 784.20	746.05	1 986.48	
6	010103001002	室内回填土	1. 土质要求：一般土壤 2. 密实度要求：按规范要求,夯填	m³	6.38	8.42	53.72	10.59	28.20	
7	010103002001	余方弃置	1. 废弃料品种：一般土壤 2. 运距：运至距项目最近的政府指定建筑垃圾堆放点	m³	59.74	11.96	714.49	143.38	387.12	
			分部小计				11 875.54	5 216.76	3 738.86	

序号	项目编码	项目名称	项目特征描述	计量单位	工程量	金额/元				
						综合单价	合价	其中		
								定额人工费	定额机械费	暂估价
8	010401001001	砖基础	1.砖品种、规格、强度等级:MU10标准砖、240 mm×115 mm×53 mm 2.基础类型:条形基础 3.砂浆强度等级:M5水泥砂浆 4.防潮层材料种类:1:2水泥砂浆防潮层(5层做法)	m³	4.91	625.31	3 070.27	883.70	4.27	
9	010401004001	多孔砖墙	1.砖品种、规格、强度等级:烧结多孔砖200 mm×115 mm×90 mm 2.墙体类型:直行墙 3.砂浆强度等级、配合比:M5混合砂浆	m³	55.62	708.71	39 418.45	13 951.72	53.95	
		分部小计					42 488.72	14 835.42	58.22	
0105 混凝土及钢筋混凝土工程										
10	010501001001	基础垫层	1.混凝土种类:清水混凝土,现场搅拌 2.混凝土强度等级:C15	m³	10.47	527.54	5 523.34	876.97	29.00	
11	010501001002	室内地面垫层	1.混凝土种类:清水混凝土,现场搅拌 2.混凝土强度等级:C25	m³	33.76	547.19	18 473.13	2 467.18	84.06	
12	010501003001	独立基础	1.混凝土种类:清水混凝土,现场搅拌 2.混凝土强度等级:C30	m³	45.51	568.76	25 884.27	3 661.73	428.70	

序号	项目编码	项目名称	项目特征描述	计量单位	工程量				
13	010502001001	矩形柱	1.混凝土种类:清水混凝土,现场搅拌 2.混凝土强度等级:C30	m³	16.19	568.23	9 199.64	1 385.54	72.05
14	010502002001	门柱	1.混凝土种类:清水混凝土,现场搅拌 2.混凝土强度等级:C30	m³	1.93	596.91	1 152.04	202.80	8.59
15	010502002002	构造柱	1.混凝土种类:清水混凝土,现场搅拌 2.混凝土强度等级:C30	m³	5.73	596.91	3 420.29	602.11	25.50
16	010503001001	基础梁	1.混凝土种类:清水混凝土,现场搅拌 2.混凝土强度等级:C30	m³	9.24	549.54	5 077.75	672.67	41.03
17	010503002001	矩形梁	1.混凝土种类:清水混凝土,现场搅拌 2.混凝土强度等级:C30	m³	2.2	558.63	1 228.99	173.62	9.77
18	010503004001	圈梁	1.混凝土种类:清水混凝土,现场搅拌 2.混凝土强度等级:C30	m³	2.97	589.07	1 749.54	294.30	13.19
19	010503005001	雨篷梁	1.混凝土种类:清水混凝土,现场搅拌 2.混凝土强度等级:C30	m³	1.38	594.49	820.40	140.70	6.13
20	010503005002	过梁	1.混凝土种类:清水混凝土,现场搅拌 2.混凝土强度等级:C30	m³	0.02	594.49	11.89	2.04	0.09
21	010504001001	女儿墙(100 mm厚)	1.混凝土种类:清水混凝土,现场搅拌 2.混凝土强度等级:C30	m³	2.68	574.71	1 540.22	240.85	11.90
22	010504001002	直形墙(240 mm厚)	1.混凝土种类:清水混凝土,现场搅拌 2.混凝土强度等级:C30	m³	0.71	565.56	401.55	59.57	3.15
23	010505001001	有梁板(5.6 m)	1.混凝土种类:清水混凝土,现场搅拌 2.混凝土强度等级:C30	m³	28.49	555.05	15 813.37	2 150.14	126.50
24	010505001002	有梁板(9.6 m)	1.混凝土种类:清水混凝土,现场搅拌 2.混凝土强度等级:C30	m³	7.84	555.05	4 351.59	591.68	34.81

续表

序号	项目编码	项目名称	项目特征描述	计量单位	工程量	综合单价	合价	定额人工费	定额机械费	暂估价
								金额/元		
									其中	
25	010505008001	雨篷	1. 混凝土种类：清水混凝土，现场搅拌 2. 混凝土强度等级：C30	m³	1.36	602.80	819.81	145.48	6.64	
26	010507001001	坡道	1. 垫层材料种类，厚度：人工级配砂石，厚100 mm 2. 面层厚度：20 mm 3. 混凝土种类：清水混凝土，现场搅拌 4. 混凝土强度等级：C25	m²	8.64	78.10	674.78	126.40	6.48	
27	010507001002	散水	1. 垫层材料种类，厚度：砾石灌 M2.5 混合砂浆，厚 150 mm 2. 面层厚度：60 mm 3. 混凝土种类：清水混凝土，现场搅拌 4. 混凝土强度等级：C20 5. 变形缝填塞材料种类：建筑油膏	m²	39	112.54	4 389.06	715.26	32.76	
28	010507004001	台阶	1. 踏步高，宽：高 150 mm，宽 300 mm 2. 混凝土种类：清水混凝土，现场搅拌 3. 混凝土强度等级：C25	m²	2.52	126.17	317.95	53.30	2.65	
29	010507005001	窗台压顶	1. 构件类型：窗台压顶 2. 压顶断面：20 mm × 230 mm + 60 mm × 260 mm 3. 混凝土种类：清水混凝土，现场搅拌 4. 混凝土强度等级：C30	m³	0.53	597.93	316.90	55.15	2.25	

序号	项目编码	项目名称	项目特征描述	计量单位	工程量	综合单价	合价	人工费	机械费	暂估价
30	010514002001	预制窗台压顶	1. 单件体积:0.05 m³ 2. 构件的类型:窗台压顶 3. 混凝土强度等级:C30 4. 砂浆强度等级:1:2水泥砂浆	m³	0.05	1 997.27	99.86	48.32	0.56	
31	010515001001	现浇构件钢筋	钢筋种类、规格:HPB300,圆钢 φ6 mm、φ8 mm	t	2.096	5 756.40	12 065.41	2 062.53	53.01	8 972.00
32	010515001002	现浇构件钢筋	1. 钢筋种类、规格:HPB300,圆钢 φ6 mm、φ8 mm 2. 钢筋作用:砌体墙加筋	t	0.392	5 628.00	2 206.18	385.74	9.91	1 628.00
33	010515001003	现浇构件钢筋	钢筋种类、规格:HRB400,热轧带肋钢筋 φ8 mm、φ10 mm	t	2.924	5 893.27	17 231.92	3 153.71	77.63	12 516.00
34	010515001004	现浇构件钢筋	钢筋种类、规格:HRB400,热轧带肋钢筋 φ12 mm、φ14 mm、φ16 mm	t	3.949	5 955.99	23 520.20	4 044.92	444.97	16 824.00
35	010515001005	现浇构件钢筋	钢筋种类、规格:HRB400,热轧带肋钢筋 φ18 mm、φ20 mm、φ22 mm、φ25 mm	t	3.589	5 982.17	21 470.01	3 716.23	595.74	15 072.00
36	010515002001	预制构件钢筋	钢筋种类、规格:HPB300,圆钢 φ6 mm、φ8 mm	t	0.002	5 754.41	11.51	2.07	0.23	8.00
37	010516002001	预埋铁件	1. 钢材种类、规格:圆钢,φ10 mm 2. 铁件尺寸:扁钢,120 mm×200 mm,厚 8 mm	t	0.001	6 981.01	6.98	1.66	0.29	
38	010516003007	机械连接	钢筋种类、规格:热轧带肋钢筋,φ16 mm、φ18 mm、φ20 mm、φ22 mm、φ25 mm	个	12	17.65	211.80	90.48	12.36	
			分部小计				177 990.38	28 123.15	2 139.95	55 020.00

续表

序号	项目编码	项目名称	项目特征描述	计量单位	工程量	综合单价	金额/元			
							合价	其中		暂估价
								定额人工费	定额机械费	
			0106 金属结构工程							
39	010606013001	零星钢构件	1. 钢材品种、规格:角钢∟80×6 2. 构件作用:搁置过梁 3. 油漆品种、刷漆遍数:除锈除污、刷防锈漆一遍、刷调和漆两遍	t	0.001	8 175.15	8.18	1.72	0.29	5.20
			分部小计				8.18	1.72	0.29	5.20
			0109 屋面及防水工程							
40	010902001001	屋面卷材防水(5.6 m)	1. 卷材品种、规格:EVA 高分子防水卷材、厚1.5 mm 2. 防水层做法: (1)刷基层处理剂一道 (2)EVA 高分子防水卷材一道,PVC 聚氯乙烯黏合剂二道 3. 嵌缝材料种类:CSPE 嵌缝油膏	m²	170.04	41.79	7 105.97	1 489.55		
41	010902001002	屋面卷材防水(9.6 m)	1. 卷材品种、规格:EVA 高分子防水卷材、厚1.5 mm 2. 防水层做法: (1)刷基层处理剂一道 (2)EVA 高分子防水卷材一道,PVC 聚氯乙烯黏合剂二道 3. 嵌缝材料种类:CSPE 嵌缝油膏	m²	46.5	41.79	1 943.24	407.34		

42	010902002001	屋面涂膜防水	1.防水材膜品种:单组分聚氨酯防水涂料 2.涂膜厚度:1.5 mm 3.防护材料种类:石英砂	m²	14.21	71.65	1 018.15	99.33
43	010902003001	屋面刚性层 (5.6 m)	1.防水层厚度:40 mm 2.嵌缝材料种类:建筑油膏 3.混凝土强度等级:C20	m²	152.1	42.54	6 470.33	2 156.78
44	010902003002	屋面刚性层 (9.6 m)	1.防水层厚度:40 mm 2.嵌缝材料种类:建筑油膏 3.混凝土强度等级:C20	m²	39	42.54	1 659.06	553.02
45	010902003003	雨蓬刚性层	1.防水层厚度:40 mm 2.嵌缝材料种类:建筑油膏 3.混凝土强度等级:C20	m²	11.63	42.54	494.74	164.91
46	010902004001	雨蓬吐水管	1.排水管品种、规格:塑料水落管,ϕ110 mm 2.雨水斗、山墙出水口品种、规格:塑料落水口(带罩),ϕ110 mm 3.接缝、嵌缝材料种类:PVC聚氯乙烯黏合剂	m	11.44	28.97	331.42	116.00
47	010902006001	屋面(廊、阳台)泄(吐)水管	1.吐水管品种、规格:塑料管,ϕ50 mm 2.接缝、嵌缝材料种类:M5 水泥砂浆	根 (个)	5	12.85	64.25	21.85
48	010903002001	墙面涂膜防水	1.防水材膜品种:单组分聚氨酯防水涂料 2.涂膜厚度:1.5 mm	m²	464.65	52.07	24 194.33	2 852.9

续表

序号	项目编码	项目名称	项目特征描述	计量单位	工程量	综合单价	合价	金额/元			暂估价
									其中		
								定额人工费	定额机械费		
49	010904002001	地面涂膜防水	1. 防水膜品种：改性沥青防水涂料 2. 涂膜厚度，遍数：20 mm，二布三涂 3. 增强材料种类：玻纤布 4. 翻边高度：250 mm	m²	181.87	30.57	5 559.77	2 022.39		
		分部小计					48 841.26	9 884.12	38.52	
			0110 保温、隔热、防腐工程							
50	011001001001	保温隔热屋面（5.6 m）	1. 部位：屋面 2. 保温隔热材料品种及厚度：水泥炉渣混凝土1:6，厚125 mm	m²	152.1	51.28	7 799.69	2 334.74		
51	011001001002	保温隔热屋面（9.6 m）	1. 部位：屋面 2. 保温隔热材料品种及厚度：水泥炉渣混凝土1:6，厚125 mm	m²	39	51.28	1 999.92	598.65		
52	011001003001	保温隔热墙面	1. 部位：外墙面附墙铺贴 2. 保温隔热方式：外保温 3. 保温隔热材料品种、规格：挤塑板、厚25 mm 4. 黏结材料种类：胶黏剂	m²	458.31	67.40	30 890.09	10 156.15		
		分部小计					40 689.70	13 089.54		

			0111 楼地面装饰工程						
53	011101001001	屋面水泥砂浆保护层(5.6 m)	面层厚度、砂浆配合比:25 mm 厚,1:2水泥砂浆	m²	170.04	30.80	5 237.23	2 304.04	15.30
54	011101001002	屋面水泥砂浆保护层(9.6 m)	面层厚度、砂浆配合比:25 mm 厚,1:2水泥砂浆	m²	46.5	30.80	1432.20	630.08	4.19
55	011101001003	坡道水泥砂浆楼地面	1. 面层厚度、砂浆配合比:20 mm,1:2水泥砂浆 2. 面层做法要求:15 mm 宽金刚砂防滑条,中距 80 mm,凸出坡面	m²	8.91	42.82	381.53	204.04	0.62
56	011101002001	现浇水磨石楼地面	1. 面层厚度、水泥石子浆配合比:面层厚 15 mm,底层厚 25 mm;水泥白石子浆 1:1.5,水泥浆 1:3 2. 嵌条材料种类、规格:平板玻璃,厚3 mm 3. 石子种类、规格、颜色:白石子(方解石)	m²	165.79	84.37	13 987.70	6 827.23	165.79
57	011101006001	平面砂浆找平层	找平层厚度、砂浆配合比:20 mm 厚,1:2水泥砂浆	m²	165.79	21.95	3 639.09	1 535.22	11.61
58	011101006002	屋面平面砂浆找平层(5.6 m)	找平层厚度、砂浆配合比:20 mm 厚,1:2水泥砂浆	m²	170.04	25.76	4 380.23	1 739.51	15.30
59	011101006003	屋面平面砂浆找平层(9.6 m)	找平层厚度、砂浆配合比:20 mm 厚,1:2水泥砂浆	m²	46.5	25.76	1 197.84	475.70	4.19

序号	项目编码	项目名称	项目特征描述	计量单位	工程量	金额/元		其中		暂估价
						综合单价	合价	定额人工费	定额机械费	
60	011102001001	石材楼地面	1.找平层厚度、砂浆配合比:28 mm厚,1:3水泥砂浆 2.结合层厚度、砂浆配合比15 mm厚,1:2水泥砂浆 3.面层材料品种、规格、颜色:大理石,800 mm×800 mm,厚20 mm,白色 4.嵌缝材料种类:白水泥	m²	18.66	591.60	11 039.26	991.03	3.17	9 341.68
61	011105002001	石材踢脚线	1.踢脚线高度:150 mm 2.粘贴层厚度、材料种类:8 mm厚,1:2水泥砂浆 3.面层材料品种、规格、颜色:大理石板,厚20 mm,白色	m²	2.22	599.02	1 329.82	151.32	0.13	1 099.02
62	011105003001	块料踢脚线	1.踢脚线高度:150 mm 2.粘贴层厚度、材料种类:8 mm厚,1:2水泥砂浆 3.面层材料品种、规格、颜色:彩釉地砖,300 mm×300 mm 4.嵌缝材料:白水泥	m²	9.74	188.12	1 832.29	658.72	0.58	863.45

序号	项目编码	项目名称	项目特征描述	计量单位	工程量	综合单价	合价	人工费	机械费	暂估价
63	011107001010	石材台阶面	1.找平层厚度、砂浆配合比:20 mm厚,1:3水泥砂浆　2.黏结材料种类:1:2水泥砂浆　3.面层材料品种、规格、颜色:大理石,800 mm×800 mm,厚20 mm,白色　4.勾缝材料种类:白水泥	m²	2.52	877.73	2 211.88	169.39	0.40	1 919.37
		分部小计					46 669.07	15 686.28	221.28	13 223.52
0112　墙、柱面装饰与隔断、幕墙工程										
64	011201001001	室内墙面一般抹灰（储藏室）	1.墙体类型:砖内墙　2.抹灰厚度、砂浆配合比:21 mm厚,1:1:6混合砂浆　3.装饰面材料种类:乳胶漆	m²	339.08	26.26	8 904.24	4 733.56		30.52
65	011201001002	室外墙面一般抹灰	1.墙体类型:砖砌外墙面　2.抹灰厚度、砂浆配合比:21 mm厚,1:1:6混合砂浆　3.装饰面材料种类:面砖	m²	491.24	26.26	12 899.96	6 857.71		44.21
66	011201001003	雨篷侧面一般抹灰	1.墙体类型:混凝土外墙　2.抹灰厚度、砂浆配合比:21 mm厚,1:1:6混合砂浆	m²	4.43	32.41	143.58	76.15		0.44

续表

序号	项目编码	项目名称	项目特征描述	计量单位	工程量	金额/元					
						综合单价	合价	其中			暂估价
								定额人工费	定额机械费		
67	011204003001	室内块料墙面	1. 墙体类型:砖内墙 2. 安装方式:砂浆粘贴 3. 基层做法:素水泥浆一遍 4. 找平层材料、厚度:1:2水泥砂浆,17 mm厚 5. 黏结层材料、厚度:1:3水泥砂浆,8 mm厚 6. 面层材料品种、规格、颜色:墙面砖、800 mm×800 mm、白色 7. 嵌缝材料种类:白水泥	m²	67.18	162.85	10 940.26	3 863.52	14.78		
68	011204003002	室外块料墙面	1. 墙体类型:砌体外墙 2. 安装方式:砂浆粘贴 3. 黏结层厚度、材料:8 mm厚,1:0.5:2混合砂浆 4. 面层材料品种、规格、颜色:面面砖、240 mm×60 mm、黄色 5. 缝宽、嵌缝材料种类:宽5 mm、白水泥	m²	472.21	106.52	50 299.81	25 296.29	18.89		14 122.45
69	011206002001	块料零星项目(室内门窗侧壁 顶面和底面)	1. 基层类型、部位:室内门窗侧壁、顶面和底面 2. 安装方式:砂浆粘贴 3. 基础材料:素水泥浆一道 4. 黏结层厚度、材料:8 mm厚,1:0.5:2混合砂浆 5. 面层材料品种、规格、颜色:面砖、240 mm×60 mm、白色 6. 缝宽、嵌缝材料种类:宽5 mm、白水泥	m²	3.39	116.86	396.16	186.99	0.10		132.31

序号	项目编码	项目名称	项目特征描述	计量单位	工程量	综合单价	合价	其中:定额人工费	其中:定额机械费	其中:暂估价
70	011206002002	块料零星项目（室外门窗侧壁、顶面和底面）	1.基层类型、部位：室外门窗侧壁、顶面和底面 2.安装方式：砂浆粘贴 3.黏结层厚度：8 mm 材料：8 mm 厚,1:0.5:2混合砂浆 4.面层材料品种、规格、颜色：面砖、240 mm×60 mm,黄色 5.缝宽、嵌缝材料种类：宽5 mm,白水泥	m²	9.82	116.86	1 147.57	541.67	0.29	381.38
		分部小计					84 731.58	41 555.89	109.23	14 636.14
		0113 天棚工程								
71	011301001001	天棚抹灰(5.6 m)	1.基层类型：现浇混凝土板 2.砂浆配合比：11 mm 厚,1:0.5:2.5混合砂浆打底,7 mm 厚,1:0.3:3混合砂浆抹面	m²	185.07	25.98	4 808.12	2 559.52	16.66	
72	011301001002	天棚抹灰(9.6 m)	1.基层类型：现浇混凝土板 2.砂浆配合比：11 mm 厚,1:0.5:2.5混合砂浆打底,7 mm 厚,1:0.3:3混合砂浆抹面	m²	39.93	25.98	1 037.38	552.23	3.59	
73	011301001003	雨篷底抹灰	1.基层类型：现浇混凝土板 2.砂浆配合比：11 mm 厚,1:0.5:2.5混合砂浆打底,7 mm 厚,1:0.3:3混合砂浆抹面	m²	12.6	25.98	327.35	174.26	1.13	
		分部小计					6 172.85	3 286.01	21.38	
		0114 油漆、涂料、裱糊工程								
74	011406001001	室内墙面刷油漆	1.基层类型：墙面一般抹灰 2.腻子种类：滑石粉腻子 3.刮腻子遍数：两遍 4.油漆品种、刷漆遍数：乳胶漆,底漆一遍,面漆两遍 5.部位：室内	m²	343.09	39.98	13 716.74	6 731.43		

续表

序号	项目编码	项目名称	项目特征描述	计量单位	工程量	综合单价	合价	金额/元 其中 定额人工费	其中 定额机械费	暂估价
75	011406001002	天棚抹灰面油漆（5.6 m）	1. 基层类型:天棚抹灰 2. 腻子种类:滑石粉腻子 3. 刮腻子遍数:两遍 4. 油漆品种、刷漆遍数:乳胶漆,底漆一遍,面漆两遍 5. 部位:室内	m²	185.07	43.32	8 017.23	4 093.75		
76	011406001003	天棚抹灰面油漆（9.6 m）	1. 基层类型:天棚抹灰 2. 腻子种类:滑石粉腻子 3. 刮腻子遍数:两遍 4. 油漆品种、刷漆遍数:乳胶漆,底漆一遍,面漆两遍 5. 部位:室内	m²	39.93	43.32	1 729.77	883.25		
77	011407001001	墙面喷刷涂料	1. 基层类型:墙面一般抹灰 2. 喷刷涂料部位:雨篷侧面 3. 腻子种类:成品腻子粉,耐水型(N) 4. 刮腻子要求:基层清理、修补,砂纸打磨;满刮腻子一遍,找补两遍 5. 涂料品种、喷刷遍数:仿瓷涂料,喷刷三遍	m²	4.43	35.59	157.66	94.71		

78	011407002001	天棚喷刷涂料	1. 基层类型:天棚抹灰 2. 喷刷涂料部位:雨篷底面 3. 腻子种类:成品腻子粉,耐水型(N) 4. 刮腻子要求:基层清理、修补、砂纸打磨;满刮腻子一遍,找补两遍 5. 涂料品种、喷刷遍数:仿瓷涂料,喷刷两遍	m²	12.6	44.68	562.97	344.74		
			分部小计				24 184.37	12 147.88		
			合计				483 651.65	143 826.77	6 327.73	82 884.86

工程名称：博物馆（建筑与装饰工程）　　　　　　　　　　　　　　标段：　　　　　　　　　　　　　　第 1 页 共 81 页

表 2.30　综合单价分析表（节选 1）

项目编码	010101001001	项目名称	平整场地	计量单位	m²	工程量	198.99

清单综合单价组成明细

定额编号	定额项目名称	定额单位	数量	单价/元					合价/元				
				人工费	材料费	机械费	管理费	利润	人工费	材料费	机械费	管理费	利润
AA0001	平整场地	100 m²	0.01	63.76		65.73	5.46	12.15	0.64		0.66	0.05	0.12
小计									0.64		0.66	0.05	0.12
未计价材料费													
清单项目综合单价									1.47				

材料费明细	主要材料名称、规格、型号	单位	数量	单价/元	合价/元	暂估单价/元	暂估合价/元
	其他材料费	—	—	—	—		
	材料费小计	—	—				

注：①如不使用省级或行业建设主管部门发布的计价依据，可不填定额编号、名称等。
　　②招标文件中提供了暂估单价的材料，按材料暂估的单价填入表内"暂估单价"栏及"暂估合价"栏。

工程名称：博物楼（建筑与装饰工程）　　　　　　　　　　　　　　标段：　　　　　　　　　　　　　　第 8 页　共 81 页

表 2.31　综合单价分析表（节选 2）

项目编码	01040100100	项目名称	砖基础	计量单位	m³	工程量	4.91

清单综合单价组成明细

定额编号	定额项目名称	定额单位	数量	单价/元					合价/元				
				人工费	材料费	机械费	管理费	利润	人工费	材料费	机械费	管理费	利润
AD0001	M5 水泥砂浆砌筑砖基础	10 m³	0.1	1 447.45	3 314.27	8.74	124.34	282.72	144.75	331.43	0.87	12.43	28.27
AJ0135	1：2 水泥砂浆防潮层	100 m²	0.028 371	1 960.89	1 280.71		169.09	380.45	55.63	36.33		4.80	10.79
	小计								200.38	367.76	0.87	17.23	39.06
	未计价材料费												
	清单项目综合单价								625.31				

材料费明细	主要材料名称、规格、型号	单位	数量	单价/元	合价/元	暂估单价/元	暂估合价/元
	水泥砂浆（细砂）M5	m³	0.238	334.34	79.57		
	标准砖	千匹	0.524	480.00	251.52		
	水泥 32.5	kg	[98.627]	0.505	(49.81)		
	细砂	m³	[0.276 1]	189.84	(52.41)		
	水	m³	0.244	2.90	0.71		
	水泥砂浆（特细砂）M20	m³	0.046 14	428.03	19.75		
	水泥浆	m³	0.017 27	766.09	13.23		
	防水粉（液）	kg	1.48	1.96	2.90		
	特细砂	m³	[0.054 4]	189.84	(10.33)		
	其他材料费			—	0.08	—	
	材料费小计			—	367.76	—	

注：①如不使用省级或行业建设主管部门发布的计价依据，可不填定额编号、名称等。

②招标文件中提供了暂估单价的材料，按材料暂估的单价填入表内"暂估单价"栏及"暂估合价"栏。

表 2.32　综合单价分析表（节选 3）

工程名称：博物楼（建筑与装饰工程）　　　　　标段：

项目编码	01051001002	项目名称		现浇构件钢筋			计量单位	t		工程量		0.392

清单综合单价组成明细

定额编号	定额项目名称	定额单位	数量	单价/元					合价/元				
				人工费	材料费	机械费	管理费	利润	人工费	材料费	机械费	管理费	利润
AE0141 换	现浇构件钢筋制作安装（φ≤10 mm）	t	1	1 095.52	4 187.24	25.29	97.90	222.05	1 095.52	4 187.24	25.29	97.90	222.05
小计									1 095.52	4 187.24	25.29	97.90	222.05
未计价材料费													
清单项目综合单价									5 628.00				

材料费明细	主要材料名称、规格、型号		单位	数量	单价/元	合价/元	暂估单价/元	暂估合价/元
	钢筋，φ≤10 mm		t	1.037 9	4 000.00	4 151.60	4 000.00	4 151.60
	其他材料费				—	35.64	—	
	材料费小计				—	4 187.24	—	4 151.60

注：①如不使用省级或行业建设主管部门发布的计价依据，可不填定额编号、名称等。
②招标文件中提供了暂估单价的材料，按材料暂估单价填入表内"暂估单价"栏及"暂估合价"栏。

工程名称：博物楼（建筑与装饰工程）　　　　　　　　　　　　　标段：　　　　　　　　　　　第66页 共81页

表2.33 综合单价分析表（节选4）

项目编码	01110700100 1	项目名称	石材台阶面	计量单位	m²	工程量	2.52

清单综合单价组成明细

定额编号	定额项目名称	定额单位	数量	单价/元					合价/元				
				人工费	材料费	机械费	管理费	利润	人工费	材料费	机械费	管理费	利润
A10292	大理石台阶面层	100 m²	0.01	6 452.62	77 944.78	8.53	394.12	896.79	64.53	779.45	0.09	3.94	8.97
A10066	厚20 mm,1:3水泥砂浆找平层	100 m²	0.01	1 030.63	906.92	7.43	40.13	91.36	10.31	9.07	0.07	0.40	0.91
小计									74.84	788.52	0.16	4.34	9.88
未计价材料费										788.52			
清单项目综合单价									877.73				

材料费明细	主要材料名称、规格、型号	单位	数量	单价/元	合价/元	暂估单价/元	暂估合价/元
	大理石板,厚20 mm	m²	1.555 159	489.76	761.65	489.76	761.65
	水泥砂浆（特细砂）1:2	m³	0.020 83	506.13	10.54		
	白水泥	kg	0.139	0.558	0.08		
	水泥32.5	kg	[21.358]	0.505	(10.79)		
	特细砂	m³	[0.045 94]	189.84	(8.72)		
	水	m³	0.018	2.90	0.05		
	水泥砂浆（特细砂）1:3	m³	0.02	447.22	8.94		
	其他材料费			—	7.26	—	
	材料费小计			—	788.52	—	761.65

注：①如不使用省级或行业建设主管部门发布的计价依据，可不填定额编号、名称等。
②招标文件中提供了暂估单价的材料，按材料暂估的单价填入表内"暂估单价"栏及"暂估合价"栏。

表 2.34 综合单价分析表（节选 5）

工程名称：博物楼（建筑与装饰工程）　　　　　　　　　　　　标段：　　　　　　　　　　

| 项目编码 | 01120400003001 | | 项目名称 | 室内块料墙面 | | | 计量单位 | m² | 工程量 | 162.85 |

定额编号	定额项目名称	定额单位	数量	单价/元					合价/元				
				人工费	材料费	机械费	管理费	利润	人工费	材料费	机械费	管理费	利润
AM0114 换	厚 17 mm,1:2 立面水泥砂浆找平层	100 m²	0.010 737	1 084.23	955.64	7.01	42.17	96.04	11.64	10.26	0.08	0.45	1.03
AM0026	墙面刷素水泥浆一遍	100 m²	0.010 48	178.99	84.49	0.44	6.93	15.78	1.88	0.89		0.07	0.17
AM0301	室内墙面贴面砖	100 m²	0.01	5 051.06	7 561.34	13.68	308.99	703.08	50.51	75.61	0.14	3.09	7.03
小计									64.03	86.76	0.22	3.61	8.23
未计价材料费													
清单项目综合单价									162.85				

材料费明细	主要材料名称、规格、型号	单位	数量	单价/元	合价/元	暂估单价/元	暂估合价/元
	水泥砂浆（特细砂）1:2	m³	0.020 18	506.13	10.21		
	水泥 32.5	kg	[19.824]	0.505	(10.01)		
	特细砂	m³	[0.037 54]	189.84	(7.13)		
	水	m³	0.02	2.90	0.06		
	水泥浆	m³	0.001 15	766.09	0.88		
	面砖，≤800 mm×800 mm	m²	1.040 3	66.40	69.08		
	水泥砂浆（特细砂）1:3	m³	0.013 5	447.22	6.04		
	白水泥	kg	0.15	0.558	0.08		
	其他材料费			—	0.41	—	
	材料费小计			—	86.76	—	

注：①如不使用省级或行业建设主管部门发布的计价依据，可不填定额编号、名称等。

②招标文件中提供了暂估单价的材料，按材料暂估的单价填入表内"暂估单价"栏及"暂估合价"栏。

任务三 确定措施项目费

一、任务内容

根据设计文件、常规施工方案、招标工程量清单、清单规范、预算定额等资料编制措施项目清单。

二、任务目标

学生通过完成该任务,能够达到以下目标:

①掌握单价措施费的计算方法,具备根据项目背景和资料、按照规定,计算招标控制价中的单价措施项目费并填写单价措施项目清单与计价表的能力。

②掌握总价措施费的计算方法,具备根据项目背景和资料、按照规定,计算招标控制价中的总价措施项目费并填写总价措施项目清单与计价表的能力。

③培养干一行爱一行、不怕苦不怕累、尽职尽责的爱岗敬业精神。

三、知识储备

1. 措施项目费

措施项目费是指为完成工程项目施工,发生于该工程施工前和施工过程中的技术、生活、安全、环境保护、扬尘污染防治、建筑工人实名制管理等方面的费用。

2. 安全文明施工内容

①环境保护费:是指施工现场为达到环保部门要求所需要的各项费用。

②文明施工费:是指施工现场文明施工所需要的各项费用。

③安全施工费:是指施工现场安全施工所需要的各项费用。

④临时设施费:是指施工企业为进行建设工程施工所必须搭设的生活和生产用的临时建筑物、构筑物和其他临时设施费用,包括临时设施的搭设费、维修费、拆除费、清理费或摊销费等。

3. 其他措施项目

①夜间施工增加费:是指因夜间施工所发生的夜班补助费、夜间施工降效、夜间施工照明设备摊销及照明用电等费用。

②二次搬运费:是指因施工场地条件限制而发生的材料、构配件、半成品等一次运输不能到达堆放地点,必须进行二次或多次搬运所发生的费用。

③冬雨季施工增加费:是指在冬季或雨季施工需增加的临时设施、防滑、排除雨雪费用,

以及人工及施工机械效率降低等产生的费用。

④已完工程及设备保护费:是指竣工验收前,对已完工程及设备采取必要保护措施所发生的费用。

⑤工程定位复测费:是指工程施工过程中进行全部施工测量放线和复测工作的费用。

四、任务步骤

①计算单价措施项目综合单价,并填写单价措施项目综合单价分析表。
②计算单价措施项目费,并填写单价措施项目清单与计价表。
③计算并填写总价措施项目清单与计价表。

五、任务指导

1.单价措施项目综合单价计算和综合单价分析表的填写

其填写方法同分部分项工程综合单价计算和综合单价分析表的填写,这里不再赘述。以脚手架为例,其综合单价分析表见表2.35。

表2.35 综合单价分析表

工程名称:博物楼(建筑与装饰工程)　　　　　　　标段:　　　　第1页 共25页

项目编码	011701001001		项目名称	综合脚手架(檐口高度5.78 m)		计量单位	m²	工程量	157.45
清单综合单价组成明细									
定额编号	定额项目名称	定额单位	数量	单价/元					
				人工费	材料费	机械费	管理费	利润	
AS0001	综合脚手架单层建筑(檐口高度≤6 m)	100 m²	0.01	878.53	283.11	33.84	46.48	103.57	
AS0014 换	单排外脚手架(檐口高度≤15 m)	100 m²	0.020 8	404.91	269.36	26.72	21.92	48.84	

定额编号	定额项目名称	定额单位	数量	合价/元				
				人工费	材料费	机械费	管理费	利润
AS0001	综合脚手架单层建筑(檐口高度≤6 m)	100 m²	0.01	8.79	2.83	0.34	0.46	1.04
AS0014 换	单排外脚手架(檐口高度≤15 m)	100 m²	0.020 8	8.42	5.6	0.56	0.46	1.02
小计				17.21	8.43	0.9	0.92	2.06
未计价材料费								
清单项目综合单价				29.51				

材料费明细	主要材料名称、规格、型号	单位	数量	单价/元	合价/元	暂估单价/元	暂估合价/元
	脚手架钢材	kg	0.702 6	5.00	3.51		
	锯材 综合	m³	0.001 43	2 280.00	3.26		
	其他材料费			—	1.67	—	
	材料费小计			—	8.44	—	

注:①如不使用省级或行业建设主管部门发布的计价依据,可不填定额编号、名称等。

②招标文件中提供了暂估单价的材料,按材料暂估的单价填入表内"暂估单价"栏及"暂估合价"栏。

2. 计算并填写单价措施项目清单与计价表

其填写方法同分部分项工程费计算和分部分项工程量清单计价表的填写,这里不再赘述。以脚手架为例,单价措施项目清单与计价表的填写见表 2.36。

表 2.36　单价措施项目清单与计价表

工程名称:博物楼(建筑与装饰工程)　　　　　　　　　　　　　标段:　　　　　第 1 页 共 4 页

序号	项目编码	项目名称	项目特征描述	计量单位	工程量	综合单价合价	其中			
							其中			
								定额人工费	定额机械费	暂估价
1	011701001001	综合脚手架(檐口高度 5.78 m)	1. 建筑结构形式:框架结构 2. 檐口高度: 5.78 m	m²	157.45	29.51	4 646.35	2 434.18	110.22	

3. 计算并填写总价措施项目清单与计价表

总价措施项目分为"安全文明施工费"和"其他措施费"。其计算方式都是计算基础乘以费率,计算基础都是分部分项工程及单价措施项目(定额人工费 + 定额机械费),所以重点是查询并确定每一个项目的费率。总价措施项目清单与计价表见表 2.37。

表 2.37　总价措施项目清单与计价表

工程名称:博物楼(建筑与装饰工程)　　　　　　　　　　　　　标段:　　　　　第 1 页 共 1 页

序号	项目编码	项目名称	计算基础 定额(人工费 + 机械费)	费率 /%	金额 /元	调整费率/%	调整后的金额/元	备注
1	011707001001	安全文明施工费						
1.1	①	环境保护费	分部分项工程及单价措施项目(定额人工费 + 定额机械费)					
1.2	②	文明施工费	分部分项工程及单价措施项目(定额人工费 + 定额机械费)					
1.3	③	安全施工费	分部分项工程及单价措施项目(定额人工费 + 定额机械费)					

续表

序号	项目编码	项目名称	计算基础	费率/%	金额/元	调整费率/%	调整后的金额/元	备注
			定额(人工费＋机械费)					
1.4	④	临时设施费	分部分项工程及单价措施项目(定额人工费＋定额机械费)					
2	011707002001	夜间施工增加费	分部分项工程及单价措施项目(定额人工费＋定额机械费)					
3	011707004001	二次搬运费	分部分项工程及单价措施项目(定额人工费＋定额机械费)					
4	011707005001	冬雨季施工增加费	分部分项工程及单价措施项目(定额人工费＋定额机械费)					
5	011707008001	工程定位复测费	分部分项工程及单价措施项目(定额人工费＋定额机械费)					
合计								

注:按施工方案计算的措施费,若无"计算基础"和"费率"的数值,也可只填"金额"数值,但应在备注栏说明施工方案出处或计算方法。用于投标报价时,"调整费率"及"调整后的金额"无须填写。

（1）安全文明施工费的计算

安全文明施工费是必不可少的费用,由环境保护费、安全施工费、文明施工费和临时设施费组成,这四项费用的费率各不同,同时后三项费用因为工程类别不同而有多种费率。安全文明施工费基本费率标准见表2.38。

表 2.38　安全文明施工费基本费率

A.一般设计税法

序号	项目名称	工程类型	取费基础	基本费率/%	说　明
一	环境保护费			0.55	1. 表中所列工程均为单独发包工程,房屋建筑与装饰工程、仿古建筑工程、绿色建筑工程、装配式房屋建筑工程、构筑物工程包括未单独发包的与其配套的线路、管道、设备安装工程及室内外装饰装修工程
二	文明施工费	房屋建筑与装饰工程、仿古建筑工程、绿色建筑工程、装配式房屋建筑工程、构筑物工程	分部分项工程及单价措施项目(定额人工费＋定额机械费)	2.30	2. 单独装饰工程、单独通用安装工程包括未单独发包的与其配套的工程以及单独发包的城市轨道交通工程中的通信工程、信号工程、供电工程、智能与控制系统安装工程
		单独装饰工程、单独通用安装工程		1.25	
		市政工程、综合管廊工程、城市道路桥梁养护维修工程		1.65	
		城市轨道交通工程		1.65	

续表

序号	项目名称	工程类型	取费基础	基本费率（%）	说　明
		园林绿化工程、总平工程、运动场工程		1.35	3. 市政工程、综合管廊工程包括未单独发包的与其配套的工程以及单独发包的市政给水、燃气、水处理、生活垃圾处理、机械设备安装、路灯工程 4. 城市轨道交通工程（不含单独发包的通信工程、信号工程、供电工程、智能与控制系统安装工程）包括未单独发包的与其配套的工程 5. 园林绿化工程包括未单独发包的园路、园桥、亭廊等与其配套的工程 6. 既有及小区改造房屋建筑维修与加固工程、排水管网非开挖修复工程、拆除工程包括未单独发包的与其配套的工程 7. 单独土石方、单独地基处理与边坡支护工程、单独桩基工程包括未单独发包的与其配套的工程 8. 房屋建筑与装饰工程、仿古建筑工程、构筑物工程、市政工程、城市轨道交通工程安全施工费已包括施工现场设置安防监控系统设施的费用，如未设置或经现场评价不符合《四川省住房和城乡建设厅关于开展建设工程质量安全数字化管理工作的通知》（川建质安〔2013〕39号文）规定，安全施工费费率乘以系数0.75 9. 承包人采取的扬尘防治措施不符合《四川省建筑工程扬尘污染防治技术导则（试行）》要求的，安全文明施工费中的环境保护费、文明施工费、临时设施费乘以系数0.8 10. 承包人未按规定采取建筑工人实名制管理措施的，安全文明施工费中的安全施工费乘以系数0.98 11. 城市轨道交通工程 G.C 地下区间工程定额安全文明施工费取费基础中的定额机械费乘以系数0.15
		既有及小区改造房屋建筑维修与加固工程、排水管网非开挖修复工程、拆除工程		1.35	
		单独土石方、单独地基处理与边坡支护工程、单独桩基工程		0.55	
三	安全施工费	房屋建筑与装饰工程、仿古建筑工程、绿色建筑工程、装配式房屋建筑工程、构筑物工程	分部分项工程及单价措施项目（定额人工费＋定额机械费）	3.95	
		单独装饰工程、单独通用安装工程		1.95	
		市政工程、综合管廊工程、城市道路桥梁养护维修工程		2.10	
		城市轨道交通工程		2.10	
		园林绿化工程、总平工程、运动场工程		2.10	
		既有及小区改造房屋建筑维修与加固工程、排水管网非开挖修复工程、拆除工程		2.10	
		单独土石方、单独地基处理与边坡支护工程、单独桩基工程		0.70	
四	临时设施费	房屋建筑与装饰工程、仿古建筑工程、绿色建筑工程、装配式房屋建筑工程、构筑物工程		3.00	
		单独装饰工程、单独通用安装工程		3.20	
		市政工程、综合管廊工程、城市道路桥梁养护维修工程		2.80	
		城市轨道交通工程		2.80	
		园林绿化工程、总平工程、运动场工程		3.35	
		既有及小区改造房屋建筑维修与加固工程、排水管网非开挖修复工程、拆除工程		2.95	
		单独土石方、单独地基处理与边坡支护工程、单独桩基工程		1.15	

第一步,确定计算基础。

计算基础为分部分项工程及单价措施项目(定额人工费 + 定额机械费),其中"分部分项工程定额人工费和定额机械费"可以从"任务二"中得到:

分部分项工程定额人工费 = 143 826.77 元

分部分项工程定额机械费 = 6 327.73 元

"单价措施项目定额人工费和单价措施项目定额机械费"可以从本任务的"单价措施项目清单与计价表"中得到:

单价措施项目定额人工费 = 35 165.64 元

单价措施项目定额机械费 = 6 875.63 元

汇总得到计算基数:

分部分项工程及单价措施项目(定额人工费 + 定额机械费)

= 143 826.77 + 6 327.73 + 35 165.64 + 6 875.63 = 192 195.77 元

第二步,取定取费费率。

博物楼实训项目为房屋建筑与装饰工程,从表中查到:

环境保护费基本费率 = 0.55%

文明施工费基本费率 = 2.30%

安全施工费基本费率 = 3.95%

临时设施费基本费率 = 3.00%

但是这些费用不能直接用,因为环境保护费、文明施工费、安全施工费、临时设施费分基本费、现场评价费,按两部分计取,当现场评价费足额计取时,两部分费用相等,即基本费 = 足额计取的评价费。

基本费是必须全额计算的,现场评价费是根据现场打分的情况按比例计算。在编制招标控制价时,因为还没有现场实施的情况,所以应足额计取,即环境保护费、文明施工费、安全施工费、临时设施费费率按基本费率加现场评价费最高费率计列。即:

环境保护费费率 = 环境保护费基本费率 × 2 = 0.55% × 2 = 1.10%

文明施工费费率 = 文明施工费基本费率 × 2 = 2.30% × 2 = 4.60%

安全施工费费率 = 安全施工费基本费率 × 2 = 3.95% × 2 = 7.90%

临时设施费费率 = 临时设施费基本费率 × 2 = 3.00 × 2 = 6.00%

第三步,计算安全文明施工费。

环境保护费 = 计算基数 × 环境保护费费率 = 192 195.77 × 1.10% = 2 114.15 元

文明施工费 = 计算基数 × 文明施工费费率 = 192 195.77 × 4.60% = 8 841.01 元

安全施工费 = 计算基数 × 安全施工费费率 = 192 195.77 × 7.90% = 15 183.47 元

临时设施费 = 计算基数 × 临时设施费费率 = 192 195.77 × 6.00% = 11 531.75 元

安全文明施工费 = 2 114.15 + 8 841.01 + 15 183.47 + 11 531.75 = 37 670.38 元

第四步,填写总价措施项目清单与计价表,见表2.39。

表2.39　总价措施项目清单与计价表

工程名称:博物楼(建筑与装饰工程)　　　　　　　　　　标段:　　　　第1页 共1页

| 序号 | 项目编码 | 项目名称 | 计算基础 | 费率/% | 金额/元 | 调整费率/% | 调整后的金额/元 | 备注 |
			定额(人工费+机械费)					
1	011707001001	安全文明施工费			37 670.38			
1.1	①	环境保护费	分部分项工程及单价措施项目(定额人工费+定额机械费)	1.1	2 114.15			
1.2	②	文明施工费	分部分项工程及单价措施项目(定额人工费+定额机械费)	4.6	8 841.01			
1.3	③	安全施工费	分部分项工程及单价措施项目(定额人工费+定额机械费)	7.9	15 183.47			
1.4	④	临时设施费	分部分项工程及单价措施项目(定额人工费+定额机械费)	6	11 531.75			

(2)其他总价措施项目费的计算

其他总价措施项目费包括夜间施工增加费、二次搬运费、冬雨季施工增加费、工程定位复测费等,在确定项目时应根据拟建项目的特点确定。其他总价措施项目费计取标准见表2.40。

表2.40　其他措施项目费计取标准

| 序号 | 项目名称 | 取费基础 | 一般计税 | 简易计税 | 说明 |
			费率/%		
1	夜间施工	分部分项工程及单价措施项目(定额人工费+定额机械费)	0.48	0.49	城市轨道交通工程 G.C 地下区间工程定额安全文明施工费取费基础中的定额机械费乘以系数0.15
2	二次搬运		0.23	0.24	
3	冬雨季施工		0.36	0.37	
4	工程定位复测		0.09	0.10	

其计算公式为:

$$其他总价措施项目费=取费基础×费率$$

取费基础和安全文明施工费是一样的,为分部分项工程及单价措施项目(定额人工费+定额机械费),其费用为192 195.77元,费率则按照"其他总价措施项目费计取标准"进行计取,实训项目采用的是"一般计税法"。

博物楼实训项目的其他总价措施项目根据项目的特点选取了夜间施工增加费、二次搬运费、冬雨季施工增加费和工程定位复测费四项,其计算如下:

夜间施工增加费 = 192 195.77 × 0.48% = 922.54 元

二次搬运费 = 192 195.77 × 0.23% = 442.05 元

冬雨季施工增加费 = 192 195.77 × 0.36% = 691.90 元

工程定位复测费 = 192 195.77 × 0.09% = 172.98 元

根据计算出来的其他总价措施项目费,填写"总价措施项目清单与计价表",见表 2.41。

表 2.41　总价措施项目清单与计价表

工程名称:博物楼(建筑与装饰工程)　　　　　　　　标段:　　　　　　第 1 页 共 1 页

序号	项目编码	项目名称	计算基础	费率 /%	金额 /元	调整费率 /%	调整后的金额 /元	备注
			定额(人工费 + 机械费)					
2	011707002001	夜间施工增加费	分部分项工程及单价措施项目(定额人工费 + 定额机械费)	0.48	922.54			
3	011707004001	二次搬运费	分部分项工程及单价措施项目(定额人工费 + 定额机械费)	0.23	442.05			
4	011707005001	冬雨季施工增加费	分部分项工程及单价措施项目(定额人工费 + 定额机械费)	0.36	691.90			
5	011707008001	工程定位复测费	分部分项工程及单价措施项目(定额人工费 + 定额机械费)	0.09	172.98			

六、任务成果

①单价措施项目清单与计价表,见表 2.42。

②单价措施项目综合单价分析表(节选),见表 2.43 ~ 表 2.45。

③总价措施项目清单与计价表,见表 2.46。

表 2.42 单价措施项目清单与计价表

工程名称:仓库楼(建筑与装饰工程)

标段   第　页　共　页

序号	项目编码	项目名称	项目特征描述	计量单位	工程量	综合单价	金额/元			暂估价
							合价	其中		
								定额人工费	定额机械费	
1	011701001001	综合脚手架(檐口高度5.78 m)	1. 建筑结构形式:框架结构 2. 檐口高度:5.78 m	m²	157.45	29.51	4 646.35	2 434.18	110.22	
2	011701001002	综合脚手架(檐口高度9.78 m)	1. 建筑结构形式:框架结构 2. 檐口高度:9.78 m	m²	41.54	66.46	2 760.75	1 276.11	79.76	
		小计					7 407.10	3 710.29	189.98	
		混凝土模板及支架(撑)								
3	011702001001	基础垫层模板及支架	基础类型:独立基础	m²	14.16	36.81	521.23	226.28	3.12	
4	011702001002	基础模板及支架	基础类型:独立基础	m²	66	58.31	3 848.46	1 553.64	24.42	
5	011702002001	矩形柱模板及支架(5.6 m)	支撑高度:5.6 m	m²	85.48	68.55	5 859.65	2 857.60	76.93	
6	011702002002	矩形柱模板及支架(9.6 m)	支撑高度:4 m	m²	67.47	83.69	5 646.56	2 922.80	99.18	

续表

序号	项目编码	项目名称	项目特征描述	计量单位	工程量	综合单价	合价	金额/元		暂估价
								其中		
								定额人工费	定额机械费	
7	011702003001	门柱模板及支架(5.6 m)	支撑高度:5.6 m	m²	7.18	54.40	390.59	175.34	3.81	
8	011702003002	门柱模板及支架(9.6 m)	支撑高度:4 m	m²	12.15	54.40	660.96	296.70	6.44	
9	011702003003	构造柱模板及支架(5.6 m)	支撑高度:5.6 m	m²	38.65	54.40	2 102.56	943.83	20.48	
10	011702003004	构造柱模板及支架(9.6 m)	支撑高度:4 m	m²	17.59	54.40	956.90	429.55	9.32	
11	011702005001	基础梁模板及支架	梁截面形状:矩形	m²	73.68	55.61	4 097.34	1 977.57	39.05	
12	011702006001	矩形梁模板及支架(5.6 m)	支撑高度:5.6 m	m²	22.38	68.56	1 534.37	785.54	24.84	
13	011702008001	圈梁模板及支架	1.梁截面形状:矩形 2.支撑高度:4 m	m²	35.26	57.11	2 013.70	1 004.91	18.34	

14	011702009001	过梁模板及支架	1.梁截面形状:矩形 2.支撑高度:2.2 m	m²	0.42	66.41	27.89	14.33	0.18
15	011702009002	雨篷梁板模及支架	1.梁截面形状:矩形 2.支撑高度:2.6 m,4.1 m	m²	13.99	66.41	929.08	477.34	5.88
16	011702011001	直形墙模板及支架	1.墙截面形状:矩形 2.支撑高度:0.5 m	m²	59.4	57.91	3 439.85	1 593.70	28.51
17	011702014001	有梁板模板及支架(5.6 m)	支撑高度:5.6 m	m²	241.81	71.67	17 330.52	8 535.89	328.86
18	011702014002	有梁板模板及支架(9.6 m)	支撑高度:4 m	m²	67.21	90.63	6 091.24	3 207.26	122.99
19	011702023001	雨篷模板及支架	1.构件类型:雨篷 2.板厚度:95 mm	m²	12.6	87.39	1 101.11	548.73	6.05
20	011702025001	窗台压顶模板及支架	构件类型:窗台压顶	m²	5.25	77.74	408.14	205.38	3.10
21	011702027001	台阶模板及支架	台阶踏步宽:300 mm	m²	2.52	86.25	217.35	71.04	0.20
		小计					57 177.50	27 827.43	821.70

续表

序号	项目编码	项目名称	项目特征描述	计量单位	工程量	综合单价	金额/元				暂估价
							合价	其中			
								定额人工费	定额机械费		
			垂直运输								
22	01170300100	垂直运输（檐口高度5.78 m）	1.建筑物建筑类型及结构形式:现浇框架 2.建筑物檐口高度:5.78 m,层数,1层	m²	157.45	17.42	2 742.78	947.85	1 276.92		
23	01170300100	垂直运输（檐口高度9.78 m）	1.建筑物建筑类型及结构形式:现浇框架 2.建筑物檐口高度:9.78 m,层数,1层	m²	41.54	17.42	723.63	250.07	336.89		
			小计				3 466.41	1 197.92	1 613.81		
			大型机械设备进出场及安拆								
24	01170500100	大型机械设备进出场及安拆	1.机械设备名称:履带式挖掘机 2.机械设备规格型号:斗容量≤1 m³	台次	1	3 829.21	3 829.21	1 170.00	1 572.07		
25	01170500100	大型机械设备进出场及安拆	1.机械设备名称:履带式起重机 2.机械设备规格型号:提升质量≤30 t	台次	1	5 485.52	5 485.52	1 260.00	2 678.07		
			小计				9 314.73	2 430.00	4 250.14		
			合计				77 365.74	35 165.64	6 875.63		

工程名称:博物楼(建筑与装饰工程)

表 2.43 综合单价分析表(节选 1)

项目编码	01170200001001		项目名称	基础垫层模板及支架		计量单位	m²	工程量	14.16

清单综合单价组成明细

定额编号	定额项目名称	定额单位	数量	单价/元					合价/元				
				人工费	材料费	机械费	管理费	利润	人工费	材料费	机械费	管理费	利润
AS0027	混凝土基础垫层复合模板及支架(撑)	100 m²	0.01	1 779.50	1 575.50	27.76	92.36	205.77	17.80	15.76	0.28	0.92	2.06
小计									17.80	15.76	0.28	0.92	2.06
未计价材料费													
清单项目综合单价									36.81				

材料费明细	主要材料名称、规格、型号	单位	数量	单价/元	合价/元	暂估单价/元	暂估合价/元
	二等锯材	m³	0.004 67	1 700.00	7.94	—	—
	复合模板	m²	0.247 4	31.17	7.71	—	—
	其他材料费			—	0.11		—
	材料费小计			—	15.76		—

注:①如不使用省级或行业建设主管部门发布的计价依据,可不填定额编号、名称等。
②招标文件中提供了暂估单价的材料,按材料暂估的单价填入表内"暂估单价"栏及"暂估合价"栏。

表 2.44 综合单价分析表(节选 2)

工程名称:博物馆楼(建筑与装饰工程)　　　　标段:

项目编码	01170202001		项目名称	矩形柱模板及支架(5.6 m)		计量单位	m²			工程量	85.48		
清单综合单价组成明细													
定额编号	定额项目名称	定额单位	数量	单价/元					合价/元				
				人工费	材料费	机械费	管理费	利润	人工费	材料费	机械费	管理费	利润
AS0040	混凝土矩形柱复合模板及支架(撑)	100 m²	0.01	2 988.61	2 286.60	67.46	156.03	347.65	29.89	22.87	0.67	1.56	3.48
AS0104换	混凝土柱模板超高支撑增加费	100 m²	0.01	733.64	99.10	48.10	39.70	88.46	7.34	0.99	0.48	0.40	0.88
人工单价		小计							37.23	23.86	1.15	1.96	4.36
		未计价材料费							68.55				
		清单项目综合单价											
材料费明细	主要材料名称、规格、型号				单位	数量	单价/元	合价/元		暂估单价/元		暂估合价/元	
	摊销卡具和支撑钢材				kg	0.522	4.15	2.17		—		—	
	复合模板				m²	0.246 8	31.17	7.69		—		—	
	一等锯材				m³	0.006 9	1 700.00	11.73		—		—	
	对拉螺栓				kg	0.19	4.15	0.79		—		—	
	对拉螺栓塑料管				m	1.178	1.10	1.30		—		—	
	其他材料费						—	0.18		—		—	
	材料费小计						—	23.86		—		—	

注:①如不使用省级或行业建设主管部门发布的计价依据,可不填定额编号、名称等。
②招标文件中提供了暂估价的材料,按材料暂估的单价填入表内"暂估单价"栏及"暂估合价"栏。

工程名称:博物楼(建筑与装饰工程)　　　　　　　　　　　　　　　　标段:　　　　　　　　　　　　　　第 22 页 共 25 页

表 2.45 综合单价分析表(节选 3)

项目编码	01170300 1001		项目名称	垂直运输 (檐口高度 5.78 m)			计量单位	m²		工程量		157.45

清单综合单价组成明细

定额编号	定额项 目名称	定额 单位	数 量	单价/元					合价/元				
				人工费	材料费	机械费	管理费	利润	人工费	材料费	机械费	管理费	利润
AS0116	现浇框架垂直 运输(檐口高度 ≤20 m)	100 m²	0.01	670.38		811.41	80.57	179.52	6.70		8.11	0.81	1.80
小计									6.70		8.11	0.81	1.80
未计价材料费											17.42		
清单项目综合单价													

材 料 费 明 细	主要材料名称、规格、型号						单位		数量		暂估单 价/元	合价 /元	暂估合 价/元
											—	—	—
	其他材料费											—		—
	材料费小计											—		—

注:①如不使用省级或行业建设主管部门发布的计价依据,可不填定额编号、名称等。
②招标文件中提供了暂估单价的材料,按材料暂估的单价填入表内"暂估单价"栏及"暂估合价"栏。

表 2.46 总价措施项目清单与计价表

工程名称:博物楼(建筑与装饰工程)　　　　　　　　　　标段:　　　　　　　　第 1 页 共 1 页

序号	项目编码	项目名称	计算基础		费率/%	金额/元	调整费率/%	调整后的金额/元	备注
			定额(人工费＋机械费)						
1	011707001001	安全文明施工费				37 670.38			
1.1	①	环境保护费	分部分项工程及单价措施项目(定额人工费＋定额机械费)		1.1	2 114.15			
1.2	②	文明施工费	分部分项工程及单价措施项目(定额人工费＋定额机械费)		4.6	8 841.01			
1.3	③	安全施工费	分部分项工程及单价措施项目(定额人工费＋定额机械费)		7.9	15 183.47			
1.4	④	临时设施费	分部分项工程及单价措施项目(定额人工费＋定额机械费)		6	11 531.75			
2	011707002001	夜间施工增加费			0.48	922.54			
3	011707004001	二次搬运费			0.23	442.05			
4	011707005001	冬雨季施工增加费			0.36	691.90			
5	011707008001	工程定位复测费			0.09	172.98			
合计						39 899.85			

注:按施工方案计算的措施费,若无"计算基础"和"费率"的数值,也可只填"金额"数值,但应在备注栏说明施工方案出处或计算方法。用于投标报价时,"调整费率"及"调整后的金额"无须填写。

任务四　确定其他项目费

一、任务内容

根据设计文件、清单规范、预算定额、常规施工方案等资料以及招标工程量清单,计算并编制其他项目费。

二、任务目标

学生通过完成该任务,能够达到以下目标:

①掌握计日工、总承包服务费的计算方法,具备根据项目背景和资料和相关规定,运用所给定的资料,计算招标控制价的计日工、总承包服务费的能力。

②掌握编制其他费用的能力,根据项目背景和资料和相关规定,运用所给定的资料,编写招标控制价的其他项目费的能力。

③严格遵循有关标准、规范、规程、管理规定和合同。

三、知识储备

1. 其他项目费

其他项目费指除分部分项工程量清单项目、措施项目费以外的项目费用。

2. 暂列金额

编制招标控制价(投标最高限价、标底)时,暂列金额应按招标工程量清单中列出的金额填写。如果招标工程量清单没有列出,可根据拟建工程的特点,按分部分项工程费和措施项目费的10%~15%计取。

3. 材料、工程设备暂估价

编制招标控制价(投标最高限价、标底)时,应按招标工程量清单中列出的单价计入综合单价。

4. 专业工程暂估价

编制招标控制价(投标最高限价、标底)时,应按招标工程量清单中列出的金额填写。

5. 计日工

编制招标控制价时,应按招标工程量清单中列出的项目,根据工程特点和有关计价依据确定综合单价计算。

6. 总承包服务费

编制招标控制价时,应根据招标工程量清单列出的内容和要求估算。

四、任务步骤

①填写暂列金额明细表。
②填写材料(工程设备)暂估单价及调整表。
③填写专业工程暂估价表。

④计算并填写计日工表。

⑤计算并填写总承包服务费计价表。

⑥填写其他项目清单与计价汇总表。

五、任务指导

1. 招标控制价中暂列金额明细表的填写

根据规定,招标控制价的暂列金额应按照招标工程量清单中的项目和金额来填写,不能进行修改。如果招标工程量清单中没有给定项目和金额,四川省定额规定,根据拟建工程的特点,按分部分项工程费和措施项目费的10%～15%计取。

该博物楼案例的工程招标中,招标工程量清单的暂列金额明细表中已经列明了项目和金额,所以直接按照本教材项目一的招标工程量清单中的暂列金额明细表填写。

2. 招标控制价中材料(工程设备)暂估单价及调整表的填写

根据规定,招标控制价中的材料、设备暂估价应当按照招标工程量清单中的材料、设备暂估价来填写,不能进行修改。所以该博物楼案例中工程招标控制价的材料(工程设备)暂估单价及调整表应直接按照本教材项目一的招标工程量清单中的材料(工程设备)暂估单价及调整表填写。

3. 招标控制价中专业工程暂估价表的填写

根据规定,招标控制价的专业工程暂估价应当按照招标工程量清单提供的项目和金额填写。所以该博物楼案例中工程招标控制价的专业工程暂估价表应直接按照本教材项目一的招标工程量清单中的专业工程暂估价表填写。

4. 招标控制价中计日工表的填写

在编制招标控制价时,计日工项目和数量应按其他项目清单列出的项目和数量填写,招标人计算并填写综合单价和合价,最后汇总成计日工费。

(1)人工

招标工程量清单中的计日工表中,招标人已经确定了人工的项目名称、单位和暂定数量,见表2.47。

四川省定额规定,计日工中人工的综合单价应包括综合费,综合费包括管理费、利润、安全文明施工费等,其综合费计取时不区分一般计税和简易计税。人工单价(含规费)应按工程造价管理机构公布的单价计算,计日工中人工单价综合费按定额人工单价的28.38%计算。

定额中普工的单价基价为90元/工日,按照定额规定,计日工中普工的单价为:

定额价格×(1+调整系数)=90×(1+23.83%)= 111.45 元/工日

在四川省,虽然相关管理部门在更新调整系数,但是该价格偏低,所以实际中常用到的另一个方法是根据项目所在地和工种的不同,按照四川省建设工程造价总站发布的关于人工费调整的批复里对人工单价的规定进行填写(见图2.1)。

表2.47　计日工中的人工

工程名称:博物楼(建筑与装饰工程)　　　　　　　　　　　标段:　　　　　第1页 共1页

编号	项目名称	单位	暂定数量	实际数量	综合单价/元	合价/元	
						暂定	实际
一	人工						
1	房屋建筑工程普工	工日	5				
2	装饰工程普工	工日	2				
3	房屋建筑工程技工	工日	4				
4	装饰工程技工	工日	3				
5	高级技工	工日	2				
人工小计							

　　从图2.1中可以看到,博物楼实训项目所在地成都武侯区的计日工单价如下:房屋建筑工程普工167元/工日,装饰工程(抹灰工程除外)普工190元/工日,房屋建筑工程技工216元/工日,装饰工程(抹灰工程除外)技工235元/工日,高级技工278元/工日。用计日工单价乘以暂定数量就等于合价,表格的具体填写见表2.48。

表2.48　计日工中的人工

工程名称:博物楼(建筑与装饰工程)　　　　　　　　　　　标段:　　　　　第1页 共1页

编号	项目名称	单位	暂定数量	实际数量	综合单价/元	合价/元	
						暂定	实际
一	人工						
1	房屋建筑工程普工	工日	5		167.00	835.00	
2	装饰工程普工	工日	2		190.00	380.00	
3	房屋建筑工程技工	工日	4		216.00	864.00	
4	装饰工程技工	工日	3		235.00	705.00	
5	高级技工	工日	2		278.00	556.00	
人工小计						3 340.00	

(2)材料

　　招标工程量清单的计日工表中,招标人已经确定了材料的项目名称、单位和暂定数量,见表2.49。

表 2.49　计日工中的材料

工程名称:博物楼(建筑与装饰工程)　　　　　　　　标段:　　　第 1 页 共 1 页

编号	项目名称	单位	暂定数量	实际数量	综合单价/元	合价/元	
						暂定	实际
二	材料						
1	中砂	m³	3				
2	普通水泥 32.5	t	0.5				
材料小计							

　　计日工中的材料单价应按工程造价管理机构发布的工程造价信息中的材料单价计算,对工程造价信息未发布材料单价的材料,其费用应按市场调查确定的单价计算。通过查询相应的工程造价信息,可确定材料的综合单价,乘以暂定数量即得到合价,见表 2.50。

表 2.50　计日工中的材料

工程名称:博物楼(建筑与装饰工程)　　　　　　　　标段:　　　第 1 页 共 1 页

编号	项目名称	单位	暂定数量	实际数量	综合单价/元	合价/元	
						暂定	实际
二	材料						
1	中砂	m³	3		201.00	603.00	
2	普通水泥 32.5	t	0.5		400.00	200.00	
材料小计						803.00	

　　(3)机械

　　招标工程量清单的计日工表中,招标人已经确定了机械的项目名称、单位和暂定数量,见表2.51。

表 2.51　计日工中的机械

工程名称:博物楼(建筑与装饰工程)　　　　　　　　标段:　　　第 1 页 共 1 页

编号	项目名称	单位	暂定数量	实际数量	综合单价/元	合价/元	
						暂定	实际
三	施工机械						
1	轮胎式拖拉机(功率 21 kW)	台班	2				
2	载重汽车(装载质量 2 t)	台班	1				
施工机械小计							

　　四川省定额规定,计日工中的施工机械台班单价按"附录一、施工机械台班费用定额"为基础来计算。计日工中的机械单价综合费按定额机械台班单价的 23.83% 计算。定额摘录见表 2.52。

表2.52　施工机械台班费用定额(节选)

工程名称:博物楼(建筑与装饰工程)　　　　　　　　　　　标段:　　　第1页 共1页

定额编号			XA0069	XA0070	XAD071	XA0072	XA0073	XA0074	XA0075
机械名称			手扶式拖拉机	轮胎式拖拉机			拖式单筒羊角碾	拖式双筒羊角碾	手扶式振动压实机
机械名称			功率/kW				工作质量/t		
			9	21	41	75	3	6	1
机型			中	中	中	中	中	中	中
台班单价/元			86.12	156.08	300.10	475.13	18.66	31.05	69.80
费用组成	折旧费/元		6.07	14.78	26.52	47.90	4.18	7.60	12.98
	检修费/元		2.15	5.24	9.42	17.00	0.72	1.04	2.14
	维护费/元		4.54	11.06	19.88	35.87	4.20	6.07	8.26
	安拆及场外运费/元		—	—	—	—	9.56	16.34	5.63
	燃料动力费/元		73.36	125.00	244.28	374.36	—	—	40.79
人工及燃料动力	人工	工日	—	(1.000)	(1.000)	(1.000)	(1.000)	—	—	—
	柴油	L	6.00	12.226	20.833	40.714	62.393	—	—	6.798

从表中可以查到,轮胎式拖拉机(功率21 kW)的定额编号为 XA0070,定额价格为 156.08 元/台班,按照定额规定,计日工中轮胎式拖拉机(功率21 kW)的台班单价为:

定额价格×(1 + 调整系数) = 156.08 × (1 + 23.83%) = 193.27 元/台班

这里要注意的是,在实际工作中除了采用调整系数计算外,还可以通过查询"广材网" "材价网"或询问施工班组获得机械项目的价格。

通过计算确定了机械项目的综合单价,乘以暂定数量即得到合价,见表2.53。

表2.53　计日工中的机械

工程名称:博物楼(建筑与装饰工程)　　　　　　　　　　　标段:　　　第1页 共1页

编号	项目名称	单位	暂定数量	实际数量	综合单价/元	合价/元	
						暂定	实际
三	施工机械						
1	轮胎式拖拉机(功率21 kW)	台班	2		193.27	386.54	
2	载重汽车(装载质量2 t)	台班	1		303.94	303.94	
施工机械小计						690.48	

要注意的是,四川省规定计日工中的人工、材料和机械都包括了管理费和利润,所以不需要再单独计算计日工的管理费和利润。

5. 招标控制价中总承包服务费的确定和计价表的填写

招标工程量清单的总承包服务费计价表中已经确定了项目名称、项目价值、服务内容和计算基础,见表2.54。

表2.54 总承包服务费计价表

工程名称:博物楼(建筑与装饰工程) 标段: 第1页 共1页

序号	项目名称	项目价值/元	服务内容	计算基础	费率/%	金额/元
1	发包人发包专业工程	39 356.00	按专业工程承包人的要求提供施工工作面并对施工现场进行统一管理,对竣工资料进行统一整理、汇总	专业工程暂估价		
2	发包人提供材料	55 020.00	对发包人供应的材料进行验收、保管及使用、发放	甲供材料暂估价		

编制招标控制价时,需要确定总承包服务各项费用的费率。四川省定额中专门说明了编制招标控制价(最高投标限价、标底)时,总承包服务费应根据招标文件列出的服务内容和要求按下列规定计算。

①当招标人仅要求总包人对其发包的专业工程进行施工现场协调和统一管理、对竣工资料进行统一汇总整理等服务时,总承包服务费按发包的专业工程估算造价的1.5%左右计算。

②当招标人要求总包人对其发包的专业工程既进行总承包管理和协调,又要提供相应配合服务时,总承包服务费根据招标文件列出的配合服务内容,按发包的专业工程估算造价的3%~5%计算。

③招标人自行供应材料、设备的,按招标人供应材料、设备价值的1%计算。

总承包服务费计价表中第一个项目"发包人发包专业工程",其服务内容为按专业工程承包人的要求提供施工工作面并对施工现场进行统一管理、对竣工资料进行统一整理汇总,所以费率只能按照四川省定额的规定取1.5%,其金额为:

$$专业工程暂估价 \times 费率 = 39\ 356.00 \times 1.5\% = 590.34\ 元$$

第二个项目"发包人提供材料",其服务内容为对发包人供应的材料进行验收、保管和使用、发放,按照四川省定额的规定,费率取1%,其金额为:

$$甲供材料暂估价 \times 费率 = 55\ 020.00 \times 1\% = 550.20\ 元$$

将总承包服务费的两个金额分别填入表中并进行合计,就完成了总承包服务费计价表的填写。

6. 其他项目清单与计价汇总表

招标工程量清单中已经填写了暂列金额和暂估价,其他项目清单与计价汇总表见表2.55。

表 2.55　其他项目清单与计价汇总表

工程名称:博物楼(建筑与装饰工程)　　　　　　　　　　　标段:　　　　第 1 页 共 1 页

序号	项 目 名 称	金额/元	结算金额/元	备注
1	暂列金额	60 000.00		明细详见表 2.57
2	暂估价	39 356.00		
2.1	材料(工程设备)暂估价/结算价	—		明细详见表 2.58
2.2	专业工程暂估价/结算价	39 356.00		明细详见表 2.59
3	计日工			明细详见表 2.60
4	总承包服务费			明细详见表 2.61
	合 计			—

　　在编制招标控制价时,将计算出的计日工和总承包服务费填入表中,并进行合计。要注意的是,材料(工程设备)暂估单价计入清单项目综合单价,此处不汇总。

六、任务成果

①其他项目清单与计价汇总表,见表 2.56。
②暂列金额明细表,见表 2.57。
③材料(工程设备)暂估单价及调整表,见表 2.58。
④专业工程暂估价表,见表 2.59。
⑤计日工表,见表 2.60。
⑥总承包服务费计价表,见表 2.61。

表 2.56　其他项目清单与计价汇总表

工程名称:博物楼(建筑与装饰工程)　　　　　　　　　　　标段:　　　　第 1 页 共 1 页

序号	项 目 名 称	金额/元	结算金额/元	备注
1	暂列金额	60 000.00		明细详见表 2.57
2	暂估价	39 356.00		
2.1	材料(工程设备)暂估价/结算价	—		明细详见表 2.58
2.2	专业工程暂估价/结算价	39 356.00		明细详见表 2.59
3	计日工	4 833.48		明细详见表 2.60
4	总承包服务费	1 140.54		明细详见表 2.61
	合 计	105 330.02	—	—

注:材料(工程设备)暂估单价计入清单项目综合单价,此处不汇总。

表 2.57 暂列金额明细表

工程名称:博物楼(建筑与装饰工程)　　　　　　　　　　标段:　　　　第 1 页 共 1 页

序号	项目名称	计量单位	暂定金额/元	备注
1	暂列金额	项	60 000.00	
	合计		60 000.00	—

注:此表由招标人填写,如不能详列,也可只列暂定金额总额,投标人应将上述暂列金额计入投标总价中。

表 2.58 材料(工程设备)暂估单价及调整表

工程名称:博物楼(建筑与装饰工程)　　　　　　　　标段:　　　　第 1 页 共 1 页

序号	材料(工程设备)名称、规格、型号	计量单位	数量 暂估	确认	暂估/元 单价	合价	确认/元 单价	合价	差额(±)/元 单价	合价	备注
1	大理石板,厚 20 mm	m²	25.237		489.76	12 360.07					
2	彩釉地砖,300 mm×300 mm	m²	9.894		87.27	863.45					
3	面砖,240 mm×60 mm	m²	432.51		33.84	14 636.14					
4	成品零星钢构件 综合	t	0.001		5 200.00	5.20					
5	钢筋,φ≤10 mm	t	2.65		4 000.00	10 600.00					
6	高强钢筋,φ≤10 mm	t	3.129		4 000.00	12 516.00					
7	高强钢筋,φ=12~16 mm	t	4.206		4 000.00	16 824.00					
8	高强钢筋,φ>16 mm	t	3.768		4 000.00	15 072.00					
9	热轧带肋钢筋,φ>10 mm	t	0.002		4 000.00	8.00					
	合计					82 884.86					

注:此表由招标人填写暂估单价,并在备注栏说明暂估价的材料、工程设备拟用在哪些清单项目上,投标人应将上述材料、工程设备暂估单价计入工程量清单综合单价报价中。工程结算时,依据承发包双方确认价调整差额。

表2.59　专业工程暂估价表

工程名称:博物楼(建筑与装饰工程)　　　　　　　　标段:　　　　　　　第1页 共1页

序号	工程名称	工程内容	暂估金额/元	结算金额/元	差额(±)/元	备注
2.2.1	成品钢大门运输与安装就位	钢大门制作、运输和安装	10 000.00			
2.2.2	成品木门运输与安装就位	木门制作、运输和安装	1 000.00			
2.2.3	铝合金推拉窗运输与安装	铝合金推拉窗制作、运输和安装	28 356.00			
合计			39 356.00	—	—	—

注:此表中暂估金额由招标人填写,投标人应将暂估金额计入投标总价中,结算时按合同约定的结算金额填写数值。

表2.60　计日工表

工程名称:博物楼(建筑与装饰工程)　　　　　　　　标段:　　　　　　　第1页 共1页

编号	项目名称	单位	暂定数量	实际数量	综合单价/元	合价/元	
						暂定	实际
一			人工				
1	房屋建筑工程普工	工日	5		167.00	835.00	
2	装饰工程普工	工日	2		190.00	380.00	
3	房屋建筑工程技工	工日	4		216.00	864.00	
4	装饰工程技工	工日	3		235.00	705.00	
5	高级技工	工日	2		278.00	556.00	
人工小计						3 340.00	
二			材料				
1	中砂	m³	3		201.00	603.00	
2	普通水泥32.5	t	0.5		400.00	200.00	
材料小计						803.00	
三			施工机械				
1	轮胎式拖拉机(功率21 kW)	台班	2		193.27	386.54	
2	载重汽车(装载质量2 t)	台班	1		303.94	303.94	
施工机械小计						690.48	
总计						4 833.48	

注:①此表项目名称、暂定数量由招标人填写,编制招标控制价时,单价由招标人按有关计价规定确定;投标时,单价由投标人自主报价,按暂定数量计算合价并计入投标总价。结算时,按发承包双方确认的实际数量计算合价。若采用一般计税法,材料单价、施工机械台班单价应不含税。
②此表中综合单价包括管理费、利润、安全文明施工费等。

表 2.61　总承包服务费计价表

工程名称:博物楼(建筑与装饰工程)　　　　　　　　　标段:　　　　　　　　　第 1 页 共 1 页

序号	项目名称	项目价值/元	服务内容	计算基础	费率/%	金额/元
1	发包人发包专业工程	39 356.00	按专业工程承包人的要求提供施工工作面并对施工现场进行统一管理,对竣工资料进行统一整理汇总	专业工程暂估价	1.5	590.34
2	发包人提供材料	55 020.00	对发包人供应的材料进行验收、保管和使用、发放	材料设备暂估价	1	550.20
合计	—	—	—		—	1 140.54

注:此表项目名称、服务内容由招标人填写,编制招标控制价时,费率及金额由招标人按有关计价规定确定;投标时,费率及金额由投标人自主报价,计入投标总价中。

任务五　确定规费和税金

一、任务内容

根据《建筑安装工程费用项目组成》(建标〔2013〕44 号文)、清单规范、定额、招标工程量清单等资料计算招标控制价的规费和税金。

二、任务目标

学生通过完成该任务,能够达到以下目标:

①掌握规费计算方法,具备根据项目背景和资料和相关规定,运用所给定的资料,计算招标控制价规费、编写规费计价表的能力。

②掌握税金计算方法,具备根据项目背景和资料和相关规定,运用所给定的资料,计算招标控制价税金、编写税金计价表的能力。

③树立诚实劳动、合法经营、信守承诺、依法纳税的意识。

三、知识储备

1.规费

规费包括社会保险费、住房公积金和工程排污费。各省可以根据需要进行增加。

计算规费时,费率和计算基数应当按照各省的定额规定执行。四川省规定,使用国有资金投资的建设工程,编制设计概算、施工图预算、招标控制价(最高投标限价、标底)时,规费按"规费费率计取表"中的费率计算。

2. 税金

税金包括营业税、城市维护建设税、教育费附加以及地方教育附加。实行营改增后，营业税改为增值税。

税金应按规定的标准计算，不得作为竞争性费用。四川省规定，将税金分为增值税和附加税两部分，其中附加税包括城市维护建设税、教育费附加以及地方教育附加。

四、任务步骤

①查找规费的计算基础和费率，计算规费，并填写规费项目计价表。
②查找税金的计算基础和税率，计算税金，并填写税金项目计价表。

五、任务指导

1. 计算规费，并填写规费计价表

按照《建设工程工程量清单计价规范》的规定，分别查找社会保险费、住房公积金和工程排污费的计算基础、计算基数、计算费率并计算金额，见表 2.62。

表 2.62　规费、税金项目计价表

工程名称：　　　　　　　　　标段：　　　　　　　　　第　页　共　页

序号	项目名称	计算基础	计算基数	计算费率/%	金额/元
1	规费				
1.1	社会保险费				
(1)	养老保险费				
(2)	失业保险费				
(3)	医疗保险费				
(4)	工伤保险费				
(5)	生育保险费				
1.2	住房公积金				
1.3	工程排污费				

按照规定，各省、自治区、直辖市等可以根据本地区情况进行调整。2020 年版《四川省建设工程工程量清单计价定额》中将规费合并为一项，并且不再单独设置规费计价表，这里为便于实训，按照《建设工程工程量清单计价规范》中的表格并结合四川省的实际情况，在招标工程量清单中设置了规费项目计价表，见表 2.63。

表 2.63　规费项目计价表

工程名称:博物楼(建筑与装饰工程)　　　　　标段:　　　　　　　　　第 1 页 共 1 页

序号	项目名称	计算基础	计算基数	计算费率/%	金额/元
1	规费	分部分项工程定额人工费＋单价措施项目定额人工费			

四川省定额中,规费费率计取表见表 2.64。

表 2.64　四川省定额中规费费率计取表

序号	取费类别	企业资质	计取基础	规费费率
1	Ⅰ档	房屋建筑工程施工总承包特级 市政公用工程施工总承包特级	分部分项工程及单价措施项目定额人工费	9.34%
2	Ⅱ档	房屋建筑工程施工总承包一级 市政公用工程施工总承包一级		8.36%
3	Ⅲ档	房屋建筑工程施工总承包二、三级 市政公用工程施工总承包三、三级		6.58%
4	Ⅳ档	施工专业承包 劳务分包资质		4.8%

(1)确定计算基数

规费的计算基础为"分部分项工程定额人工费＋单价措施项目定额人工费",根据项目二中任务二和任务三的内容,"分部分项工程定额人工费"为 143 826.77 元,"单价措施项目定额人工费"为 35 165.64 元,合计为:

计算基数 = 分部分项工程定额人工费＋单价措施项目定额人工费

＝143 826.77 + 35 165.64 = 178 992.41 元

(2)确定计算费率

从规费费率计取表可知,四川省定额将规费分为 4 档,每一档对应不同的企业资质和费率。同时定额规定,在编制招标控制价时规费费率应当按照"Ⅰ档"计取,所以编制招标控制价时,规费费率为 9.34%。

(3)计算规费

将计算基数乘以计算费率,就得到了本实训项目的规费,即:

规费 = 计算基数 × 计算费率 = 178 992.41 ×9.34% = 16 717.89 元

(4)填写规费项目计价表

计价表内容详见表 2.65。

2.计算税金,并填写税金项目计价表

按照《建设工程工程量清单计价规范》,税金虽然包括增值税、城市维护建设税、教育费

附加以及地方教育附加四项税种,但是只列一项,税率按照综合税率计算,见表2.66。

表2.65 规费项目计价表

工程名称:博物楼(建筑与装饰工程) 标段: 第1页 共1页

序号	项目名称	计算基础	计算基数	计算费率/%	金额/元
1	规费	分部分项工程定额人工费+单价措施项目定额人工费	178 992.41	9.34	16 717.89

表2.66 税金项目计价表

工程名称: 标段: 第 页 共 页

序号	项目名称	计算基础	计算基数	计算费率/%	金额/元
2	税金				

四川省定额中将增值税单独列出,方便根据国家政府规定调整税率,城市维护建设税、教育费附加以及地方教育附加三项税种合并为附加税,并且不再单独设税金计价表,这里为便于实训,按照《建设工程工程量清单计价规范》中的表格,结合四川省实际情况,在招标工程量清单中设置了税金项目计价表,见表2.67。

表2.67 税金项目计价表

工程名称:博物楼(建筑与装饰工程) 标段: 第1页 共1页

序号	项目名称	计算基础	计算基数	计算费率/%	金额/元
1	销项增值税	分部分项工程费+措施项目费+其他项目费+规费+按实计算费用+创优质工程奖补偿奖励费-按规定不计税的工程设备金额-除税甲供材料(设备)费			
2	附加税	分部分项工程费+措施项目费+其他项目费+规费+按实计算费用+创优质工程奖补偿奖励费-按规定不计税的工程设备金额-除税甲供材料(设备)费			

(1)增值税和附加税的计算基数

在编制招标控制价时,增值税和附加税的计算基数是一样的,都是税前不含税工程造价,包括分部分项工程费、措施项目费、其他项目费、规费,以及按实计算费用和创优质工程奖补偿奖励费,同时要扣除按规定不计税的工程设备金额和除税甲供材料(设备)费,即:

税前不含税工程造价=分部分项工程费+措施项目费+其他项目费+规费+按实计算费用+创优质工程奖补偿奖励费-按规定不计税的工程设备金额-除税甲供材料(设备)费

分部分项工程费、措施项目费、其他项目费、规费已经通过前面的任务计算出结果,其中,分部分项工程费为483 651.65元,措施项目费为117 265.59元,其他项目费为105 330.02元,规费为 16 717.89 元。该实训项目不包括按实计算费用、创优质工程奖补偿奖励费和按规定不计税的工程设备金额。除税甲供材料（设备）费按照招标工程量清单中的"发包人提供材料和工程设备一览表"的合价确定，为 55 020.00 元。所以计算基数为：

$$税前不含税工程造价 = 483\ 651.65 + 117\ 265.59 + 105\ 330.02 + 16\ 717.89 - 55\ 020.00$$
$$= 667\ 945.15\ 元$$

（2）确定增值税税率并计算增值税税额

增值税等于税前不含税工程造价乘以增值税税率，即：

$$销项税额 = 税前不含税工程造价 \times 增值税税率$$

根据《财政部 税务总局 海关总署关于深化增值税改革有关政策的公告》〔财政部 税务总局 海关总署公告 2019 年第 39 号〕、四川省文件《关于重新调整〈建筑业营业税改征增值税四川省建设工程计价依据调整办法〉的通知》（川建造价发〔2019〕181 号）（图 2.2），以及四川省定额的规定，销项增值税税率取 9%。

四川省住房和城乡建设厅

川建造价发〔2019〕181号

关于重新调整《建筑业营业税改征增值税四川省建设工程计价依据调整办法》的通知

各市（州）及扩权试点县住房城乡建设行政主管部门，各建设、设计、施工、咨询及相关单位：

根据财政部、税务总局、海关总署《关于深化增值税改革有关政策的公告》（财政部 税务总局 海关总署公告2019年第39号）有关规定及住房城乡建设部办公厅《关于重新调整建设工程计价依据增值税税率的通知》（建办标函〔2019〕193号）要求，做好增值税税率调整有关工作，确保调整工作平稳、有序推进，现将我省建设工程造价计价依据调整及有关事宜通知如下：

一、增值税一般计税

四川省住房和城乡建设厅《关于印发〈建筑业营业税改征增值税四川省建设工程计价依据调整办法〉的通知》（川建造价发〔2016〕349号）调整如下：

（一）附件调整

附件第四条调整办法，第（一）条15定额调整，第6款中税金："销项增值税按税率11%计算，销项税额=税前工程造价×销项增值税税率11%"调整为"销项增值税按税率9%计算，销项税额=税前工程造价×销项增值税税率9%"。

图 2.2 《关于重新调整〈建筑业营业税改征增值税四川省建设工程计价依据调整办法〉的通知》（节选）

所以销项增值税为：

$$销项增值税 = 税前不含税工程造价 \times 销项增值税税率$$
$$= 667\ 945.15 \times 9\% = 60\ 115.06\ 元$$

（3）确定附加税税率并计算附加税税额

该实训项目采用的是一般计税法，在编制招标控制价时附加税等于税前不含税工程造价乘以综合附加税税率。即：

$$附加税 = 税前不含税工程造价 \times 综合附加税税率$$

附加税的综合税率根据城市维护建设税、教育费附加以及地方教育附加三项税的税率计算得到,四川省定额中给了综合附加税税率表,见表 2.68。

表 2.68　综合附加税税率表

项目名称	计算基础	综合附加税税率
附加税(城市维护建设税、教育费附加、地方教育附加)	税前不含税工程造价	1. 工程在市区时为 0.313% 2. 工程在县城镇时为 0.261% 3. 工程不在县城镇时为 0.157%

根据项目背景,可以确定该实训项目所在地为成都市,所以综合附加税税率选取 0.313%,计算附加税如下:

附加税 = 税前不含税工程造价 × 综合附加税税率

= 667 945.15 × 0.313%

= 2 090.67 元

(4)填写税金项目计价表。

将计算查询和计算得到的数据填入税金项目计价表,见表 2.69。

表 2.69　税金项目计价表

工程名称:博物楼(建筑与装饰工程)　　　　　标段:　　　　　　　　　　第 1 页 共 1 页

序号	项目名称	计算基础	计算基数	计算费率/%	金额/元
1	销项增值税	分部分项工程费 + 措施项目费 + 其他项目费 + 规费 + 按实计算费用 + 创优质工程奖补偿奖励费 – 按规定不计税的工程设备金额 – 除税甲供材料(设备)费	667 945.15	9	60 115.06
2	附加税	分部分项工程费 + 措施项目费 + 其他项目费 + 规费 + 按实计算费用 + 创优质工程奖补偿奖励费 – 按规定不计税的工程设备金额 – 除税甲供材料(设备)费	667 945.15	0.313	2 090.67

六、任务成果

招标控制价的规费、税金项目计价表,见表 2.70。

表 2.70　规费、税金项目计价表

工程名称:博物楼(建筑与装饰工程)　　　　　标段:　　　　　　　　　　第 1 页 共 1 页

序号	项目名称	计算基础	计算基数	计算费率/%	金额/元
1	规费	分部分项工程定额人工费 + 单价措施项目定额人工费	178 992.41	9.34	16 717.89

续表

序号	项目名称	计算基础	计算基数	计算费率/%	金额/元
2	销项增值税	分部分项工程费＋措施项目费＋其他项目费＋规费＋按实计算费用＋创优质工程奖补偿奖励费－按规定不计税的工程设备金额－除税甲供材料(设备)费	667 945.15	9	60 115.06
3	附加税	分部分项工程费＋措施项目费＋其他项目费＋规费＋按实计算费用＋创优质工程奖补偿奖励费－按规定不计税的工程设备金额－除税甲供材料(设备)费	667 945.15	0.313	2 090.67
合计					78 923.62

任务六　确定招标控制价

一、任务内容

运用《建筑安装工程费用项目组成》(建标〔2013〕44 号文)、清单规范、定额等资料,结合前面任务的成果计算招标控制价,并编制单位工程招标控制价汇总表和单项工程招标控制价汇总表。

二、任务目标

学生通过完成该任务,能够达到以下目标:

①掌握招标控制价的计算方法,具备根据项目背景、资料和相关规定,运用所给定的资料,计算招标控制价的能力。

②掌握单位工程招标控制价的编制方法,具备根据项目背景、资料和相关规定,运用所给定的资料,编制单位工程招标控制价汇总表的能力。

③掌握单项工程招标控制价汇总表的编制方法,具备根据项目背景、资料和相关规定,运用所给定的资料,编制单项工程招标控制价汇总表的能力。

④与同学互相支持、互相配合、顾全大局,明确工作任务和共同目标。

三、知识储备

1. 单项工程

单项工程又称工程项目,是指具有独立的设计文件,竣工后可以独立发挥生产能力或使用效益的工程,是建设项目的组成部分。

2. 单位工程

单位工程是指具有独立的设计文件、能单独施工,但建成后不能独立发挥生产能力或使用效益的工程,是单项工程的组成部分。

3. 招标控制价的组成

招标控制价由分部分项工程费、措施项目费、其他项目费、规费和税金组成。

四、任务步骤

①填写单位工程招标控制价汇总表中除招标控制价外的其他费用。
②计算招标控制价。
③填写单位工程招标控制价汇总表中的招标控制价。
④填写单项工程招标控制价汇总表。

五、任务指导

1. 计算招标控制价

招标控制价由分部分项工程费、措施项目费、其他项目费、规费和税金组成,其中分部分项工程费为 483 651.65 元,单价措施项目费为 77 365.74 元,总价措施项目费为 39 899.85 元,其他项目费为 105 330.02 元,规费为 16 717.89 元,增值税为 60 115.06 元,附加税为 2 090.67元。招标控制价的计算如下:

招标控制价 = 分部分项工程费 + 措施项目费 + 其他项目费 + 规费 + 税金
= 分部分项工程费 + 单价措施项目费 + 总价措施项目费
+ 其他项目费 + 规费 + 增值税 + 附加税
= 483 651.65 + 77 365.74 + 39 899.85 + 105 330.02 + 16 717.89
+ 60 115.06 + 2 090.67
= 785 170.88 元

2. 填写单位工程招标控制价汇总表

根据项目二的任务二、任务三、任务四和任务五,将各项费用填入单位工程招标控制价汇总表中。

3.填写单项工程招标控制价汇总表

根据单位工程招标控制价汇总表的内容,填写单项工程招标控制价汇总表。

4.填写建设项目招标控制价汇总表

建设项目招标控制价汇总表见表2.71。

表2.71 建设项目招标控制价汇总表

工程名称:博物楼(建筑与装饰工程) 第1页 共1页

序号	单项工程名称	工程规模		金额/元	其中/元			单位造价/元
		数值	计量单位		暂估价	安全文明施工费	规费	

一般房屋建筑工程的建设项目包括建筑与装饰工程和安装工程,该实训内容只涉及建筑与装饰工程,这里只汇总博物楼的建筑与装饰工程情况,根据单项工程招标控制价汇总表的内容,填写表格。

表中的工程规模是指根据工程类型的特征进行描述的建筑面积、占地面积、体积、长度、宽度等具体数值及计量单位。房屋建筑工程的工程规模一般指建筑面积。

其中,单位造价等于单项工程招标控制价(含土建和安装,实训只考虑了土建)除以工程规模。即:

单位造价 = 单项工程招标控制价(含土建和安装)/工程规模(建筑面积)
       = 785 170.88/198.99 = 3 945.78 元/m²

六、任务成果

①单位工程招标控制价汇总表,见表2.72。
②单项工程招标控制价汇总表,见表2.73。
③建设项目招标控制价汇总表,见表2.74。

表2.72 单位工程招标控制价汇总表

工程名称:博物楼(建筑与装饰工程) 标段: 第1页 共1页

序号	汇总内容	金额/元	其中:暂估价/元
1	分部分项工程及单价措施项目	561 017.39	82 884.86
1.1	土石方工程	11 875.54	
1.2	砌筑工程	42 488.72	
1.3	混凝土及钢筋混凝土工程	177 990.38	55 020.00
1.4	金属结构工程	8.18	5.20
1.5	屋面及防水工程	48 841.26	

序号	汇总内容	金额/元	其中:暂估价/元
1.6	保温、隔热、防腐工程	40 689.70	
1.7	楼地面装饰工程	46 669.07	13 223.52
1.8	墙、柱面装饰与隔断、幕墙工程	84 731.58	14 636.14
1.9	天棚工程	6 172.85	
1.10	油漆、涂料、裱糊工程	24 184.37	
1.11	单价措施项目	77 365.74	
2	总价措施项目	39 899.85	—
2.1	其中:安全文明施工费	37 670.38	—
3	其他项目	105 330.02	—
3.1	其中:暂列金额	60 000.00	—
3.2	其中:专业工程暂估价	39 356.00	—
3.3	其中:计日工	4 833.48	—
3.4	其中:总承包服务费	1 140.54	—
4	规费	16 717.89	
5	创优质工程奖补偿奖励费		
6	税前不含税工程造价	722 965.15	—
6.1	其中:除税甲供材料(设备)费	55 020.00	
7	销项增值税	60 115.06	—
8	附加税	2 090.67	—
招标控制价/投标报价总价合计 = 税前不含税工程造价 + 销项增值税 + 附加税		785 170.88	82 884.86

注:本表适用于单位工程招标控制价或投标报价的汇总,如无单位工程划分,则单项工程也使用本表汇总。

表 2.73　单项工程招标控制价汇总表

工程名称:博物楼(建筑与装饰工程)　　　　　　　　　　　　　　　第 1 页 共 1 页

序号	单位工程名称	金额/元	其中/元		
			暂估价	安全文明施工费	规费
1	博物楼(建筑与装饰工程)	785 170.88	122 240.86	37 670.38	16 717.89
	合计	785 170.88	122 240.86	37 670.38	16 717.89

注:本表适用于单位工程招标控制价或投标报价的汇总。暂估价包括分部分项工程及单价措施项目中的暂估价和专业工程暂估价。

表 2.74　建设项目招标控制价汇总表

工程名称:博物楼(建筑与装饰工程)　　　　　　　　　　　　　　　　　　　　第 1 页 共 1 页

序号	单项工程名称	工程规模		金额/元	其中/元			单位造价/元
		数值	计量单位		暂估价	安全文明施工费	规费	
1	博物楼(建筑与装饰工程)	198.99	m²	785 170.88	122 240.86	37 670.38	16 717.89	3 945.78
	合计			785 170.88	122 240.86	37 670.38	16 717.89	—

注:①本表适用于建设项目招标控制价或投标报价的汇总。
　　②工程规模是指根据工程类型的特征进行描述的建筑面积、占地面积、体积、长度、宽度等具体数值及计量单位。

任务七　编写主要材料和工程设备一览表

一、任务内容

根据清单规范、招标工程量清单、定额等资料,编写主要材料和工程设备一览表。

二、任务目标

学生通过完成该任务,能够达到以下目标:

①具备查抄发包人提供主要材料和工程设备一览表的能力。

②掌握统计承包人提供主要材料和工程设备的能力,具备根据给定的资料、结合实际情况,编写承包人提供主要材料和工程设备一览表的能力。

③树立绿色环保、尊重自然、顺应自然、保护自然的理念。

三、知识储备

①招标人应优先采用工程造价管理机构发布的单价作为基准单价,未发布的材料(工程设备)则通过市场调查确定其基准单价。

②编制招标控制价时,甲供材料单价应计入相应项目的综合单价中。

③若发包人要求承包人采购已在招标文件中确定的甲供材料,材料价格应由发承包双方根据市场调查确定,并应另行签订补充协议。

四、任务步骤

①查抄发包人提供主要材料和工程设备一览表。

②编写承包人提供主要材料和工程设备一览表。

五、任务指导

1.发包人提供主要材料和工程设备一览表的填写

直接抄写招标工程量清单中的发包人提供主要材料和工程设备一览表。

2.编写承包人提供主要材料和工程设备一览表

承包人提供主要材料和工程设备一览表是用于统计承包人主要材料和工程设备的数量和价格的,具体见表2.75。

表 2.75　承包人提供主要材料和工程设备一览表

工程名称：　　　　　　　　　　　　　　　标段：　　　　　　　　第　页共　页

序号	名称、规格、型号	单位	数量	风险系数/%	基准单价/元	投标单价/元	发承包人确认单价/元	备注

编制招标控制价时,招标人需要填写材料的名称、规格、型号、单位、数量和基准单价,填写的内容应当与分部分项工程综合单价分析表和单价措施项目综合单价分析表中的材料明细表的内容相同。以基础垫层为例,其综合单价分析表见表2.76。

从综合单价分析表的材料费明细可以看到,里面既有半成品混凝土 C15,也有原材料水泥 32.5、特细砂、砾石等,需要填入承包人提供主要材料和工程设备一览表的只有原材料,所以这里不填写混凝土 C15。项目单位和材料费明细表中的一样;计算数量时需要用综合单价分析表里的原材料数量乘以该项目的工程量。基础垫层的工程量为 10.47 m³,所以水泥 32.5 的数量为:

综合单价分析表材料数量 × 项目工程量 = 281.155 × 10.47 = 2 943.69 kg

对于整个工程,其材料数量为:

$$工程材料数量 = \sum_{i=1}^{n}(综合单价分析表材料数量 × 项目工程量)$$

基准单价应优先采用工程造价管理机构发布的单价作基准单价,未发布的材料(工程设备)则通过市场调查确定其基准单价。本教材项目二的任务三也是按照该规定确定的材料单价来填写综合单价分析表,所以对于基准单价,应直接使用综合单价分析表中的材料价格。

将材料的名称、规格、型号、单位、数量和基准单价填入承包人提供主要材料和工程设备一览表,见表2.77。

表2.76 综合单价分析表

工程名称:博物楼(建筑与装饰工程)　　　　　标段:　　　　　第　页　共　页

项目编码	01050100 1001		项目名称	平整场地		计量单位	m³		工程量	10.47	

清单综合单价组成明细

定额编号	定额项目名称	定额单位	数量	单价/元					合价/元				
				人工费	材料费	机械费	管理费	利润	人工费	材料费	机械费	管理费	利润
AE0001	现浇C15混凝土基础垫层	10 m³	0.1	932.47	3 985.60	27.72	100.37	229.30	93.25	398.56	2.77	10.04	22.93
人工单价		小计							93.25	398.56	2.77	10.04	22.93
		未计价材料费											
		清单项目综合单价								527.54			

材料费明细	主要材料名称、规格、型号	单位	数量	单价/元	合价/元	暂估单价/元	暂估合价/元
	混凝土(塑·特细砂、砾石粒径≤40 mm) C15	m³	1.015	389.66	395.50		
	水泥32.5	kg	[281.155]	0.505	(141.98)		
	特细砂	m³	[0.466 9]	189.84	(88.64)		
	砾石5~40 mm	m³	[0.984 6]	167.46	(164.88)		
	水	m³	0.7 258	2.90	2.10		
	其他材料费	—	0.96	—	—		
	材料费小计	—	398.56	—	—		

表 2.77　承包人提供主要材料和工程设备一览表

工程名称:博物楼(建筑与装饰工程)　　　　　　　　　　　标段:　　　　　　　第　页共　页

序号	名称、规格、型号	单位	数量	风险系数/%	基准单价/元	投标单价/元	发承包人确认单价/元	备注
1	水泥 32.5	kg	2 943.69		0.505			
2	特细砂	m³	4.89		189.84			
3	砾石 5～40 mm	m³	10.31		167.46			
4	水	m³	7.60		2.90			

最后将每个分部分项工程和单价措施项目的相同材料进行整理、汇总。

六、任务成果

①发包人提供主要材料和工程设备一览表,见表 2.78。

②承包人提供主要材料和工程设备一览表,见表 2.79。

表 2.78　发包人提供主要材料和工程设备一览表

工程名称:博物楼(建筑与装饰工程)　　　　　　　　　　　标段:　　　　　　　第 1 页 共 1 页

序号	材料(工程设备)名称、规格、型号	单位	数量	单价/元	交货方式	送达地点	备注
1	钢筋,$\phi \leqslant 10$ mm	t	2.65	4 000.00			
2	高强钢筋,$\phi \leqslant 10$ mm	t	3.129	4 000.00			
3	高强钢筋,$\phi = 12 \sim 16$ mm	t	4.206	4 000.00			
4	高强钢筋,$\phi > 16$ mm	t	3.768	4 000.00			
5	热轧带肋钢筋,$\phi > 10$ mm	t	0.002	4 000.00			

注:此表由招标人填写,供投标人在投标报价、确定总承包服务费时参考。

表 2.79　承包人提供主要材料和工程设备一览表

（适用造价信息差额调整法）

工程名称：博物楼（建筑与装饰工程）　　　　　　　　标段：　　　　　　　　第　页 共　页

序号	名称、规格、型号	单位	数量	风险系数 /%	基准单价 /元	投标单价 /元	发承包人 确认单价 /元	备注
1	金刚石（三角形）， 75 mm × 75 mm × 20 mm	块	41.45		3.78			
2	平板玻璃,厚 3 mm	m²	8.307		11.62			
3	水泥 32.5	kg	56 442.516		0.505			
4	特细砂	m³	96.497		189.84			
5	白石子（方解石）	kg	3 648.528		0.375			
6	水	m³	275.939		2.90			
7	其他材料费	元	2 516.144		1.00			
8	大理石板,厚 20 mm	m²	25.237		489.76			
9	白水泥	kg	211.521		0.558			
10	彩釉地砖,300 mm × 300 mm	m²	9.894		87.27			
11	石灰膏	m³	6.395		186.87			
12	细砂	m³	44.548		189.84			
13	乳胶漆底漆	kg	66.013		20.48			
14	乳胶漆面漆	kg	157.988		38.29			
15	滑石粉	kg	199.915		0.60			
16	腻子胶	kg	61.752		2.23			
17	大白粉	kg	6.079		0.39			
18	面砖,240 mm × 60 mm	m²	432.51		33.84			
19	挤塑板,厚 25 mm	m²	469.758		20.75			
20	胶黏剂	kg	1 136.584		4.32			
21	界面剂	kg	513.296		2.08			
22	单组分聚氨酯防水 涂料	kg	981.745		20.48			

续表

序号	名称、规格、型号	单位	数量	风险系数/%	基准单价/元	投标单价/元	发承包人确认单价/元	备注
23	稀释剂	kg	47.498		15.14			
24	二等锯材	m³	6.104		1 700.00			
25	建筑油膏	kg	40.135		5.15			
26	石油沥青 30#	kg	153.877		2.80			
27	汽油	L	28.433		10.28			
28	碎石 5～40 mm	m³	8.697		185.00			
29	炉渣	m³	30.644		81.34			
30	EVA 高分子防水卷材 1.5 mm	m²	244.645		22.12			
31	CSPE 嵌缝油膏 330 mL	支	64.517		9.56			
32	PVC 聚氯乙烯黏合剂	kg	179.115		1.00			
33	棕垫	kg	0.081		4.15			
34	石英砂 综合	kg	531.648		0.49			
35	塑料硬管,φ110 mm	m	12.012		9.96			
36	塑料弯管	个	0.721		7.47			
37	塑料膨胀螺栓,φ10 mm×70 mm	套	16.016		0.04			
38	铁卡箍	kg	3.626		4.98			
39	塑料落水口,φ110 mm,带罩	套	2.02		9.96			
40	塑料管,φ50 mm	m	2.525		5.70			
41	石油沥青 60#	kg	0.125		5.40			
42	805 胶水	kg	24.235		1.00			
43	仿瓷涂料	kg	26.378		2.85			
44	成品腻子粉,一般型(Y)	kg	21.849		0.70			
45	柴油(机械)	L	778.2		8.48			

续表

序号	名称、规格、型号	单位	数量	风险系数/%	基准单价/元	投标单价/元	发承包人确认单价/元	备注
46	汽油（机械）	L	18.993		10.28			
47	砾石 5 ~ 40 mm	m³	171.277		167.46			
48	水泥 42.5	kg	45 091.021		0.54			
49	标准砖	千匹	2.573		480.00			
50	成品零星钢构件综合	t	0.001		5 200.00			
51	焊条综合	kg	0.033		4.15			
52	电焊丝	kg	0.003		4.15			
53	带帽螺栓 综合	kg	0.008		4.15			
54	红丹酚醛防锈漆	kg	0.007		14.00			
55	钢材综合	kg	1.025		4.00			
56	中砂	m³	2.131		185.00			
57	砾石 20 ~ 40 mm	m³	8.078		168.42			
58	天然砂	m³	0.427		120.00			
59	改性沥青涂料	kg	560.616		3.32			
60	玻纤布	m²	387.083		1.65			
61	金刚砂	kg	21.25		0.41			
62	脚手架钢材	kg	195.466		5.00			
63	锯材 综合	m³	0.392		2 280.00			
64	复合模板	m²	211.53		31.17			
65	摊销卡具和支撑钢材	kg	447.455		4.15			
66	对拉螺栓	kg	55.033		4.15			
67	对拉螺栓塑料管	m	299.59		1.10			
68	铁件	kg	2.103		5.039			
69	枕木	m³	0.16		2 000.00			
70	镀锌铁丝 8#	kg	10		4.00			
71	草袋子	m²	19.14		1.20			
72	焊条（高强钢筋用）	kg	65.128		8.01			

续表

序号	名称、规格、型号	单位	数量	风险系数/%	基准单价/元	投标单价/元	发承包人确认单价/元	备注
73	酚醛调和漆,各色	kg	0.006		11.00			
74	油漆溶剂油200#	kg	0.001		4.15			
75	螺纹连接套筒,$\phi \leqslant$ 32 mm	个	12.12		4.45			
76	实心砖,200 mm × 115 mm×53 mm	千匹	4.671		480.00			
77	防水粉(液)	kg	7.266		1.96			
78	烧结多孔砖,200 mm × 115 mm×90 mm	千匹	23.921		558.77			
79	面砖, $\leqslant$800 mm×800 mm	m²	69.888		66.40			
80	成品腻子粉,耐水型 (N)	kg	34		1.20			

注:①此表由招标人填写除"投标单价"栏外的内容,投标人在投标时自主确定投标单价。

②招标人应优先采用工程造价管理机构发布的单价作为基准单价,未发布单价的项目则通过市场调查确定其基准单价。

任务八　编写招标控制价总说明和扉页、封面,装订成册

一、任务内容

根据清单规范、项目背景、招标工程量清单等资料和前期任务的成果,编写招标控制价总说明,填写扉页、封面并装订成册。

二、任务目标

学生通过完成该任务,能够达到以下目标:

①掌握编制招标控制价总说明的方法,具备根据给定的资料、结合实际情况,编制招标控制价总说明的能力。

②掌握填写招标控制价扉页和封面的方法,具备根据给定的资料、结合实际情况,填写招标控制价扉页和封面的能力。

③掌握整理招标控制价成果文件的方法,具备整理、装订招标控制价成果文件的能力。
④能够精心组织、严格把关,顾全大局,确保工程造价成果的质量。

三、任务步骤

①编制招标控制价总说明。
②填写招标控制价扉页。
③填写招标控制价封面。
④整理、装订招标控制价成果文件。

四、任务指导

1.招标控制价总说明的编制

招标控制价总说明应该按照下面的内容填写。
①工程概况。工程概况包括工程建设规模、工程特征、计划工期、合同工期、实际工期、施工现场及其变化情况、施工组织设计的特点、自然地理条件、环境保护要求等。
②编制依据等。

2.招标控制价扉页和封面的填写

扉页应按规定的内容填写、签字、盖章,除承包人自行编制的招标控制价外,受委托编制招标控制价若为造价人员编制的,则应由负责审核的一级造价工程师签字、盖章以及工程造价咨询人盖章。封面按照项目背景填写相关内容。

3.招标控制价成果文件的整理和装订

招标控制价的表格应当根据其右下角的阿拉伯数字、按从小到大的顺序进行整理,依次按照封面、扉页、总说明、分部分项工程量清单与计价表、单价措施项目清单与计价表、总价措施项目清单与计价表、其他项目清单与计价汇总表、暂列金额明细表、材料(工程设备)暂估单价及调整表、专业工程暂估价表、计日工表、总承包服务费计价表、发包人提供材料和工程设备一览表的顺序从上到下放置,并装订成册。工程量计算表不放入招标控制价中,只能作为底稿存档。按照四川省的规定,规费和税金项目计价表也不放入招标工程量清单中,同样作为底稿存档。

五、任务成果

①招标控制价总说明,见表2.80。
②招标控制价扉页,如图2.3所示。
③招标控制价封面,如图2.4所示。

表 2.80　招标控制价总说明

工程名称:博物楼(建筑与装饰工程) 　　　　　　　　　　　　　　　　第 1 页　共 1 页

1.工程概况

　　本工程为××股份有限公司投资新建办公和存储物品的博物楼。

　　(1)建设规模:建筑面积为 198.99 m²。

　　(2)工程特征:建筑层数为 1 层,框架结构,采用独立混凝土基础。装修标准为一般装修,详见设计施工图中关于建筑设计施工说明的装饰做法表。

　　(3)计划工期:详见招标文件。

　　(4)施工现场实际情况:已完成"三通一平。"

　　(5)环境保护要求:必须符合当地环保部门对噪声、粉尘、污水、垃圾的限制或处理要求。

2.工程招标和分包范围

　　本工程按施工图纸范围招标(包括土建及结构工程、装饰装修工程)。除门窗采用二次专业设计并委托相关材料供应单位供应安装外,其他工程项目均采用施工总承包。

3.招标控制价编制依据

　　(1)《建设工程工程量清单计价规范》(GB 50500—2013)。

　　(2)《房屋建筑与装饰工程工程量计算规范》(GB 50854—2013)。

　　(3)2020 年版《四川省建设工程工程量清单计价定额》房屋建筑与装饰工程分册。

　　(4)2020 年版《四川省建设工程工程量清单计价定额》爆破工程建筑安装工程费用附录分册。

　　(5)博物楼设计施工图以及与工程相关的标准、规范等。

　　(6)博物楼招标工程量清单。

　　(7)根据工程设计施工图和工程特点编制的常规施工方案。

　　(8)四川省工程造价管理机构发布的工程造价信息(2022 年 04 期)。

　　(9)《四川省建设工程造价总站关于对各市(州)2020 年〈四川省建设工程工程量清单计价定额〉人工费调整的批复》(川建价发〔2021〕39 号文)。

4.工程、材料、施工等的特殊要求

　　(1)土建工程施工质量应满足《混凝土结构工程施工质量验收规范》(GB 50204—2015)、《砌体结构工程施工质量验收规范》(GB 50203—2019)、《屋面工程质量验收规范》(GB 50207—2012)等的规定。

　　(2)装饰工程施工质量应满足《建筑装饰装修工程质量验收标准》(GB 50210—2018)的规定。

　　(3)工程中钢筋材料由甲方提供。甲方应对材料的规范、品质、采购等负责。材料到达工地现场,施工方应和甲方代表共同取样验收,验收合格后材料方能用于工程。

5.其他需要说明的问题

　　(1)本工程人工费单价按《四川省建设工程造价总站关于对各市(州)2020 年〈四川省建设工程工程量清单计价定额〉人工费调整的批复》(川建价发〔2021〕39 号文)进行调整,在原定额人工单价的基础上上浮 11.33%。

　　(2)材料价格参照四川省工程造价管理机构发布的工程造价信息(2022 年 04 期)确定。

　　(3)规费的计算费率按照 2020 年版《四川省建设工程工程量清单计价定额》爆破工程建筑安装工程费用附录分册费用计算办法中给定的规费计算费率的上限计取。

　　(4)税金的计算按照 2020 年版《四川省建设工程工程量清单计价定额》爆破工程建筑安装工程费用附录分册费用计算办法执行,采用一般计税法。税金分为增值税和附加税,增值税计算税率为 9%,附加税计算税率为 0.313%。

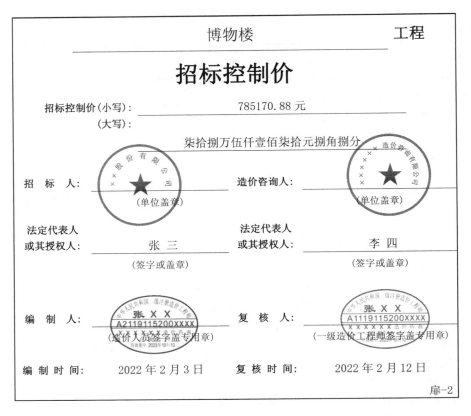

图 2.3　招标控制价扉页

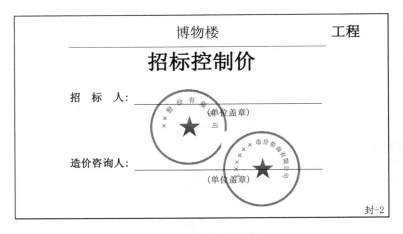

图 2.4　招标控制价封面

项目三

编制投标报价

投标报价编制

一、项目内容

以投标人或造价咨询人的视角,结合工作岗位情况,完成投标报价的编制,提升在投标过程中进行工程造价的专业能力。

二、项目目标

学生能够掌握投标报价的编制方法,具备运用招标工程量清单、招标控制价、计价定额等资料编制投标报价的能力;学生应在习近平新时代中国特色社会主义思想的指导下,践行社会主义核心价值观,具有深厚的爱国主义情感、社会责任感和民族自豪感,树立爱岗敬业、团结协作、与时俱进的奋斗精神以及以精准化量价处理和精细化造价管理为内涵的工匠精神。

三、相关规定

①投标价应由投标人或受其委托具有相应资质的工程造价咨询人编制。

②投标人应依据《建设工程工程量清单计价规范》的规定自主确定投标报价。

③投标报价不得低于工程成本。

④投标人必须按招标工程量清单填报价格。项目编码、项目名称、项目特征、计量单位、工程量必须与招标工程量清单一致。

⑤投标人的投标报价高于招标控制价的应予废标。

⑥投标报价应根据下列依据编制和复核。

a.《建设工程工程量清单计价规范》;

b.国家或省级、行业建设主管部门颁发的计价办法;

c. 企业定额,国家或省级、行业建设主管部门颁发的计价定额和计价办法;

d. 招标文件、招标工程量清单及其补充通知、答疑纪要;

e. 建设工程设计文件及相关资料;

f. 施工现场情况、工程特点及投标时拟订的施工组织设计或施工方案;

g. 与建设项目相关的标准、规范等技术资料;

h. 市场价格信息或工程造价管理机构发布的工程造价信息;

i. 其他相关资料。

四、案例背景

该项目为××股份有限公司投资新建的办公和存储物品的博物楼。

①招标文件(见项目一)。

②招标工程量清单(见项目一)。

③设计施工图(见文件附录)。

④招标控制价(见项目二)。

⑤投标单位。投标单位为××建筑工程有限公司,该公司具备编制投标报价的能力。

⑥人工费的确定。投标报价时按投标人拟订的人工费调整系数,人工费在原定额人工单价的基础上上浮 11.5%。

⑦材料价格的确定。材料价格按照投标人查询的市场价确定,没有查询到市场价的则参照四川省工程造价管理机构发布的工程造价信息(2022 年 04 期)确定。投标人确认的材料市场价见表 3.1。

表 3.1 投标人确认的材料市场价

序号	名称、规格、型号	单位	市场价/元
1	特细砂	m³	188.88
2	白石子(方解石)	kg	0.34
3	白水泥	kg	0.605
4	面砖,240 mm×60 mm	m²	31.00
5	胶黏剂	kg	4.22
6	单组分聚氨酯防水涂料	kg	18.70
7	建筑油膏	kg	5.87
8	碎石 5~40 mm	m³	178.95
9	炉渣	m³	76.56
10	EVA 高分子防水卷材,1.5 mm	m²	18.54
11	仿瓷涂料	kg	2.60

序号	名称、规格、型号	单位	市场价/元
12	标准砖	千匹	450.00
13	红丹酚醛防锈漆	kg	10.74
14	中砂	m³	165.00
15	砾石 20~40 mm	m³	165.55
16	脚手架钢材	kg	5.10
17	锯材 综合	m³	2 150.00
18	复合模板	m²	30.00
19	酚醛调和漆,各色	kg	9.97
20	实心砖,200 mm×115 mm×53 mm	千匹	450.00
21	烧结多孔砖,200 mm×115 mm×90 mm	千匹	540.00
22	杉原木 综合	m³	1 100.00
23	铁抓钉	kg	4.15

⑧投标人拟订的计日工综合单价,见表3.2。

表 3.2 投标人拟订的计日工综合单价表

项目名称	单位	综合单价/元
房屋建筑工程普工	工日	170.00
装饰工程普工	工日	195.00
房屋建筑工程技工	工日	220.00
装饰工程技工	工日	240.00
高级技工	工日	280.00
中砂	m³	200.00
普通水泥 32.5	t	410.00
轮胎式拖拉机(功率21 kW)	台班	190.00
载重汽车(装载质量2 t)	台班	300.00

⑨投标人拟订的总承包服务费费率,见表3.3。

表 3.3 投标人拟订的总承包服务费费率表

项目名称	服务内容	计算基础	计算费率/%
发包人发包专业工程	按专业工程承包人的要求提供施工工作面并对施工现场进行统一管理,对竣工资料进行统一整理汇总	专业工程暂估价	2
发包人提供材料	对发包人供应的材料进行验收、保管和使用、发放	材料设备暂估价	1.2

⑩投标人拟订的施工方案。为满足实训要求,该项目不采用商品混凝土和干拌砂浆。投标人拟订的施工方案见表3.4。

表 3.4 投标人拟订的施工方案

序号	专业分部工程	工作内容
1	土石方工程	(1)土方开挖:将设计施工图中垫层底面标高作为最终开挖面标高进行开挖,开挖区的土方类别为三类土;开挖方式为机械开挖,其中基坑采用挖掘机,沟槽采用小型挖掘机,开挖深度在 2 m 以内,必要时采用挡土板支撑基坑边坡 (2)土方回填:本区域开挖土方的工程性质均良好,全部用作回填,压实系数控制在 95% 以上;室内回填为房心回填,回填标高控制在室内地坪扣除装饰层厚度标高以内 (3)余方弃置:运距上考虑为运输至距离施工现场 5.6 km 处的弃土场
2	基础工程	(1)地基验槽后,基础垫层采用 C15 混凝土浇筑 (2)独立基础采用现浇 C30 混凝土浇筑 (3)砖基础采用 MU10 标准页岩砖,采用铺浆法砌筑,砂浆采用 M5 建筑水泥砂浆;砖墙水平灰缝和竖向灰缝宽度宜为 10 mm,墙体与构造柱的交接处应留置马牙槎
3	砌体工程	实心砖墙采用 MU10 烧结多孔砖,采用铺浆法砌筑,砂浆采用 M5 混合砂浆;砖墙水平灰缝和竖向灰缝宽度宜为 10 mm,墙体与构造柱的交接处应留置马牙槎
4	钢筋混凝土工程	(1)混凝土矩形梁、基础梁、矩形梁、门柱、构造柱、圈梁、有梁板、女儿墙、雨篷和窗台压顶带均采用 C30 混凝土支模浇筑 (2)混凝土坡道、台阶采用 C25 混凝土支模浇筑 (3)混凝土散水采用 C20 混凝土支模浇筑 (4)部分窗台压顶采用预制 C30 混凝土构件 (5)浇筑基本过程:支模→浇筑混凝土→振捣→养护→拆除模板

序号	专业分部工程	工作内容
5	门窗	(1)门材料为钢大门和木门,采用成品采购,定位安装 (2)窗材料为铝合金推拉窗,采用成品采购,定位安装
6	装饰装修工程	(1)水磨石地面施工:清理基层→浇筑 C25 混凝土垫层→找平层施工→二布三涂改性沥青防水涂料→浇水磨石面层→养护→清理 (2)大理石地面施工:清理基层→浇筑 C25 混凝土垫层→找平层施工→铺贴大理石→养护→勾缝→清理 (3)油漆内墙面施工:清理基层→墙面抹灰→墙面满刮腻子两遍→刷乳胶漆→清理 (4)墙砖内墙面施工:清理基层→找平层施工→刷素水泥浆一遍→铺贴面砖→养护→勾缝→清理 (5)块料外墙面施工:清理基层→混合砂浆抹灰→粘铺挤塑板保温层→铺贴面砖→养护→勾缝→清理 (6)雨篷底面、侧面施工:清理基层→混合砂浆抹灰→满刮成品腻子→喷刷仿瓷涂料两遍→清理
7	屋面工程	(1)屋面施工:清理基层→制备水泥炉渣→铺设水泥炉渣(应满足 2% 的坡度要求)→细石混凝土刚性防水施工→找平层施工→铺贴 EVA 高分子卷材→保护层施工→清理 (2)雨篷面施工:清理基层→刚性防水层→聚氨酯涂料防水层→水泥砂浆保护层→清理 (3)屋面防水排水:采用有组织排水,设有塑料水落管

五、任务分解

以能力为导向分解项目,可以将其划分为若干任务,任务的具体要求以及需要提交的任务成果文件见表 3.5。

表 3.5 编制投标报价任务分解表

项目	任务分解	任务要求	成果文件
编制投标报价	任务一:复核清单,匹配定额项目并计算工程量	1. 检查清单项目及工程量	计价工程量计算表
		2. 匹配定额工程项目	
		3. 计算计价工程量	

续表

项目	任务分解	任务要求	成果文件
编制投标报价	任务二:确定分部分项工程费	1.编写分部分项工程综合单价分析表	1.分部分项工程综合单价分析表
		2.编写分部分项工程量清单与计价表	2.分部分项工程量清单与计价表
	任务三:确定措施项目费	1.编写单价措施项目综合单价分析表	1.单价措施项目综合单价分析表
		2.编写单价措施项目清单与计价表	2.单价措施项目清单与计价表
		3.编写总价措施项目清单与计价表	3.总价措施项目清单与计价表
	任务四:确定其他项目费	1.编写暂列金额明细表	1.暂列金额明细表
		2.编写材料(工程设备)暂估单价及调整表	2.材料(工程设备)暂估单价及调整表
		3.编写专业工程暂估价表	3.专业工程暂估价表
		4.编写计日工表	4.计日工表
		5.编写总承包服务费计价表	5.总承包服务费计价表
		6.编写其他项目清单与计价汇总表	6.其他项目清单与计价汇总表
	任务五:确定规费和税金	1.计算规费	规费、税金项目计价表
		2.计算税金	
	任务六:确定投标报价	1.计算投标报价	1.单位工程投标报价汇总表
		2.编写单位工程投标报价汇总表	2.单项工程投标报价汇总表
		3.编写单项工程投标报价汇总表	3.建设项目投标报价汇总表
		4.编写建设项目投标报价汇总表	
	任务七:编写主要材料和工程设备一览表	1.查抄发包人提供主要材料和工程设备一览表	1.发包人提供主要材料和工程设备一览表
		2.编写承包人提供主要材料和工程设备一览表	2.承包人提供主要材料和工程设备一览表
	任务八:编写投标报价总说明和扉页、封面,装订成册	1.编写总说明	投标报价成果文件
		2.填写扉页、封面	
		3.装订文件	

六、资料准备

需要准备的资料如下:

①招标文件。

②招标工程量清单。

③招标控制价。

④图纸(含建筑施工图、结构施工图)、其他设计文件。

⑤《房屋建筑与装饰工程工程量计算规范》(GB 50854—2013)。

⑥2020 年版《四川省建设工程工程量清单计价定额》房屋建筑与装饰工程分册和构筑物工程、爆破工程、建筑安装工程费用、附录分册(编制投标报价时,应当优先选用企业定额,但是大部分企业没有编制自己的企业定额,还是使用的地方定额,同时为方便学生准备资料,该实训项目还是选用地方定额)。

⑦相关图集。

⑧投标单位拟订的施工组织设计或施工方案。

任务一　复核清单,匹配定额项目并计算工程量

一、任务内容

根据提供的招标工程量清单、招标控制价、设计文件、投标拟订施工组织设计(施工方案)等资料,复核招标工程量清单和招标控制价,按照定额规定,给分部分项工程量清单和单价措施项目匹配定额项目,并计算其工程量。

二、任务目标

学生通过完成该任务,能够达到以下目标:

①掌握工程量清单的复核方法,具备根据资料复核招标工程量清单和招标控制价的能力。

②掌握匹配计价项目的能力。

③具备查找计价项目工程量计算规则和计算方法,具备根据资料准确查找计价项目工程量计算规则,正确计算计价工程量的能力。

④发扬干一行爱一行,不怕苦不怕累,尽职尽责、爱岗敬业的奉献精神。

三、知识储备

1. 企业定额

施工企业根据本企业的施工技术和管理水平以及有关工程造价资料制定的,供本企业使用的人工、材料和机械台班消耗量标准。企业定额由企业自行编制,其水平一般应高于预算定额,以满足生产技术发展、企业管理和市场竞争的需要。

2. 计价项目

投标单位根据企业定额或预算定额的工作内容以及投标时拟订的施工组织设计,确定

的项目分项工程和单价措施项目。

3. 计价工程量

投标单位采用企业定额或是预算定额的工程量计算规则,计算出的分项工程或单价措施项目单价的工程量。

4. 投诉

投标人经复核认为招标人公布的招标控制价未按照《建设工程工程量清单计价规范》的规定进行编制的,应在招标控制价公布后5天内向招投标监督机构和工程造价管理机构投诉。

5. 投标时人工费的确定

编制投标报价时,投标人参照市场价格自主确定人工费的调整,不得低于工程造价管理部门发布的人工费调整标准;编制和办理竣工结算时,依据工程造价管理部门的规定及施工合同的约定调整人工费。调整的人工费计入综合单价,但不作为计取其他费用的基础。

6. 投标时材料费的确定

编制投标报价时,投标人参照市场价格信息或工程造价管理部门发布的工程造价信息自主确定材料价格并调整材料费。

7. 机械费的确定

定额注明了机械油料消耗量的项目,油价变化时,机械费中的燃料动力费按照上述"材料费调整"的规定进行调整,并调整相应定额项目的机械费。在四川,机械费中除燃料动力费以外的费用由省建设工程造价总站根据住房和城乡建设部的规定以及四川省实际进行统一调整。调整的机械费计入综合单价,但不作为计取其他费用的基础。

8. 企业管理费、利润的确定

在四川,企业管理费、利润由省建设工程造价总站根据实际情况进行统一调整。

四、任务步骤

①复核招标工程量清单和招标控制价的内容。
②针对招标工程量清单分项工程和单价措施项目匹配计价项目。
③计算计价工程量。

五、任务指导

1. 招标工程量清单和招标控制价的复核

按照设计文件、《建设工程工程量清单计价规范》《房屋建筑与装饰工程工程量计算规范》等,对招标人编制的招标工程量清单和招标控制价进行复核。主要复核内容包括是否满足规范的强制性要求、清单项目是否准确、有没有出现漏项或重复计算、工程量是否计算准确等。

2. 计价项目的匹配

与编制招标控制价一样,编制投标报价时,匹配计价项目和清单项目需要根据清单和定额的工作内容,并结合招标工程量清单中的项目特征描述进行综合考虑。不同点在于,编制投标报价时,还需要考虑到投标时拟订的施工组织设计。这里以"挖基坑土方"为例进行讲解。

清单规范中,"挖基坑土方"的工作内容包括排地表水、土方开挖、围护(挡土板)及拆除、基底钎探和运输,见表3.6。

表3.6 挖基坑土方清单内容

项目编码	项目名称	项目特征	计量单位	工程量计算规则	工作内容
010101004	挖基坑土方	1. 土壤类别 2. 挖土深度 3. 弃土运距	m³	按设计图示尺寸以基础垫层底面积乘以挖土深度计算	1. 排地表水 2. 土方开挖 3. 围护(挡土板)及拆除 4. 基底钎探 5. 运输

定额中,"挖掘机挖坑槽土方"的工作内容包括挖土、弃土于5 m以内、清理机下余土、人工清底修边;"挖掘机挖装槽坑土方"的工作内容包括挖土、装土、清理机下余土、人工清底修边。

招标工程量清单中"挖基坑土方"的项目特征描述为"土壤类别:三类土;挖土深度:1.8 m",具体见表3.7。

表3.7 分部分项工程和单价措施项目清单与计价表

工程名称:博物楼(建筑与装饰工程)　　　　标段:　　　　第1页 共26页

序号	项目编码	项目名称	项目特征描述	计量单位	工程量	综合单价	合价	定额人工费	定额机械费	暂估价
4	010101004001	挖基坑土方	1. 土壤类别:三类土 2. 挖土深度:1.8 m	m³	499.54					

根据清单规范中的工作内容、定额中的工作内容和招标工程量清单中的项目特征,可以判断出"挖基坑土方"清单项目匹配的计价项目应该是"挖掘机挖坑槽土方"。但是,根据项目背景,投标单位拟订的施工方案中,"挖基坑土方"项目不采用放坡的方式施工,而是采用支木质挡土板的方式,见表3.8。

表 3.8　投标方拟定的施工方案(节选)

序号	专业分部工程	工作内容
1	土石方工程	(1)土方开挖:将设计施工图中垫层底面标高作为最终开挖面标高进行开挖,开挖区的土方类别为三类土;采用机械开挖,其中基坑采用挖掘机,沟槽采用小型挖掘机,开挖深度在 2 m 以内,必要时采用挡土板支撑基坑边坡。

所以,在匹配"挖基坑土方"时,既要填写"挖掘机挖坑槽土方",还要考虑"木支撑木挡土板"计价项目,见表 3.9。

表 3.9　挖基坑土方匹配计价项目

序号	项目编码	工 程 名 称	单位	工程量
4	10101004001	挖基坑土方	m³	499.54
	AA0015	挖掘机挖基坑土方		
	DA0032	木支撑木挡土板		

投标单位在确定计价项目时,一定要充分考虑到拟订的施工组织设计或施工方案,否则会影响到投标的准确性。

3. 计价工程量的计算

计算计价工程量时,要按照企业定额或者预算定额的工程量计算规则进行计算。这里以"挖基坑土方"为例进行讲解,见表 3.10。

表 3.10　计价工程量计算表(节选)

工程名称:博物楼(建筑与装饰工程)　　　　　　　　　　　　　　　　　第　　页共　　页

序号	项目编码	工程名称	单位	工程量	计算式
				分部分项工程	
				土石方工程	
4	10101004001	挖基坑土方	m³	499.54	$H_{基坑} = 2.0 + 0.1 - 0.3 = 1.80$ m > 1.50 m,放坡,加工作面 $V_{基坑} = [(2.6 + 0.1 \times 2 + 0.3 \times 2 + 0.67 \times 1.8)^2$ $\times 1.8 + 1/3 \times 0.67^2 \times 1.8^3] \times 6$ $+ [(2.9 + 0.1 \times 2 + 0.3 \times 2 + 0.67 \times 1.8)^2 \times 1.8$ $+ 1/3 \times 0.67^2 \times 1.8^3] \times 6$
	AA0015	挖掘机挖基坑土方			
	DA0032	木支撑木挡土板			

2020 年版《四川省建设工程工程量清单计价定额》的计算规则和清单规范中的计算规则,都考虑了放坡的情况,工程量相等;但是因为在投标单位拟订的施工方案中对基坑的处理采用的不是放坡,而是支挡土板,因此计算工程量时需按此考虑。

预算定额的计算规则规定,除需支设挡土板的槽坑底宽按槽坑其他规则计算外,每侧另加 0.1 m;同时规定,计算了挡土板的面积,就不能再计算放坡的面积。

"木支撑木挡土板"的计算规则:挡土板支撑面积为两侧挡土板面积之和,单位为"m²"。

根据预算定额的计算规则,计价工程量计算表见表 3.11。

表 3.11　计价工程量计算表(节选)

单位工程名称:博物楼(建筑与装饰工程)　　　　　　　　　　　　　　　　第　页共　页

序号	项目编码	工程名称	单位	工程量	计算式
4	10101004001	挖基坑土方	m³	499.54	$H_{基坑} = 2.0 + 0.1 - 0.3 = 1.80 \text{ m} > 1.50 \text{ m}$,放坡,加工作面 $V_{基坑} = \left[(2.6 + 0.1 \times 2 + 0.3 \times 2 + 0.67 \times 1.8)^2 \times 1.8 + 1/3 \times 0.67^2 \times 1.8^3 \right] \times 6 + \left[(2.9 + 0.1 \times 2 + 0.3 \times 2 + 0.67 \times 1.8)^2 \times 1.8 + 1/3 \times 0.67^2 \times 1.8^3 \right] \times 6$
	AA0015	挖掘机挖基坑土方	m³	304.24	$V_{基坑} = (2.6 + 0.1 \times 2 + 0.3 \times 2 + 0.1 \times 2)^2 \times 1.8 \times 6 + (2.9 + 0.1 \times 2 + 0.3 \times 2 + 0.1 \times 2)^2 \times 1.8 \times 6$
	DA0032	木支撑木挡土板(疏撑)	m²	324.00	$S_{挡土板} = (2.6 + 0.1 \times 2 + 0.3 \times 2 + 0.1 \times 2) \times 4 \times 1.8 \times 6 + (2.9 + 0.1 \times 2 + 0.3 \times 2 + 0.1 \times 2) \times 4 \times 1.8 \times 6$

六、任务成果

计价工程量计算表,见表 3.12。

表 3.12　计价工程量计算表

单位工程名称:博物楼(建筑与装饰工程)　　　　　　　　　　　　　　　　第　页共　页

序号	项目编码	工程名称	单位	工程量	计算式
				分部分项工程	
				土石方工程	
1	10101001001	平整场地	m²	198.99	$S_{平场} = (29.5 + 0.2) \times (6.5 + 0.2)$
	AA0001	平整场地	m²	198.99	同清单工程量

续表

序号	项目编码	工 程 名 称	单位	工程量	计算式
2	10101003001	挖沟槽土方	m³	14.52	$H_{沟槽500}=0.36+0.5-0.3=0.56$ m <1.50 m,不放坡,加工作面 $V_{沟槽500}=(0.25+0.3\times2)\times(0.36+0.5-0.3)\times[6+6.5\times3-0.1-(2.9+0.1\times2+0.3\times2)\times2-(2.6+0.1\times2+0.3\times2)\times2]\times2+(0.25+0.3\times2)\times(0.36+0.5-0.3)\times[6.5-0.2-(2.9+0.1\times2+0.3\times2)]\times2+(0.25+0.3\times2)\times(0.36+0.5-0.3)\times[6.5-0.2-(2.6+0.1\times2+0.3\times2)]$
	AA0013	小型挖掘机挖沟槽土方	m³	14.52	同清单工程量
3	10101003002	挖沟槽土方	m³	1.5	$H_{沟槽400}=0.36+0.4-0.3=0.46$ m <1.50 m,不放坡,加工作面
	AA0013	小型挖掘机挖沟槽土方	m³	1.5	同清单工程量
4	10101004001	挖基坑土方	m³	499.54	$H_{基坑}=2.0+0.1-0.3=1.80$ m >1.50 m,放坡,加工作面 $V_{基坑}=[(2.6+0.1\times2+0.3\times2+0.67\times1.8)^2\times1.8+1/3\times0.67^2\times1.8^3]\times6+[(2.9+0.1\times2+0.3\times2+0.67\times1.8)^2\times1.8+1/3\times0.67^2\times1.8^3]\times6$
	AA0015	挖掘机挖基坑土方	m³	304.24	$V_{基坑}=(2.6+0.1\times2+0.3\times2+0.1\times2)^2\times1.8\times6+(2.9+0.1\times2+0.3\times2+0.1\times2)^2\times1.8\times6$
	DA0032	木支撑木挡土板(疏撑)	m²	324.00	$S_{挡土板}=(2.6+0.1\times2+0.3\times2+0.1\times2)\times4\times1.8\times6+(2.9+0.1\times2+0.3\times2+0.1\times2)\times4\times1.8\times6$
5	10103001001	基础回填土	m³	449.43	$V_{基础回填土}=499.54+16.01-10.47-45.51-0.4\times0.4\times0.06-9.24-0.2\times(0.36-0.3)\times[(29.5+6.5)\times2-0.4\times8-0.3\times8+(6.5-0.3-1.8+4-0.14)]$
	AA0083	基础回填土(机械夯填)	m³	254.13	$V_{基础回填土}=304.24+16.01-10.47-45.51-0.4\times0.4\times0.06-9.24-0.2\times(0.36-0.3)\times[(29.5+6.5)\times2-0.4\times8-0.3\times8+(6.5-0.3-1.8+4-0.14)]$
6	10103001002	室内回填土	m³	6.38	$V_{室内回填土}=[(6+6.5\times3-0.2)\times(6.5-0.2)+4\times(1.4+0.3-0.1)]\times(0.3-0.045-0.002-0.02-0.2)+(2+1.25+1.35-0.1)\times(4-0.2)\times(0.3-0.2-0.02-0.015-0.012)$
	AA0083	室内回填土(机械夯填)	m³	6.38	同清单工程量

续表

序号	项目编码	工程名称	单位	工程量	计算式
7	10103002001	余方弃置	m³	59.74	$V_{运土} = 499.54 + 16.01 - 449.43 - 6.38$
	AA0090 换	余方弃置(机械运土方)	m³	59.74	同清单工程量
砌筑工程					
8	10401001001	砖基础	m³	4.91	$V_{砖基础} = 0.2 \times 0.36 \times [(29.5 + 6.5) \times 2 - 0.4 \times 8 - 0.3 \times 8] - (0.3 + 0.03 \times 2) \times 0.2 \times 0.36 \times 4 - (0.2 + 0.03 \times 2) \times 0.2 \times 0.36 \times 16 - [0.2 \times 0.2 + (0.2 \times 0.03) \times 3] \times 0.36 + 0.2 \times 0.36 \times (6.5 - 0.3 - 1.8 + 4 - 0.14) - (0.2 + 0.03 \times 2) \times 0.2 \times 0.36 \times 2$
	AD0001	M5 水泥砂浆砌筑砖基础	m³	4.91	同清单工程量
	AJ0135	1:2 水泥砂浆防潮层	m²	13.93	$S_{基础防潮层} = 0.2 \times [(29.5 + 6.5) \times 2 - 0.4 \times 8 - 0.3 \times 8] - 0.3 \times 0.2 \times 4 - 0.2 \times 0.2 \times 17 + 0.2 \times (6.5 - 0.3 - 1.8 + 4 - 0.14) - 0.2 \times 0.2 \times 2$
9	10401004001	多孔砖墙	m³	55.62	$V_{砖墙} = [(29.5 - 0.4 \times 4 - 0.3 \times 2 + 6.5 - 0.3 \times 2) \times 2 \times (5.6 - 0.55) + (4 - 0.2 - 0.3) \times (0.55 - 0.4) + (3 + 0.85 \times 2 + 4 - 0.3 - 0.14) \times (5.6 - 0.55) + (4 - 0.24/2 + 0.14) \times (0.55 - 0.4)] \times 0.2 + (6 - 0.3 \times 2 + 6.5 - 0.3 \times 2) \times 2 \times (9.6 - 5.6 - 0.55) \times 0.2 - (3.9 + 24.6 + 1.98 + 54 + 5.4 + 18 + 6) \times 0.2 - 1.93 - 5.73 - 1.38 - 2.97 - 0.02 - 0.58 + (0.3 + 0.03 \times 2) \times 0.2 \times 0.36 \times 4 - (0.2 + 0.03 \times 2) \times 0.2 \times 0.36 \times 16 - [0.2 \times 0.2 + (0.2 \times 0.03) \times 3] \times 0.36$
	AD0037	M5 混合砂浆砌筑多孔砖墙	m³	55.62	同清单工程量
	AD0037 换	M5 混合砂浆砌筑多孔砖墙(超过3.6 m部分)	m³	15.15	$V_{3.6 \text{ m以上砖墙}} = [(29.5 - 0.4 \times 4 - 0.3 \times 2 + 6.5 - 0.3 \times 2) \times 2 \times (5.6 - 3.6 - 0.55) + (4 - 0.2 - 0.3) \times (0.55 - 0.4) + (3 + 0.85 \times 2 + 4 - 0.3 - 0.14) \times (5.6 - 3.6 - 0.55) + (4 - 0.24/2 + 0.14) \times (0.55 - 0.4)] \times 0.2 - 2.97 - 0.02 - 1.38 - 0.58 - [0.2 \times 0.3 \times (5.6 - 3.6 - 0.55) + 0.03 \times 0.2 \times (5.6 - 3.6 - 0.55 - 0.5) \times 2] \times 4 - [0.2 \times 0.2 \times (5.6 - 3.6 - 0.55) + 0.03 \times 0.2 \times (5.6 - 3.6 - 0.55 - 0.25) \times 2] \times 18 - [0.2 \times 0.2 \times (5.6 - 3.6 - 0.55) + 0.03 \times 0.2 \times (5.6 - 3.6 - 0.55 - 0.25) \times 3]$

续表

序号	项目编码	工 程 名 称	单位	工程量	计算式
		混凝土及钢筋混凝土工程			
10	10501001001	基础垫层	m³	10.47	$V_{基垫} = (2.9 + 0.1 \times 2)^2 \times 0.1 \times 6 + (2.6 + 0.1 \times 2)^2 \times 0.1 \times 6$
	AE0001	现浇 C15 混凝土基础垫层	m³	10.47	同清单工程量
11	10501001002	室内地面垫层	m³	33.76	$V_{地面垫层} = [(29.5 - 0.3 \times 2) \times (6.5 - 0.3 \times 2) - 0.2 \times (3 + 0.85 \times 2 - 0.1 + 4 - 0.1)] \times 0.2$
	AE0002 换	现浇 C25 混凝土室内地面垫层	m³	33.76	同清单工程量
12	10501003001	独立基础	m³	45.51	$V_{独基} = 2.9 \times 2.9 \times 0.5 \times 6 + 2.6 \times 2.6 \times 0.5 \times 6$
	AE0010	现浇 C30 混凝土独立基础	m³	45.51	同清单工程量
13	10502001001	矩形柱	m³	16.19	$V_{框柱} = 0.4 \times 0.4 \times (2 - 0.5 + 5.6) \times 8 + 0.4 \times 0.4 \times (2 - 0.5 + 9.6) \times 4$
	AE0024	现浇 C30 混凝土矩形柱	m³	16.19	同清单工程量
14	10502002001	门柱	m³	1.93	$V_{门柱} = [0.2 \times 0.3 \times (0.36 + 9.6 - 0.55 \times 2) + 0.03 \times 0.2 \times (0.36 + 9.6 - 0.55 \times 2 - 0.5) + 0.03 \times 0.2 \times (0.36 + 9.6 - 0.55 \times 2 - 0.5 - 4.1)] \times 2 + [0.2 \times 0.3 \times (0.36 + 5.6 - 0.55) + 0.03 \times 0.2 \times (0.36 + 5.6 - 0.55 - 0.5) + 0.03 \times 0.2 \times (0.36 + 5.6 - 0.55 - 0.5 - 4.1)] \times 2$
	AE0026 换	现浇 C30 混凝土门柱	m³	1.93	同清单工程量
15	10502002002	构造柱	m³	5.73	$V_{构造柱} = [0.2 \times 0.2 \times (0.36 + 9.6 - 0.55 \times 2) + 0.03 \times 0.2 \times (0.36 + 9.6 - 0.55 \times 2 - 0.25) + 0.03 \times 0.2 \times (0.36 + 9.6 - 0.55 \times 2 - 0.25 - 3)] \times 4 + [0.2 \times 0.2 \times (0.36 + 5.6 - 0.55) + 0.03 \times 0.2 \times (0.36 + 5.6 - 0.55 - 0.25) + 0.03 \times 0.2 \times (0.36 + 5.6 - 0.55 - 0.25 - 3)] \times 13 + 0.2 \times 0.2 \times (0.36 + 5.6 - 0.55) + 0.03 \times 0.2 \times (0.36 + 5.6 - 0.55 - 0.25 - 0.09) + 0.03 \times 0.2 \times (0.36 + 5.6 - 0.55) + 0.2 \times 0.2 \times (0.36 + 5.6 - 0.55) + 0.03 \times 0.2 \times (0.36 + 5.6 - 0.55 - 0.25) \times 3$
	AE0026 换	现浇 C30 混凝土构造柱	m³	5.73	同清单工程量

续表

序号	项目编码	工 程 名 称	单位	工程量	计算式
16	10503001001	基础梁	m³	9.24	$V_{基础梁}=0.25\times0.5\times(6.5-0.3\times2)\times3+[0.25\times0.5\times(6+6.5\times3-0.3-0.4\times3-0.2)+0.25\times0.4\times(4-0.2-0.3)]\times2+0.25\times0.4\times(4-0.25/2-0.15)$
	AE0034	现浇 C30 混凝土基础梁	m³	9.24	同清单工程量
17	10503002001	矩形梁	m³	2.2	$V_{框梁}=0.24\times0.55\times[(6-0.3\times2)\times2+6.5-0.3\times2]$
	AE0036	现浇 C30 混凝土矩形梁	m³	2.2	同清单工程量
18	10503004001	圈梁	m³	2.97	$V_{圈梁}=0.2\times0.25\times[(29.5-0.3\times2-0.4\times4+6.5-0.3\times2)\times2+(3+0.85\times2+4-0.3-0.1)-(6-0.3\times2)-(6.5-0.2\times2)-0.2\times19]$
	AE0040 换	现浇 C30 混凝土圈梁	m³	2.97	同清单工程量
19	10503005001	雨篷梁	m³	1.38	$V_{雨篷梁}=0.2\times0.5\times[(6-0.3\times2-0.3\times2)+(6.5-0.2\times2-0.3\times2)+(4-0.2-0.3)]$
	AE0042 换	现浇 C30 混凝土雨篷梁	m³	1.38	同清单工程量
20	10503005002	过梁	m³	0.02	$V_{过梁}=(0.9+0.24+0.2)\times0.09\times0.2$
	AE0042 换	现浇 C30 混凝土过梁	m³	0.02	同清单工程量
21	10504001001	女儿墙（100 mm 厚）	m³	2.68	$V_{女儿墙100}=0.1\times0.5\times[(6.5\times3+4+0.1-0.1-0.1/2)\times2+(6.5+0.1\times2-0.1)]$
	AE0048	现浇 C30 混凝土女儿墙（100 mm 厚）	m³	2.68	同清单工程量
22	10504001002	直形墙（240 mm 厚）	m³	0.71	$V_{女儿墙240}=0.24\times0.5\times(6.5-0.3\times2)$
	AE0049	现浇 C30 混凝土女儿墙（240 mm 厚）	m³	0.71	同清单工程量

续表

序号	项目编码	工 程 名 称	单位	工程量	计算式
23	10505001001	有梁板(5.6 m)	m³	28.49	$V_{有梁板5.6\,m} = (6.5 \times 3 + 4 + 0.14 + 0.1) \times (6.5 + 0.1 \times 2) \times 0.12 + 0.24 \times (0.55 - 0.12) \times (6.5 - 0.3 \times 2) \times 5 + 0.24 \times (0.55 - 0.12) \times (6.5 \times 3 - 0.4 \times 2 - 0.2 - 0.1) + 0.24 \times (0.4 - 0.12) \times (4 - 0.2 - 0.3) + 0.24 \times (0.55 - 0.12) \times (6.5 \times 3 + 4 - 0.3 - 0.1 - 0.4 \times 3) + 0.24 \times (0.4 - 0.12) \times (4 - 0.14 - 0.24/2) + 0.24 \times (0.5 - 0.12) \times (6.5 \times 3 - 0.1 - 0.24/2 - 0.24 \times 2)$
	AE0061	现浇 C30 混凝土有梁板(5.6 m)	m³	28.49	同清单工程量
24	10505001002	有梁板(9.6 m)	m³	7.84	$V_{有梁板9.6\,m} = (6 + 0.1 \times 2) \times (6.5 + 0.1 \times 2) \times 0.12 + 0.24 \times (0.55 - 0.12) \times (6.5 - 0.3 \times 2) \times 2 + 0.24 \times (0.55 - 0.12) \times (6 - 0.3 \times 2) \times 2 + 0.24 \times (0.5 - 0.12) \times (6 - 0.14 \times 2)$
	AE0061	现浇 C30 混凝土有梁板(9.6 m)	m³	7.84	同清单工程量
25	10505008001	雨篷	m³	1.36	$V_{雨篷} = (1.2 - 0.06) \times (2.5 - 0.06 \times 2) \times (0.12 + 0.07)/2 + 0.06 \times 0.25 \times [2.5 - 0.06 + (1.2 - 0.06/2) \times 2] + \{(1.2 - 0.06) \times (4 - 0.06 \times 2) \times (0.12 + 0.07)/2 + 0.06 \times 0.25 \times [4 - 0.06 + (1.2 - 0.06/2) \times 2]\} \times 2$
	AE0075	现浇 C30 混凝土雨篷	m³	1.36	同清单工程量
26	10507001001	坡道	m²	8.64	$S_{坡道} = (3 + 0.3 \times 2) \times 1.2 \times 2$
	AE0097 换	现浇 C25 混凝土坡道	m³	0.69	$V_{坡道} = (3 + 0.3 \times 2) \times 1.2 \times 2 \times 0.08$
	AD0227 换	级配砂石坡道垫层	m³	0.86	$V_{坡道垫层} = (3 + 0.3 \times 2) \times 1.2 \times 2 \times 0.1$
27	10507001002	散水	m²	39	$S_{散水} = [(29.5 + 0.2 + 6.5 + 0.2) \times 2 + 0.6 \times 4 - (3 + 0.3 \times 2) \times 2 - (1.5 + 0.3 \times 2 + 0.45 \times 2)] \times 0.6$
	AE0097	现浇 C20 混凝土散水	m³	1.95	$V_{散水} = [(29.5 + 0.2 + 6.5 + 0.2) \times 2 + 0.6 \times 4 - (3 + 0.3 \times 2) \times 2 - (1.5 + 0.3 \times 2 + 0.45 \times 2)] \times 0.6 \times 0.05$
	AD0237 换	砾石灌水泥砂浆散水垫层	m³	6.56	$V_{散水垫层} = [(29.5 + 0.2 + 6.5 + 0.2) \times 2 + (0.6 + 0.07) \times 4 - (3 + 0.3 \times 2) \times 2 - (1.5 + 0.3 \times 2 + 0.45 \times 2)] \times (0.6 + 0.07) \times 0.15$

序号	项目编码	工程名称	单位	工程量	计算式
	AJ0153	沥青胶泥灌散水变形缝	m	73.92	$L_{变形缝}=(29.5+0.2+6.5+0.2)\times2-(3+0.3\times2)\times2$ $-(1.5+0.3\times2+0.45\times2)+(0.6\times0.6+0.6\times0.6)^{-2}$ $\times4+0.6\times6$
28	10507004001	台阶	m²	2.52	$S_{台阶}=0.6\times(0.9\times2+1.5+0.45\times2)$
	AE0105 换	现浇 C25 混凝土台阶	m³	0.54	$V_{台阶}=(1.5+0.45\times2+0.9\times2)\times0.6\times0.15+[1.5$ $+0.45\times2-0.3+(0.9-0.3/2)\times2]\times0.3\times0.15$
29	10507005001	窗台压顶	m³	0.53	$V_{压顶}=[0.06\times(0.2+0.06)+(0.2+0.26)\times(0.08$ $-0.06)/2]\times[3\times8+(2+0.24)]$
	AE0107 换	现浇 C30 混凝土窗台压顶	m³	0.53	同清单工程量
30	10514002001	预制窗台压顶	m³	0.05	$V_{预制压顶}=[0.06\times(0.2+0.06)+(0.2+0.26)$ $\times(0.08-0.06)/2]\times(1.8+0.24\times2)$
	AE0135 换	预制 C30 混凝土窗台压顶	m³	0.05	同清单工程量
	AE0137	预制小型构件模板	m²	0.95	$S_{预制压顶模板}=[0.06\times(0.2+0.06)+(0.2+0.26)\times$ $(0.08-0.06)/2]\times2+(0.06+0.2+0.06+0.08)$ $\times(1.8+0.24\times2)$
31	10515001001	现浇构件钢筋	t	2.096	详见钢筋汇总表
	AE0141	现浇构件钢筋制作安装（$\phi\leq10$ mm）	t	2.096	同清单工程量
32	10515001002	现浇构件钢筋	t	0.392	详见钢筋汇总表
	AE0141 换	现浇构件钢筋制作安装（$\phi\leq10$ mm）	t	0.392	同清单工程量
33	10515001003	现浇构件钢筋	t	2.924	详见钢筋汇总表
	AE0144	现浇构件高强钢筋制作安装（$\phi\leq10$ mm）	t	2.924	同清单工程量

续表

序号	项目编码	工 程 名 称	单位	工程量	计 算 式
34	10515001004	现浇构件钢筋	t	3.949	详见钢筋汇总表
	AE0145	现浇构件高强钢筋制作安装($\phi = 12 \sim 16$ mm)	t	3.949	同清单工程量
35	10515001005	现浇构件钢筋	t	3.589	详见钢筋汇总表
	AE0146	现浇构件高强钢筋制作安装($\phi > 16$ mm)	t	3.589	同清单工程量
36	10515002001	预制构件钢筋	t	0.002	详见钢筋汇总表
	AE0156	预制构件钢筋制作安装	t	0.002	同清单工程量
37	10516002001	预埋铁件	t	0.001	$G_{预埋铁件} = 0.12 \times 0.2 \times 0.006 \times 7\ 850 + 0.006\ 165 \times 10 \times 10 \times (0.12 + 0.15 \times 2 + 6.25 \times 0.01 \times 2)$
	AE0166	预埋铁件制作安装	t	0.001	同清单工程量
38	10516003007	机械连接	个	12	$N = 12$
	AE0169	螺纹套筒连接($\phi \leqslant 25$ mm)	个	12	同清单工程量
金属结构工程					
39	10606013001	零星钢构件	t	0.001	$G = 7.376 \times 0.2$
	MB0128	零星钢构件	t	0.001	同清单工程量
	AP0227	金属构件手工除锈	t	0.001	同清单工程量
	AP0229	金属构件手刷防锈漆一遍	t	0.001	同清单工程量
	AP0245 换	金属构件手刷调和漆两遍	t	0.001	同清单工程量
屋面及防水工程					
40	10902001001	屋面卷材防水（5.6 m）	m²	170.04	S 屋面卷材防水 5.6 m = $(6.5 \times 3 + 4 - 0.1) \times 6.5 + (6.5 \times 3 + 4 - 0.1 + 6.5) \times 2 \times 0.3$
	AJ0024	屋面 EVA 高分子卷材防水（5.6 m）	m²	170.04	同清单工程量

续表

序号	项目编码	工程名称	单位	工程量	计算式
41	10902001002	屋面卷材防水（9.6 m）	m²	46.5	$S_{屋面卷材防水9.6m} = 6 \times 6.5 + (6 + 6.5) \times 2 \times 0.3$
	AJ0024	屋面 EVA 高分子卷材防水(9.6 m)	m²	46.5	同清单工程量
42	10902002001	屋面涂膜防水	m²	14.21	$S_{雨篷涂料防水} = (1.2 - 0.06) \times (4 - 0.06 \times 2) \times 2 + (1.2 - 0.06 + 4 - 0.06 \times 2) \times 2 \times 0.15 + (1.2 - 0.06) \times (2.5 - 0.06) + (1.2 - 0.06 + 2.5 - 0.06) \times 2 \times 0.15$
	AJ0037	单组分聚氨酯防水涂料雨篷面涂膜防水	m²	14.21	同清单工程量
	AJ0069	20 mm 厚、雨篷面撒石英砂保护层	m²	14.21	同清单工程量
43	10902003001	屋面刚性防水层（5.6 m）	m²	152.1	$S_{屋面刚性防水层5.6m} = (6.5 \times 3 + 4 - 0.1) \times 6.5$
	AJ0063	屋面细石混凝土刚性防水层（5.6 m）	m²	152.1	同清单工程量
44	10902003002	屋面刚性层（9.6 m）	m²	39	$S_{屋面刚性防水9.6m} = 6 \times 6.5$
	AJ0063	屋面细石混凝土刚性防水层（9.6 m）	m²	39	同清单工程量
45	10902003003	雨篷刚性层	m²	11.63	$S_{雨篷刚性防水层} = (1.2 - 0.06) \times (4 - 0.06 \times 2) \times 2 + (1.2 - 0.06) \times (2.5 - 0.06)$
	AJ0063	雨篷细石混凝土刚性防水层	m²	11.63	同清单工程量
46	10902004001	屋面排水管	m	11.44	$L_{排水管} = (5.6 - 0.12 + 0.3 - 0.06) \times 2$
	AJ0073	屋面塑料水落管（ϕ110 mm）	m	11.44	同清单工程量
	AJ0088	屋面排水塑料落水口（ϕ110 mm）	个	2	$N_{落水口} = 2$

续表

序号	项目编码	工程名称	单位	工程量	计算式
47	10902006001	雨篷吐水管	根	5	$N_{吐水管} = 5$
	AJ0092	雨篷塑料吐水管	根	5	同清单工程量
48	10903002001	墙面涂膜防水	m²	464.65	$S_{墙外防水} = (29.5 + 0.2 + 6.5 + 0.2) \times 2 \times (0.3 + 6.1) + (6 + 0.2 + 6.5 + 0.2) \times 2 \times (10.1 - 6.1) - (1.5 \times 2.6 + 3 \times 4.1 \times 2 + 3 \times 3 \times 8 + 3 \times 1.8) - (3.6 \times 0.3 \times 2 + 2.4 \times 0.3) - (4 + 6.5 + 6) \times 0.12 - (0.25 - 0.12) \times 0.06 \times 6 + [(3 + 3) \times 2 \times 8 + (3 + 1.8) \times 2] \times (0.2 - 0.08)/2$
	AJ0037	单组分聚氨酯防水涂料外墙面涂膜防水	m²	464.65	同清单工程量
49	10904002001	地面涂膜防水	m²	181.87	$S_{地面防水} = (6 + 6.5 \times 3 - 0.2) \times (6.5 - 0.2) + 4 \times (1.4 + 0.3 - 0.1) + [(29.5 - 0.1 \times 2 + 6.5 - 0.1 \times 2) \times 2 - 0.9 - 3 \times 2] \times 0.25$
	AJ0041	改性沥青防水涂料地面涂膜防水	m²	181.87	同清单工程量
保温、隔热、防腐工程					
50	11001001001	保温隔热屋面(5.6 m)	m²	152.1	$S_{屋面保温5.6\,m} = (6.5 \times 3 + 4 - 0.1) \times 6.5$
	AK0016	水泥炉渣保温隔热屋面(5.6 m)	m³	19.01	$H_{平均厚度5.6\,m} = 6.5 \times 2\%/2 + 0.06 = 0.125\ mm$ $V_{屋面保温5.6\,m} = (6.5 \times 3 + 4 - 0.1) \times 6.5 \times 0.125$
51	11001001002	保温隔热屋面(9.6 m)	m²	39	$S_{屋面保温9.6\,m} = 6 \times 6.5$
	AK0016	水泥炉渣保温隔热屋面(9.6 m)	m³	4.88	$H_{平均厚度9.6\,m} = 6.5 \times 2\%/2 + 0.06 = 0.125\ mm$ $V_{屋面保温9.6\,m} = 6 \times 6.5 \times 0.125$
52	11001003001	保温隔热墙面	m²	458.31	$S_{墙外保温} = (29.5 + 0.2 + 6.5 + 0.2) \times 2 \times (0.3 + 6.1) + (6 + 0.2 + 6.5 + 0.2) \times 2 \times (10.1 - 6.1) - (1.5 \times 2.6 + 3 \times 4.1 \times 2 + 3 \times 3 \times 8 + 3 \times 1.8) - (3.6 \times 0.3 \times 2 + 2.4 \times 0.3) - (4 + 6.5 + 6) \times 0.12 - (0.25 - 0.12) \times 0.06 \times 6$
	AK0071	外墙挤塑板保温层	m²	458.31	同清单工程量

序号	项目编码	工 程 名 称	单位	工程量	计 算 式
					楼地面装饰工程
53	11101001001	屋面水泥砂浆保护层(5.6 m)	m²	170.04	$S_{屋面保护层5.6\,m} = (6.5 \times 3 + 4 - 0.1) \times 6.5 + (6.5 \times 3 + 4 - 0.1 + 6.5) \times 2 \times 0.3$
	AL0002	屋面1:2水泥砂浆保护层(5.6 m)	m²	170.04	同清单工程量
54	11101001002	屋面水泥砂浆保护层(9.6 m)	m²	46.5	$S_{屋面保护9.6\,m} = 6 \times 6.5 + (6 + 6.5) \times 2 \times 0.3$
	AL0002	屋面1:2水泥砂浆保护层(9.6 m)	m²	46.5	同清单工程量
55	11101001003	坡道水泥砂浆楼地面	m²	8.91	$S_{坡道面层} = (3 + 0.3 \times 2) \times (0.3 \times 0.3 + 1.2 \times 1.2)^{1/2} \times 2$
	AL0001 换	1:1.5 水泥砂浆坡道面层	m²	8.91	同清单工程量
	AL0354	金刚砂防滑条	m	49.5	$N_{数量} = 1.2/0.08 = 15 根$ $L_{防滑条} = (3 + 3 + 0.3 \times 2)/2 \times 15$
56	11101002001	现浇水磨石楼地面	m²	165.79	$S_{水磨石楼地面} = (6 + 6.5 \times 3 - 0.2) \times (6.5 - 0.2) + 4 \times (1.4 + 0.3 - 0.1)$
	AL0018	现浇水磨石地面	m²	165.79	同清单工程量
57	11101006001	平面砂浆找平层	m²	165.79	$S_{地面找平层} = (6 + 6.5 \times 3 - 0.2) \times (6.5 - 0.2) + 4 \times (1.4 + 0.3 - 0.1)$
	AL0064	20 mm 厚、1:2水泥砂浆地面找平层	m²	165.79	同清单工程量
58	11101006002	屋面平面砂浆找平层(5.6 m)	m²	170.04	$S_{屋面找平层5.6\,m} = (6.5 \times 3 + 4 - 0.1) \times 6.5 + (6.5 \times 3 + 4 - 0.1 + 6.5) \times 2 \times 0.3$
	AL0061	20 mm 厚、1:2水泥砂浆屋面找平层(5.6 m)	m²	170.04	同清单工程量
59	11101006003	屋面平面砂浆找平层(9.6 m)	m²	46.5	$S_{屋面找平层9.6\,m} = 6 \times 6.5 + (6 + 6.5) \times 2 \times 0.3$
	AL0061	20 mm 厚、1:2水泥砂浆屋面找平层(9.6 m)	m²	46.5	同清单工程量

续表

序号	项目编码	工程名称	单位	工程量	计算式
60	11102001001	石材楼地面	m²	18.66	$S_{大理石地面} = (4-0.2) \times (3+0.85 \times 2 - 0.2) + (1.5 + 0.9) \times 0.2 + (1.5 + 0.45 \times 2 - 0.3 \times 2) \times 0.6$
	AL0080	大理石地面	m²	18.66	同清单工程量
	AL0066 换	28 mm 厚、1:2 水泥砂浆找平层	m²	18.66	同清单工程量
61	11105002001	石材踢脚线	m²	2.22	$S_{大理石踢脚线} = [(4-0.2+3+0.85 \times 2 - 0.2) \times 2 - 1.5 - 0.9 + (0.2-0.08) \times 4 + (0.2-0.08)/2 \times 2] \times 0.15$
	AL0194	大理石板踢脚线	m²	2.22	同清单工程量
62	11105003001	块料踢脚线	m²	9.74	$S_{彩釉砖踢脚线} = [(29.5-0.1 \times 2 + 6.5 - 0.1 \times 2) \times 2 - 0.9 - 3 \times 2 + (0.2-0.08) \times 4 + (0.2-0.08)/2 \times 2] \times 0.15$
	AL0200	彩釉砖踢脚线	m²	9.74	同清单工程量
63	11107001001	石材台阶面层	m²	2.52	$S_{台阶面层} = 0.6 \times (0.9 \times 2 + 1.5 + 0.45 \times 2)$
	AL0292	大理石台阶面层	m²	2.52	同清单工程量
	AL0066	20 mm 厚、1:3 水泥砂浆找平层	m²	2.52	同清单工程量
墙、柱面装饰与隔断、幕墙工程					
64	11201001001	室内墙面一般抹灰（储藏室）	m²	339.08	$S_{墙内抹灰} = (29.5-0.1 \times 2 + 6.5 - 0.1 \times 2) \times 2 \times (5.6 - 0.12) + (6-0.1 \times 2 + 6.5 - 0.1 \times 2) \times (9.6 - 5.6) - (3 \times 4.1 \times 2 + 2.2 \times 0.9 + 3 \times 3 \times 7 + 1.8 \times 3 + 2 \times 3) + (3 \times 7 + 1.8 \times 2) \times (0.2-0.08)/2$
	AM0007	室内墙面混合砂浆一般抹灰（储藏室）	m²	339.08	同清单工程量
65	11201001002	室外墙面一般抹灰	m²	491.24	$S_{墙外抹灰} = (29.5+0.2+6.5+0.2) \times 2 \times (0.3+6.1) + (6+0.2+6.5+0.2) \times 2 \times (10.1-6.1) - (1.5 \times 2.6 + 3 \times 4.1 \times 2 + 3 \times 3 \times 8 + 3 \times 1.8) + (3 \times 8 + 1.8) \times (2-0.08)/2 + 6.5 \times 0.5$
	AM0007	室外墙面混合砂浆一般抹灰	m²	491.24	同清单工程量

续表

序号	项目编码	工程名称	单位	工程量	计算式
66	11201001003	雨篷侧面一般抹灰	m²	4.43	$S_{雨篷侧面抹灰} = (1.2 \times 2 + 4) \times 0.25 \times 2 + (1.2 \times 2 + 2.5) \times 0.25$
	AM0005	雨篷侧面混合砂浆一般抹灰	m²	4.43	同清单工程量
67	11204003001	室内块料墙面	m²	67.18	$S_{内墙贴砖} = (4 - 0.2 - 0.045 \times 2 + 3 + 0.85 \times 2 - 0.2 - 0.045 \times 2) \times 2 \times (5.6 - 0.12 - 0.15) - [(1.5 - 0.045 \times 2) \times (2.6 - 0.045) + (2.2 - 0.045) \times (0.9 - 0.045 \times 2) + (3 - 0.045 \times 2) \times (3 - 0.045 \times 2) + (2 - 0.045 \times 2) \times (3 - 0.045 \times 2)]$
	AM0114 换	17 mm 厚、1:2 立面水泥砂浆找平层	m²	72.13	$S_{立面找平层} = (4 - 0.2 + 3 + 0.85 \times 2 - 0.2) \times 2 \times (5.6 - 0.12) - (1.5 \times 2.6 + 2.2 \times 0.9 + 3 \times 3 + 2 \times 3) + (1.5 + 2.6 \times 2 + 0.9 + 2.2 \times 2 + 3 \times 4 + 2 \times 2 + 3 \times 2) \times (0.2 - 0.08)/2$
	AM0026	墙面刷素水泥浆一遍	m²	70.39	$S_{内墙素水泥浆} = (4 - 0.2 + 3 + 0.85 \times 2 - 0.2) \times 2 \times (5.6 - 0.12) - (1.5 \times 2.6 + 2.2 \times 0.9 + 3 \times 3 + 2 \times 3) + (3 + 2) \times (0.2 - 0.08)/2$
	AM0301	室内墙面贴面砖	m²	67.18	同清单工程量
68	11204003002	室外块料墙面	m²	472.21	$S_{墙外贴砖} = (29.5 + 0.2 + 0.057 \times 2 + 6.5 + 0.2 + 0.057 \times 2) \times 2 \times (0.3 + 6.1) + (6 + 0.2 + 0.057 \times 2 + 6.5 + 0.2 + 0.057 \times 2) \times 2 \times (10.1 - 6.1) - [1.5 \times 2.6 + 3 \times 4.1 \times 2 + (3 - 0.057 \times 2) \times (3 - 0.057 \times 2) \times 8 + (3 - 0.057 \times 2) \times (1.8 - 0.057 \times 2)] + 6.5 \times 0.5 - (3.6 \times 0.3 \times 2 + 2.4 \times 0.3) - (4 + 6.5 + 6) \times 0.12 - (0.25 - 0.12) \times 0.06 \times 6$
	AM0309	室外墙面贴面砖	m²	472.21	同清单工程量
69	11206002001	块料零星项目（室内门窗侧壁、顶面和底面）	m²	3.39	$S_{零星块料} = [(1.5 - 0.045 \times 2) + (2.6 - 0.15 - 0.045) \times 2 + (2.2 - 0.15 - 0.045) \times 2 + (0.9 - 0.045 \times 2) + (3 - 0.045 \times 2 + 3 - 0.045 \times 2) \times 2 + (2 - 0.045 \times 2 + 3 - 0.045 \times 2) \times 2] \times [(0.2 - 0.08)/2 + 0.045]$
	AM0429	室内门窗侧壁、顶面和底面贴块料	100 m²	3.39	同清单工程量

续表

序号	项目编码	工 程 名 称	单位	工程量	计算式
70	11206002002	块料零星项目（室外门窗侧壁、顶面和底面）	m²	9.82	$S_{零星块料} = [(3 - 0.06 \times 2 + 3 - 0.06 \times 2) \times 2 \times 8 + (3 - 0.06 \times 2 + 1.8 - 0.06 \times 2) \times 2] \times [(0.2 - 0.08)/2 + 0.037]$
	AM0429	室外门窗侧壁、顶面和底面贴块料	m²	9.82	同清单工程量
天棚工程					
71	11301001001	天棚抹灰（5.6 m）	m²	185.07	$S_{天棚抹灰5.6\,m} = (6.5 \times 3 + 4 + 0.14 - 0.1) \times (6.5 - 0.2) + (0.24 - 0.2) \times [(6 - 0.3) \times 2 + (6.5 - 0.3)] + (0.55 - 0.12) \times (6.5 - 0.3 \times 2) \times 8 + (0.5 - 0.12) \times (6.5 \times 3 + 0.14 + 0.24/2 - 0.24 \times 4) \times 2 + (0.4 - 0.12) \times (4 - 0.14 - 0.24/2) \times 2 - (0.5 - 0.12) \times 0.24 \times 6 - (0.4 - 0.12) \times 0.24$
	AN0007	天棚混合砂浆抹灰（5.6 m）	m²	185.07	同清单工程量
72	11301001002	天棚抹灰（9.6 m）	m²	39.93	$S_{天棚抹灰9.6\,m} = (6.5 \times 3 + 4 + 0.14 - 0.1) \times (6.5 - 0.2) + (0.24 - 0.2) \times [(6 - 0.3) \times 2 + (6.5 - 0.3)] + (0.55 - 0.12) \times (6.5 - 0.3 \times 2) \times 8 + (0.5 - 0.12) \times (6.5 \times 3 + 0.14 + 0.24/2 - 0.24 \times 4) \times 2 + (0.4 - 0.12) \times (4 - 0.14 - 0.24/2) \times 2 - (0.5 - 0.12) \times 0.24 \times 6 - (0.4 - 0.12) \times 0.24$
	AN0007	天棚混合砂浆抹灰（9.6 m）	m²	39.93	同清单工程量
73	11301001003	雨篷底面抹灰	m²	12.6	$S_{雨篷底面抹灰} = 1.2 \times 4 \times 2 + 1.2 \times 2.5$
	AN0007	雨篷底面混合砂浆抹灰	m²	12.6	同清单工程量
油漆、涂料、裱糊工程					
74	11406001001	室内墙面刷油漆	m²	343.09	$S_{墙内乳胶漆} = (29.5 - 0.1 \times 2 + 6.5 - 0.1 \times 2) \times 2 \times (5.6 - 0.12) + (6 - 0.1 \times 2 + 6.5 - 0.1 \times 2) \times (9.6 - 5.6) - (3 \times 4.1 \times 2 + 2.2 \times 0.9 + 3 \times 3 \times 7 + 1.8 \times 3 + 2 \times 3) + [(3 + 3) \times 2 \times 5 + (3 + 1.8) \times 2 + (3 + 3) \times 2 + (2 + 3) \times 2] \times (0.2 - 0.08)/2$

续表

序号	项目编码	工 程 名 称	单位	工程量	计算式
74	AP0299	室内墙面刷乳胶漆	m²	343.09	同清单工程量
	AP0330	室内墙面满刮腻子一遍	m²	343.09	同清单工程量
	AP0331	室内墙面刮腻子增加一遍	m²	343.09	同清单工程量
75	11406001002	天棚抹灰面油漆(5.6 m)	m²	185.07	$S_{天棚刷漆5.6\,m} = (6.5 \times 3 + 4 + 0.14 - 0.1) \times (6.5 - 0.2) + (0.24 - 0.2) \times [(6 - 0.3) \times 2 + (6.5 - 0.3)] + (0.55 - 0.12) \times (6.5 - 0.3 \times 2) \times 8 + (0.5 - 0.12) \times (6.5 \times 3 + 0.14 + 0.24/2 - 0.24 \times 4) \times 2 + (0.4 - 0.12) \times (4 - 0.14 - 0.24/2) \times 2 - (0.5 - 0.12) \times 0.24 \times 6 - (0.4 - 0.12) \times 0.24$
	AP0300	天棚刷乳胶漆(5.6 m)	m²	185.07	同清单工程量
	AP0330 换	天棚满刮腻子两遍	m²	185.07	同清单工程量
76	11406001003	天棚抹灰面油漆(9.6 m)	m²	39.93	$S_{天棚刷漆9.6\,m} = (6.5 \times 3 + 4 + 0.14 - 0.1) \times (6.5 - 0.2) + (0.24 - 0.2) \times [(6 - 0.3) \times 2 + (6.5 - 0.3)] + (0.55 - 0.12) \times (6.5 - 0.3 \times 2) \times 8 + (0.5 - 0.12) \times (6.5 \times 3 + 0.14 + 0.24/2 - 0.24 \times 4) \times 2 + (0.4 - 0.12) \times (4 - 0.14 - 0.24/2) \times 2 - (0.5 - 0.12) \times 0.24 \times 6 - (0.4 - 0.12) \times 0.24$
	AP0300	天棚刷乳胶漆(5.6 m)	m²	39.93	同清单工程量
	AP0330	天棚满刮腻子一遍	m²	39.93	同清单工程量
	AP0331	天棚刮腻子增加一遍	m²	39.93	同清单工程量
77	11407001001	雨篷侧面喷刷涂料	m²	4.43	$S_{雨篷侧面涂料} = (1.2 \times 2 + 4) \times 0.25 \times 2 + (1.2 \times 2 + 2.5) \times 0.25$
	AP0355	雨篷侧面喷刷仿瓷涂料	m²	4.43	同清单工程量
	AP0333	雨篷侧面满刮成品腻子	m²	4.43	同清单工程量

续表

序号	项目编码	工程名称	单位	工程量	计算式
78	11407002001	雨篷底面喷刷涂料	m²	12.6	$S_{雨篷底面涂料} = 1.2 \times 4 \times 2 + 1.2 \times 2.5$
	AP0359	雨篷底面喷刷仿瓷涂料一遍	m²	12.6	同清单工程量
	AP0360	雨篷底面喷刷仿瓷涂料增加一遍	m²	12.6	同清单工程量
	AP0333	雨篷底面满刮成品腻子	m²	12.6	同清单工程量
单价措施项目清单					
脚手架工程					
1	11701001001	综合脚手架（檐口高度5.78 m）	m²	157.45	$S_{脚手架5.78\,m} = (6.5 \times 3 + 4) \times (6.5 + 0.2)$
	AS0001	综合脚手架，单层建筑（檐口高度≤6 m）	m²	157.45	同清单工程量
	AS0014 换	单排外脚手架（檐口高度≤15 m）	m²	327.57	$S_{外脚手架5.78\,m} = [(6.5 \times 3 + 4) \times 2 + (6.5 + 0.2)] \times 6.1$
2	11701001002	综合脚手架（檐口高度9.78 m）	m²	41.54	$S_{脚手架9.78\,m} = (6 + 0.2) \times (6.5 + 0.2)$
	AS0003	综合脚手架，单层建筑（檐口高度≤15 m）	m²	41.54	同清单工程量
	AS0014 换	单排外脚手架（檐口高度≤15 m）	m²	223.06	$S_{外脚手架9.78\,m} = [(6 + 0.2) \times 2 + (6.5 + 0.2)] \times 10.1 + (6.5 + 0.2) \times (10.1 - 5.6)$
混凝土模板及支架(撑)					
3	11702001001	基础垫层模板及支架	m²	14.16	$S_{基垫模板} = (2.6 + 0.1 \times 2) \times 4 \times 0.1 \times 6 + (2.9 + 0.1 \times 2) \times 4 \times 0.1 \times 6$
	AS0027	混凝土基础垫层复合模板及支架(撑)	m²	14.16	同清单工程量

序号	项目编码	工程名称	单位	工程量	计算式
4	11702001002	基础模板及支架	m²	66	$S_{基础模板}=2.6\times4\times0.5\times6+2.9\times4\times0.5\times6$
	AS0028	混凝土独立基础复合模板及支架（撑）	m²	66	同清单工程量
5	11702002001	矩形柱模板及支架（5.6 m）	m²	85.48	$S_{矩形柱模板5.6\,m}=0.4\times4\times(2-0.5+5.6)\times8-(0.25\times0.5\times14+0.25\times0.4\times4)-0.12\times0.4\times22-(0.55-0.12)\times0.24\times20-(0.4-0.12)\times0.24\times2$
	AS0040	混凝土矩形柱复合模板及支架（撑）	m²	85.48	同清单工程量
	AS0104 换	混凝土柱模板支撑超高增加费	m²	85.48	同清单工程量
6	11702002002	矩形柱模板及支架（9.6 m）	m²	67.47	$S_{矩形柱模板9.6\,m}=0.4\times4\times(2-0.5+9.6)\times4-(0.25\times0.5\times8)-0.24\times0.55\times8-0.12\times0.4\times2-(0.55-0.12)\times0.24\times2-0.12\times0.4\times8-(0.55-0.12)\times0.24\times8$
	AS0040	混凝土矩形柱复合模板及支架（撑）	m²	67.47	同清单工程量
	AS0104 换	混凝土柱模板支撑超高增加费	m²	67.47	同清单工程量
7	11702003001	门柱模板及支架（5.6 m）	m²	7.18	$S_{门柱模板5.6\,m}=[0.3\times(0.36+5.6-0.55)+0.03\times(0.36+5.6-0.55-0.5)+0.03\times(0.36+5.6-0.55-0.5-4.1)]\times2\times2$
	AS0041	混凝土构造柱复合模板及支架（撑）	m²	7.18	同清单工程量
8	11702003002	门柱模板及支架（9.6 m）	m²	12.15	$S_{门柱模板9.6\,m}=[0.3\times(0.36+9.6-0.55\times2)+0.03\times(0.36+9.6-0.55\times2-0.5)+0.03\times(0.36+9.6-0.55\times2-0.5-4.1)]\times2\times2$
	AS0041	混凝土门柱复合模板及支架（撑）	m²	12.15	同清单工程量

续表

序号	项目编码	工 程 名 称	单位	工程量	计 算 式
9	11702003003	构造柱模板及支架(5.6 m)	m²	38.65	$S_{构造柱模板5.6\,m} = [0.2 \times (0.36 + 5.6 - 0.55) + 0.03 \times (0.36 + 5.6 - 0.55 - 0.25) + 0.03 \times (0.36 + 5.6 - 0.55 - 0.25 - 3)] \times 2 \times 13 + 0.2 \times (0.36 + 5.6 - 0.55) \times 2 + 0.03 \times 2 \times (0.36 + 5.6 - 0.55 - 0.25 - 0.09) + 0.03 \times 2 \times (0.36 + 5.6 - 0.55) + 0.2 \times (0.36 + 5.6 - 0.55) + 0.03 \times 2 \times (0.36 + 5.6 - 0.55 - 0.25) \times 3$
	AS0041	混凝土构造柱复合模板及支架(撑)	m²	38.65	同清单工程量
10	11702003004	构造柱模板及支架(9.6 m)	m²	17.59	$S_{构造柱模板9.6\,m} = [0.2 \times (0.36 + 9.6 - 0.55 \times 2) + 0.03 \times (0.36 + 9.6 - 0.55 \times 2 - 0.25) + 0.03 \times (0.36 + 9.6 - 0.55 \times 2 - 0.25 - 3)] \times 2 \times 4$
	AS0041	混凝土构造柱复合模板及支架(撑)	m²	17.59	同清单工程量
11	11702005001	基础梁模板及支架	m²	73.68	$S_{基础梁模板} = [(6 + 6.5 \times 3 - 0.3 - 0.2 - 0.4 \times 3) \times 2 \times 2 + (6.5 - 0.3 \times 2) \times 2 \times 3] \times 0.5 + (4 - 0.2 - 0.3) \times 2 \times 2 \times 0.4 + (4 - 0.25/2 - 0.15) \times 2 \times 0.4 - 0.4 \times 0.25 \times 2$
	AS0043	混凝土基础梁复合模板及支架(撑)	m²	73.68	同清单工程量
12	11702006001	矩形梁模板及支架(5.6 m)	m²	22.38	$S_{矩形梁模板} = (0.24 + 0.55 \times 2) \times [(6 - 0.3 \times 2) \times 2 + (6.5 - 0.3 \times 2)]$
	AS0044	混凝土矩形梁复合模板及支架(撑)	m²	22.38	同清单工程量
	AS0102 换	混凝土梁模板支撑超高增加费	m²	22.38	同清单工程量

序号	项目编码	工程名称	单位	工程量	计算式
13	11702008001	圈梁模板及支架	m²	35.26	$S_{圈梁模板} = 0.25 \times \big[(29.5 - 0.3 \times 2 - 0.4 \times 4 + 6.5 - 0.3 \times 2) \times 2 + (3 + 0.85 \times 2 + 4 - 0.3 - 0.1) - (6 - 0.3 \times 2) - (6.5 - 0.2 \times 2) - 0.2 \times 19 \big] \times 2 + 0.2 \times (3 \times 8 + 1.8 + 2)$
	AS0047	混凝土圈梁复合模板及支架(撑)	m²	35.26	同清单工程量
14	11702009001	过梁模板及支架	m²	0.42	$S_{过梁模板} = (0.9 + 0.24 + 0.2) \times 0.09 \times 2 + 0.9 \times 0.2$
	AS0049	混凝土过梁复合模板及支架(撑)	m²	0.42	同清单工程量
15	11702009002	雨篷梁模板及支架	m²	13.99	$S_{雨篷梁模板} = 0.5 \times \big[(6 - 0.3 \times 2 - 0.3 \times 2) + (6.5 - 0.2 \times 2 - 0.3 \times 2) + (4 - 0.2 - 0.3) \big] \times 2 + 0.2 \times (3 \times 2 + 1.5) - 0.12 \times (4 \times 2 + 2.5) - (0.25 - 0.12) \times 0.06 \times 6$
	AS0049	混凝土雨篷梁复合模板及支架(撑)	m²	13.99	同清单工程量
16	11702011001	直形墙模板及支架	m²	59.4	$S_{女儿墙模板} = 0.5 \times \big[(6.5 \times 3 + 4 + 0.1 - 0.1 - 0.1/2) \times 2 + (6.5 + 0.1 \times 2 - 0.1) \big] \times 2 + 0.5 \times (6.5 - 0.3 \times 2) \times 2$
	AS0052	混凝土直形墙复合模板及支架(撑)	m²	59.4	同清单工程量
17	11702014001	有梁板模板及支架(5.6 m)	m²	241.81	$S_{有梁板模板5.6\,m} = (6.5 \times 3 + 4 + 0.14 + 0.1) \times (6.5 + 0.1 \times 2) + (0.55 \times 2 - 0.12) \times (6.5 \times 3 - 0.1 - 0.2 - 0.4 \times 2 + 6.5 \times 3 + 4 - 0.1 - 0.3 - 0.4 \times 3 + 6.5 - 0.3 \times 2 + 6.5 - 0.3 \times 2) + (0.4 \times 2 - 0.12) \times (4 - 0.2 - 0.3) + (0.55 - 0.12) \times 2 \times (6.5 - 0.3 \times 2) \times 3 + (0.5 - 0.12) \times 2 \times (6.5 \times 3 - 0.1 - 0.24 \times 2 - 0.24/2) + (0.4 - 0.12) \times 2 \times (4 - 0.2 - 0.3) - 0.24 \times (0.5 - 0.12) \times 6 - 0.24 \times (0.4 - 0.12) \times 2 - 0.4 \times 0.4 \times 8 - 0.4 \times 0.24 \times 2$

续表

序号	项目编码	工程名称	单位	工程量	计算式
	AS0057	混凝土有梁板复合模板及支架（撑）	m²	241.81	同清单工程量
	AS0103 换	混凝土有梁板模板支撑超高增加费	m²	241.81	同清单工程量
18	11702014002	有梁板模板及支架(9.6 m)	m²	67.21	$S_{有梁板模板9.6\,m} = (6 + 0.1 \times 2) \times (6.5 + 0.1 \times 2) + (0.55 \times 2 - 0.12) \times (6 - 0.3 \times 2 + 6.5 - 0.3 \times 2) \times 2 + (0.5 - 0.12) \times 2 \times (6 - 0.14 \times 2) - 0.24 \times (0.5 - 0.12) \times 2 - 0.4 \times 0.4 \times 4$
	AS0057	混凝土有梁板复合模板及支架（撑）	m²	67.21	同清单工程量
	AS0103 换	混凝土有梁板模板支撑超高增加费	m²	67.21	同清单工程量
19	11702023001	雨篷模板及支架	m²	12.6	$S_{雨篷模板} = 4 \times 1.2 \times 2 + 2.5 \times 1.2$
	AS0078	混凝土雨篷复合模板及支架（撑）	m²	12.6	同清单工程量
20	11702025001	窗台压顶模板及支架	m²	5.25	$S_{压顶} = (0.06 + 0.06 + 0.08) \times [3 \times 8 + (2 + 0.24)]$
	AS0094	混凝土窗台压顶复合模板及支架（撑）	m²	5.25	同清单工程量
21	11702027001	台阶模板及支架	m²	2.52	$S_{台阶模板} = 0.6 \times (0.9 \times 2 + 1.5 + 0.45 \times 2)$
	AS0097	混凝土台阶复合模板及支架（撑）	m²	2.52	同清单工程量
垂直运输					
22	11703001001	垂直运输（檐口高度5.78 m）	m²	157.45	$S_{垂直运输5.78\,m} = (6.5 \times 3 + 4) \times (6.5 + 0.2)$
	AS0116	现浇框架垂直运输（檐口高度≤20 m）	m²	157.45	同清单工程量

续表

序号	项目编码	工程名称	单位	工程量	计算式
23	11703001002	垂直运输（檐口高度 9.78 m）	m²	41.54	$S_{垂直运输9.78\,m} = (6+0.2) \times (6.5+0.2)$
	AS0116	现浇框架垂直运输（檐口高度 ≤ 20 m）	m²	41.54	同清单工程量
		大型机械设备进出场及安拆			
24	11705001001	大型机械设备进出场及安拆	台次	1	$N_{挖掘机} = 1$
	AS0202	履带式挖掘机（斗容量 ≤ 1 m³）进出场费	台次	1	同清单工程量
25	11705001002	大型机械设备进出场及安拆	台次	1	$N_{起重机} = 1$
	AS0206	履带式起重机（提升质量 ≤ 30 t）进出场费	台次	1	同清单工程量

任务二　确定分部分项工程费

一、任务内容

根据招标工程量清单、招标控制价、设计文件、《建设工程工程量清单计价规范》《房屋建筑与装饰工程工程量计算规范》、投标拟订的施工方案、预算定额等资料，以及任务一的计价工程量计算成果，计算分部分项工程综合单价和分部分项工程费，并填写分部分项工程综合单价分析表和分部分项工程量清单与计价表。

综合单价分析

二、任务目标

学生通过完成该任务，能够达到以下目标：

①掌握综合单价的计算方法，具备根据资料计算投标报价的分部分项工程综合单价，并填写分部分项工程综合单价分析表的能力。

②掌握分部分项工程费的计算方法，具备根据资料计算投标报价的分部分项工程费，并

填写分部分项工程量清单与计价表的能力。

③树立团结协作的合作精神和精准化量价数据处理的工匠精神。

三、知识储备

①投标报价的分部分项工程综合单价应包括招标文件中划分的、应由投标人承担的风险范围及其费用,招标文件中没有明确的,应提请招标人明确。

②对于投标报价的分部分项工程单价项目,应根据招标文件和招标工程量清单项目中的特征描述确定对综合单价的计算。

③投标人在分部分项工程工程量清单与计价表中填写的分部分项工程的项目编码、项目名称、项目特征、计量单位、工程数量必须与招标人的招标文件提供的一致。

④风险费用:投标人考虑以标的额的一定百分比取费添加到投标报价中的费用,一般不再单独列出,而是计入综合单价中,属于一种公允的费用。招标人一般不确定这个项目的风险程度,而是由投标人考虑、在合同实施阶段采取有利于招标人的风险控制,同时督促投标人提高管理水平从而降低风险。

⑤招标工程量清单与计价表中列明的所有需要填写单价和合价的项目,投标人均应填写且只允许有一个报价。未填写单价和合价的项目,可视为此项费用已包含在已标价工程量清单的其他项目的单价和合价中。

四、任务步骤

①计算投标报价的分部分项工程综合单价,并填写分部分项工程综合单价分析表。

②计算投标报价的分部分项工程费,并填写分部分项工程清单与计价表。

五、任务指导

1.计算分部分项工程综合单价,并填写综合单价分析表

根据任务一中清单项目和其匹配的计价项目、定额等资料,计算分部分项工程综合单价。投标报价的综合单价分析表和招标控制价的综合单价分析表是一样的,但是填写时其费用的来源不同。这里以项目中的"现浇 C15 混凝土基础垫层"为例,填写综合单价分析表,计算其综合单价。

(1)填写清单内容

综合单价分析表里的项目编码、项目名称、计量单位和工程量,必须按照招标工程量清单的分部分项工程清单与计价表(表3.13)填写,不得有任何改动。

根据分部分项工程清单与计价表,确定了"基础垫层"的项目编码为"10101004001",计量单位为"m³",工程量为"10.47",填入综合单价分析表的清单部分,见表3.14。

(2)填写清单明细

填写清单的综合单价组成明细,步骤如下。

第一步,在任务一的计价工程量计算表中查看该清单项目匹配的计价项目,确定其定额

项目名称和定额编号,见表3.15。

表3.13 分部分项工程清单与计价表(节选)

序号	项目编码	项目名称	项目特征描述	计量单位	工程量	金额/元				
						综合单价	合价	其中		
								定额人工费	定额机械费	暂估价
10	010501001001	基础垫层	1. 混凝土种类:清水混凝土,现场搅拌 2. 混凝土强度等级:C15	m³	10.47					

表3.14 综合单价分析表清单部分

项目编码	010501001001	项目名称	基础垫层	计量单位	m³	工程量	10.47

注意:这里填写的部分如果和招标文件不同,按废标处理。

表3.15 计价工程量计算表(节选)

序号	项目编码	工 程 名 称	单位	工程量
10	10501001001	基础垫层	m³	10.47
	AE0001	现浇 C15 混凝土基础垫层	m³	10.47

从计价工程量计算表中可以确定,"基础垫层"清单项目匹配了"现浇 C15 混凝土基础垫层"计价项目,其定额编码为"AE0001"。

第二步,从定额中查找计价项目的定额单位,并根据清单工程量和计价工程量确定定额项目的数量。首先是"现浇 C15 混凝土基础垫层",其定额见表2.22,其数量按下面的公式计算。

$$数量 = \left(\frac{定额工程量}{清单工程量}\right) / 定额单位数$$

所以,"现浇 C15 混凝土基础垫层"的数量 = (10.47/10.47)/10 = 0.1

第三步,计算人工费。

定额上的人工费为基础人工费,不能直接将其填入表中,要乘以系数,即:

$$人工费 = 定额人工费 \times (1 + 人工调整系数)$$

在编制投标报价时,投标人应当参照市场价自主确定人工费的调整,但不能低于工程造价管理部门发布的人工费调整标准。实训项目使用的人工费调整标准是四川省于 2020 年发布的关于《四川省建设工程工程量清单计价定额》人工费调整的文件。文件内容摘录如图2.1所示。

编制投标报价时,人工费的调整系数可以和文件中的一样,也可以高于文件,但是不能比文件中的调整系数低。根据项目背景,投标方的人工费调整系数为11.5%,该项目在成都市武侯区,高于文件中的人工费调整系数11.33%。

所以现浇 C15 混凝土基础垫层人工费的计算如下:

现浇 C15 混凝土基础垫层人工费 = 现浇 C15 混凝土基础垫层定额人工费 ×(1 + 人工调整系数)= 837.57 ×(1 + 11.5%)= 933.89 元

第四步,计算材料费。

首先,确定材料单价。投标方在确定材料费时主要是参考市场价,如果查询不到市场价,可以按照造价信息上的价格来确定。在确定费用时,还需要考虑的是风险费。因为在综合单价组成中,除人工费、材料费、机械费、管理费和利润外,还有风险费。风险费需要包含在其他费用中,不单独列出。根据风险费的分担原则,市场价的波动风险由发承包双方合理分担,在报价时投标人要在材料费中充分考虑风险因素。

从表 2.22 的定额中可以看出,"C15 基础混凝土垫层"的材料包括半成品"混凝土(塑·特细砂、砾石粒径 ≤40 mm)C15",以及原材料"水泥 32.5""特细砂""砾石 5 ~ 40 mm"和"水",同时给出了消耗量和部分材料单价。

根据案例背景,投标人确定的"C15 基础混凝土垫层"所用材料的市场价格见表 3.16。

表 3.16   投标人确定的材料市场价(节选)

主要材料名称、规格、型号	单位	单价/元
水泥 32.5	kg	0.505
特细砂	m³	188.88
砾石 5 ~ 40mm	m³	167.46
水	m³	2.90

因为没有给出半成品"混凝土(塑·特细砂、砾石粒径 ≤40 mm)C15"的价格,需要进行半成品价格计算,查询定额中的混凝土配合比,见表 3.17。

表 3.17   定额中的混凝土配合比

单位:m³

定额编号				YA0134	YA0135	YA0136	YA0137
项目				塑性混凝土(特细砂)			
				砾石最大粒径:40 mm			
				C10	C15	C20	C25
基价/元				243.50	258.40	272.70	291.00
其中	人工费/元			—	—	—	—
	材料费/元			243.50	258.40	272.70	291.00
	机械费/元			—	—	—	—
	名称	单位	单价/元	数量			
材料	水泥 32.5	kg	0.40	223.000	277.000	327.000	389.000
	特细砂	m³	110.00	0.530	0.460	0.390	0.340
	砾石 5 ~ 40 mm	m³	100.00	0.960	0.970	0.990	0.980
	水	m³		(0.190)	(0.190)	(0.190)	(0.190)

根据半成品公式计算"混凝土(塑·特细砂、砾石粒径≤40 mm)C15"的单价为:

$$半成品单价 = \sum_{i=1}^{n}(原材料消耗量 \times 原材料单价)$$

$$= 0.505 \times 277.00 + 188.88 \times 0.460 + 167.46 \times 0.97$$

$$= 389.21 \ 元/m^3$$

然后计算材料数量。定额中"混凝土(塑·特细砂、砾石粒径≤40 mm)C15"的数量为"10.150",前面计算出"现浇 C15 混凝土基础垫层"的数量是"0.1"。数量是用定额上的数量乘以该定额项目的数量,因此"混凝土(塑·特细砂、砾石粒径≤40 mm)C15"的数量为:

$$材料数量 = 材料定额数量 \times 定额项目数量$$

$$= 10.150 \times 0.1 = 1.015 \ m^3$$

原材料数量的计算采用同样的方式,得到:水泥32.5 为 281.155 kg,特细砂为 0.466 9 m^3,砾石 5~40 mm 为 0.984 6 m^3,水为 0.725 8 m^3。

最后,将数值填入综合单价分析表的材料费明细表中,并计算出合价。(表3.18)

表3.18 综合单价分析表的材料费明细表

	主要材料名称、规格、型号	单位	数量	单价/元	合价/元	暂估单价/元	暂估合价/元
材料费明细	混凝土(塑·特细砂、砾石粒径≤40 mm)C15	m^3	1.015	389.21	395.05		
	水泥32.5	kg	[281.155]	0.505	(141.98)		
	特细砂	m^3	[0.466 9]	188.88	(88.19)		
	砾石 5~40 mm	m^3	[0.984 6]	167.46	(164.88)		
	水	m^3	0.725 8	2.90	2.10		
	其他材料费		—		0.96	—	
	材料费小计		—		398.11	—	

将该材料费的数值填入"综合单价分析表"中"清单综合单价组成明细"部分的"材料费合价"处。

$$计价项目的材料单价 = 材料费合价/计价项目的数量$$

$$= 398.11/0.1 = 3\ 981.10 \ 元/m^3$$

第五步,计算机械费、管理费和利润。

在四川省,机械费、管理费和利润三项费用由省造价工程总站统一调整,投标人不能够自主调整,所以应直接使用定额中的三项费用,其中机械费为 27.72 元,管理费为 100.37 元,利润为 229.30 元。将数值填入综合单价分析表的清单综合单价组成明细部分,见表3.19。

第六步,计算合价,并汇总为清单项目综合单价。

因为材料费的合价已经计算过,因此用人工费、机械费、管理费和利润的单价乘以定额项目的数量,就得到了人工费、机械费、管理费和利润的合价。(表3.20)

表 3.19 综合单价分析表的清单综合单价组成明细

清单综合单价组成明细

定额编号	定额项目名称	定额单位	数量	单价/元					合价/元				
				人工费	材料费	机械费	管理费	利润	人工费	材料费	机械费	管理费	利润
AE0001	基础混凝土垫层（特细砂）C15	10 m³	0.1	933.89	3 981.10	27.72	100.37	229.30		398.11			
小计													

表 3.20 综合单价分析表中清单综合单价组成明细部分

清单综合单价组成明细

定额编号	定额项目名称	定额单位	数量	单价/元					合价/元				
				人工费	材料费	机械费	管理费	利润	人工费	材料费	机械费	管理费	利润
AE0001	基础混凝土垫层（特细砂）C15	10 m³	0.1	933.89	3 981.10	27.72	100.37	229.30	93.39	398.11	2.77	10.04	22.93
小计									93.39	398.11	2.77	10.04	22.93

再将清单项目所匹配的定额项目的人工费、材料费、机械费、管理费和利润合价进行汇总,就得到了清单项目的综合单价,即:

$$清单项目综合单价 = \sum_{i=1}^{n}（人工费 + 材料费 + 机械费 + 管理费 + 利润）$$

$$= 93.39 + 398.11 + 2.77 + 10.04 + 22.93 = 527.24 \text{ 元}/\text{m}^3$$

将综合单价填入表中,"基础垫层"的综合单价组成明细见表3.21。

表3.21　综合单价分析表(节选)

工程名称:博物楼(建筑与装饰工程)　　　　　　标段:　　　　　　第10页 共81页

项目编码	(10) 010501001001		项目名称	基础垫层		计量单位		m³		工程量		10.47
清单综合单价组成明细												
定额编号	定额项目名称	定额单位	数量	单价/元					合价/元				
				人工费	材料费	机械费	管理费	利润	人工费	材料费	机械费	管理费	利润
AE0001	基础混凝土垫层(特细砂)C15	10 m³	0.1	933.89	3 981.10	27.72	100.37	229.30	93.39	398.11	2.77	10.04	22.93
小计									93.39	398.11	2.77	10.04	22.93
未计价材料费													
清单项目综合单价									527.24				

材料费明细	主要材料名称、规格、型号			单位	数量	单价/元	合价/元	暂估单价/元	暂估合价/元
	混凝土(塑·特细砂、砾石粒径≤40 mm)C15			m³	1.015	389.21	395.05		
	水泥32.5			kg	[281.155]	0.505	(141.98)		
	特细砂			m³	[0.466 9]	188.88	(88.19)		
	砾石5~40 mm			m³	[0.984 6]	167.46	(164.88)		
	水			m³	0.725 8	2.90	2.10		
	其他材料费			—			0.96	—	
	材料费小计			—			398.11	—	

2.计算并填写分部分项工程清单与计价表

投标时,计算和填写分部分项工程量清单与计价表的方式和编制招标控制价的方法一致,"基础垫层"项目部分见表3.22。

表3.22　分部分项工程量清单与计价表(节选)

工程名称:博物楼(建筑与装饰工程)　　　　　　标段:　　　　　　第2页 共19页

序号	项目编码	项目名称	项目特征描述	计量单位	工程量	金额/元				
						综合单价	合价	其中		
								定额人工费	定额机械费	暂估价
10	010501001001	基础垫层	1.混凝土种类:清水混凝土,现场搅拌 2.混凝土强度等级:C15	m³	10.47	527.24	5 520.20	876.97	29.00	

六、任务成果

①分部分项工程量清单与计价表,见表3.23。

表 3.23　分部分项工程量清单与计价表

工程名称：博物楼（建筑与装饰工程）　　　　　　　　标段：　　　　　　　　　　　　第　页　共　页

序号	项目编码	项目名称	项目特征描述	计量单位	工程量	综合单价	合价	金额/元		
								定额人工费	其中	
									定额机械费	暂估价
			0101 土石方工程							
1	010101001001	平整场地	土壤类别：三类土	m²	198.99	1.47	292.52	113.42	107.45	
2	010101003001	挖沟槽土方	1.土壤类别：三类土 2.挖土深度：0.56 m	m³	14.52	17.30	251.20	133.29	59.53	
3	010101003009	挖沟槽土方	1.土壤类别：一类土 2.挖土深度：0.46 m	m³	1.5	17.30	25.95	13.77	6.15	
4	010101004001	挖基坑土方	1.土壤类别：三类土 2.挖土深度：1.8 m	m³	499.54	15.82	7 902.72	3 936.38	709.35	
5	010103001001	基础回填土	1.土质要求：一般土壤 2.密实度要求：按规范要求,夯填	m³	449.43	4.76	2 139.29	422.46	1 123.58	
6	010103001002	室内回填土	1.土质要求：一般土壤 2.密实度要求：按规范要求,夯填	m³	6.38	8.42	53.72	10.59	28.20	
7	010103002001	余方弃置	1.废弃料品种：一般土壤 2.运距：运至距项目最近的政府指定建筑垃圾堆放点	m³	59.74	11.97	715.09	143.38	387.12	
			分部小计				11 380.49	4 773.29	2 421.38	

0104 砌筑工程

序号	项目编码	项目名称	项目特征描述	计量单位	工程量	综合单价	合价		
8	010401001001	砖基础	1. 砖品种、规格、强度等级：MU10 标准砖、240 mm×115 mm×53 mm 2. 基础类型：条形基础 3. 砂浆强度等级：M5 水泥砂浆 4. 防潮层材料种类：1:2 水泥砂浆防潮层（5 层做法）	m³	4.91	609.84	2 994.31	883.70	4.27
9	010401004001	多孔砖墙	1. 砖品种、规格、强度等级：烧结多孔砖、200 mm×115 mm×90 mm 2. 墙体类型：直行墙 3. 砂浆强度等级、配合比：M5 混合砂浆	m³	55.62	698.54	38 852.79	13 951.72	53.95
		分部小计					41 847.10	14 835.42	58.22

0105 混凝土及钢筋混凝土工程

序号	项目编码	项目名称	项目特征描述	计量单位	工程量	综合单价	合价		
10	010501001001	基础垫层	1. 混凝土种类：清水混凝土、现场搅拌 2. 混凝土强度等级：C15	m³	10.47	527.24	5 520.20	876.97	29.00
11	010501001002	室内地面垫层	1. 混凝土种类：清水混凝土、现场搅拌 2. 混凝土强度等级：C25	m³	33.76	546.98	18 466.04	2 467.18	84.06
12	010501003001	独立基础	1. 混凝土种类：清水混凝土、现场搅拌 2. 混凝土强度等级：C30	m³	45.51	568.52	25 873.35	3 661.73	428.70
13	010502001001	矩形柱	1. 混凝土种类：清水混凝土、现场搅拌 2. 混凝土强度等级：C30	m³	16.19	567.99	9 195.76	1 385.54	72.05
14	010502002001	门柱	1. 混凝土种类：清水混凝土、现场搅拌 2. 混凝土强度等级：C30	m³	1.93	596.71	1 151.65	202.80	8.59

续表

序号	项目编码	项目名称	项目特征描述	计量单位	工程量	金额/元				
						综合单价	合价	定额人工费	定额机械费	暂估价
								其中		
15	010502002002	构造柱	1.混凝土种类:清水混凝土,现场搅拌 2.混凝土强度等级:C30	m³	5.73	596.71	3 419.15	602.11	25.50	
16	010503001001	基础梁	1.混凝土种类:清水混凝土,现场搅拌 2.混凝土强度等级:C30	m³	9.24	549.28	5 075.35	672.67	41.03	
17	010503002001	矩形梁	1.混凝土种类:清水混凝土,现场搅拌 2.混凝土强度等级:C30	m³	2.2	558.39	1 228.46	173.62	9.77	
18	010503004001	圈梁	1.混凝土种类:清水混凝土,现场搅拌 2.混凝土强度等级:C30	m³	2.97	588.86	1 748.91	294.30	13.19	
19	010503005001	雨篷梁	1.混凝土种类:清水混凝土,现场搅拌 2.混凝土强度等级:C30	m³	1.38	594.29	820.12	140.70	6.13	
20	010503005002	过梁	1.混凝土种类:清水混凝土,现场搅拌 2.混凝土强度等级:C30	m³	0.02	594.29	11.89	2.04	0.09	
21	010504001001	女儿墙 (100 mm厚)	1.混凝土种类:清水混凝土,现场搅拌 2.混凝土强度等级:C30	m³	2.68	574.49	1 539.63	240.85	11.90	
22	010504001002	直形墙 (240 mm厚)	1.混凝土种类:清水混凝土,现场搅拌 2.混凝土强度等级:C30	m³	0.71	565.32	401.38	59.57	3.15	
23	010505001001	有梁板 (5.6 m)	1.混凝土种类:清水混凝土,现场搅拌 2.混凝土强度等级:C30	m³	28.49	554.80	15 806.25	2 150.14	126.50	
24	010505001002	有梁板 (9.6 m)	1.混凝土种类:清水混凝土,现场搅拌 2.混凝土强度等级:C30	m³	7.84	554.80	4 349.63	591.68	34.81	

序号	项目编码	项目名称	项目特征	计量单位	工程量					
25	010505008001	雨篷	1.混凝土种类:清水混凝土,现场搅拌 2.混凝土强度等级:C30	m³	1.36	602.61	819.55	145.48	6.64	
26	010507001001	坡道	1.垫层材料种类、厚度:人工级配砂石,厚100 mm 2.面层厚度:20 mm 3.混凝土种类:清水混凝土,现场搅拌 4.混凝土强度等级:C25	m²	8.64	77.84	672.54	126.40	6.48	
27	010507001002	散水	1.垫层材料种类、厚度:砾石灌 M2.5 混合砂浆,厚150 mm 2.面层厚度:60 mm 3.混凝土种类:清水混凝土,现场搅拌 4.混凝土强度等级:C20 5.变形缝填塞材料种类:建筑油膏	m²	39	110.92	4 325.88	715.26	32.76	
28	010507004001	台阶	1.踏步高、宽:高150 mm,宽300 mm 2.混凝土种类:清水混凝土,现场搅拌 3.混凝土强度等级:C25	m²	2.52	126.13	317.85	53.30	2.65	
29	010507005001	窗台压顶	1.构件类型:窗台压顶 2.压顶断面:20 mm×230 mm+60 mm×260 mm 3.混凝土种类:清水混凝土,现场搅拌 4.混凝土强度等级:C30	m³	0.53	597.73	316.80	55.15	2.25	
30	010514002001	预制窗台压顶	1.单件体积:0.05 m³ 2.构件的类型:窗台压顶 3.混凝土强度等级:C30 4.砂浆强度等级:1:2水泥砂浆	m³	0.05	1 991.73	99.59	48.32	0.56	
31	010515001001	现浇构件钢筋	钢筋种类、规格:HPB300,圆钢 φ6 mm,φ8 mm	t	2.096	5 758.07	12 068.91	2 062.53	53.01	8 972.00

续表

序号	项目编码	项目名称	项目特征描述	计量单位	工程量	综合单价	合价	定额人工费	定额机械费	暂估价
32	010515001002	现浇构件钢筋	1. 钢筋种类、规格：HPB300，圆钢 $\phi6$ mm、$\phi8$ mm 2. 钢筋作用：砌体墙加筋。	t	0.392	5 629.67	2 206.83	385.74	9.91	1 628.00
33	010515001003	现浇构件钢筋	钢筋种类、规格：HPB400，热轧带肋钢筋 $\phi8$ mm、$\phi10$ mm	t	2.924	5 895.10	17 237.27	3 153.71	77.63	12 516.00
34	010515001004	现浇构件钢筋	钢筋种类、规格：HPB400，热轧带肋钢筋 $\phi12$ mm、$\phi14$ mm、$\phi16$ mm	t	3.949	5 957.73	23 527.08	4 044.92	444.97	16 824.00
35	010515001005	现浇构件钢筋	钢筋种类、规格：HPB400，热轧带肋钢筋 $\phi18$ mm、$\phi20$ mm、$\phi22$ mm、$\phi25$ mm	t	3.589	5 983.93	21 476.32	3 716.23	595.74	15 072.00
36	010515002001	预制构件钢筋	钢筋种类、规格：HPB300，圆钢 $\phi6$ mm、$\phi8$ mm	t	0.002	5 756.18	11.51	2.07	0.23	8.00
37	010516002001	预埋铁件	1. 钢材种类、规格：圆钢 $\phi10$ mm 2. 铁件尺寸：扁钢，120 mm × 200 mm，厚 8 mm	t	0.001	6 983.83	6.98	1.66	0.29	
38	010516003007	机械连接	钢筋种类、规格：热轧带肋钢筋 $\phi16$ mm、$\phi18$ mm、$\phi20$ mm、$\phi22$ mm、$\phi25$ mm	个	12	17.66	211.92	90.48	12.36	
			分部小计				177 906.80	28 123.15	2 139.95	55 020.00

序号	项目编码	项目名称	项目特征描述	计量单位	工程量	综合单价	合价			
			0106 金属结构工程							
39	010606013001	零星钢构件	1. 钢材品种、规格:角钢∟80×6 2. 构件作用:搁置过梁 3. 油漆品种、刷漆遍数:除锈除污,刷防锈漆一遍,刷调和漆两遍	t	0.001	8 147.80	8.15	1.72	0.29	5.20
			分部小计				8.15	1.72	0.29	5.20
			0109 屋面及防水工程							
40	010902001001	屋面卷材防水(5.6 m)	1. 卷材品种、规格:EVA高分子防水卷材、厚1.5 mm 2. 防水层做法: (1)刷基层处理剂一道 (2)刷EVA高分子防水卷材一道,PVC聚氯乙烯黏合剂两道 3. 嵌缝材料种类:CSPE 嵌缝油膏	m²	170.04	37.76	6 420.71			1 489.55
41	010902001002	屋面卷材防水(9.6 m)	1. 卷材品种、规格:EVA高分子防水卷材、厚1.5 mm 2. 防水层做法: (1)刷基层处理剂一道 (2)刷EVA高分子防水卷材一道,PVC聚氯乙烯黏合剂两道 3. 嵌缝材料种类:CSPE 嵌缝油膏	m²	46.5	37.76	1 755.84			407.34
42	010902002001	屋面涂膜防水	1. 防水膜品种:单组分聚氨酯防水涂料 2. 涂膜厚度:厚1.5 mm 3. 防护材料种类:石英砂	m²	14.21	68.01	966.42			99.33

序号	项目编码	项目名称	项目特征描述	计量单位	工程量	综合单价	合价	定额人工费	定额机械费	暂估价
43	010902003001	屋面刚性层（5.6 m）	1.防水层厚度:40 mm 2.嵌缝材料种类:建筑油膏 3.混凝土强度等级:C20	m²	152.1	42.43	6 453.60	2 156.78	28.90	
44	010902003002	屋面刚性层（9.6 m）	1.防水层厚度:40 mm 2.嵌缝材料种类:建筑油膏 3.混凝土强度等级:C20	m²	39	42.43	1 654.77	553.02	7.41	
45	010902003003	雨篷刚性层	1.防水层厚度:40 mm 2.嵌缝材料种类:建筑油膏 3.混凝土强度等级:C20	m²	11.63	42.43	493.46	164.91	2.21	
46	010902004001	雨篷吐水管	1.排水管品种、规格:塑料水落管,φ110 mm 2.雨水斗、山墙出水口品种、规格:塑料落水口（带罩）,φ110 mm 3.接缝、嵌缝材料种类:PVC聚氯乙烯黏合剂	m	11.44	28.99	331.65	116.00		
47	010902006001	屋面（廊、阳台）泄（吐）水管	1.吐水管品种、规格:塑料管,φ50 mm 2.接缝、嵌缝材料种类:M5水泥砂浆	根（个）	5	12.85	64.25	21.85		
48	010903002001	墙面涂膜防水	1.防水膜品种:单组分聚氨酯防水涂料 2.涂膜厚度:1.5 mm	m²	464.65	48.43	22 503.00	2 852.95		

序号	项目编码	项目名称	项目特征描述	计量单位	工程量	综合单价	合价	人工费	暂估价
49	010904002001	地面涂膜防水	1.防水膜品种:改性沥青防水涂料 2.涂膜厚度,遍数:厚20 mm,二布三涂 3.增强材料料种类:玻纤布 4.翻边高度:250 mm	m²	181.87	30.59	5 563.40	2 022.39	38.52
		分部小计					46 207.10	9 884.12	
0110 保温、隔热、防腐工程									
50	011001001001	保温隔热屋面 (5.6 m)	1.部位:屋面 2.保温隔热材料品种及厚度:水泥炉渣混凝土 1:6,厚125 mm	m²	152.1	50.54	7 687.13	2 334.74	
51	011001001002	保温隔热屋面 (9.6 m)	1.部位:屋面 2.保温隔热材料品种及厚度:水泥炉渣混凝土 1:6,厚125 mm	m²	39	50.54	1 971.06	598.65	
52	011001003001	保温隔热墙面	1.部位:外墙面附墙铺贴 2.保温隔热方式:外保温 3.保温隔热材料品种,规格:挤塑板,厚25 mm 4.黏结材料种类:胶黏剂	m²	458.31	67.19	30 793.85	10 156.15	
		分部小计					40 452.04	13 089.54	
0111 楼地面装饰工程									
53	011101001001	屋面水泥砂浆保护层 (5.6 m)	面层厚度,砂浆配合比:厚25 mm,水泥砂浆 1:2	m²	170.04	30.80	5 237.23	2 304.04	15.30
54	011101001002	屋面水泥砂浆保护层 (9.6 m)	面层厚度,砂浆配合比:厚25 mm,水泥砂浆 1:2	m²	46.5	30.80	1 432.20	630.08	4.19

续表

序号	项目编码	项目名称	项目特征描述	计量单位	工程量	综合单价	合价	金额/元			暂估价
								定额人工费	其中		
									定额机械费		
55	01101001003	坡道水泥砂浆楼地面	1. 面层厚度,砂浆配合比:厚20 mm,水泥砂浆1:2 2. 面层做法要求:15 mm宽金刚砂防滑条,中距80 mm,凸出坡面	m²	8.91	42.84	381.70	204.04	0.62	
56	01101002001	现浇水磨石楼地面	1. 面层、底层厚度,水泥石子浆配合比:面层厚15 mm,底层厚25 mm;水泥白石子浆1:1.5,水泥砂浆1:3 2. 嵌条材料种类、规格:平板玻璃,厚3 mm 3. 石子种类、规格、颜色:白石子(方解石)	m²	165.79	83.64	13 866.68	6 827.23	165.79	
57	01101006001	平面砂浆找平层	找平层厚度,砂浆配合比:厚20 mm,水泥砂浆1:2	m²	165.79	21.95	3 639.09	1 535.22	11.61	
58	01101006002	屋面平面砂浆找平层(5.6 m)	找平层厚度,砂浆配合比:厚20 mm,水泥砂浆1:2	m²	170.04	25.75	4 378.53	1 739.51	15.30	
59	01101006003	屋面平面砂浆找平层(9.6 m)	找平层厚度,砂浆配合比:厚20 mm,水泥砂浆1:2	m²	46.5	25.75	1 197.38	475.70	4.19	

序号	项目编码	项目名称	项目特征描述	计量单位	工程量						
60	011102001001	石材楼地面	1. 找平层厚度、砂浆配合比:厚 28 mm,水泥砂浆 1:3 2. 结合层厚度、砂浆配合比:厚 15 mm,水泥砂浆 1:2 3. 面层材料品种、规格、颜色:大理石,800 mm×800 mm,厚 20 mm,白色 4. 嵌缝材料种类:白水泥	m²	18.66	591.65	11 040.19	991.03	3.17	9 341.68	
61	011105002001	石材踢脚线	1. 踢脚线高度:150 mm 2. 粘贴层厚度、材料种类:厚 8 mm,水泥砂浆 1:2 3. 面层材料品种、规格、颜色:大理石板,厚 20 mm,白色	m²	2.22	599.13	1 330.07	151.32	0.13	1 099.02	
62	011105003001	块料踢脚线	1. 踢脚线高度:150 mm 2. 粘贴层厚度、材料种类:厚 8 mm,水泥砂浆 1:2 3. 面层材料品种、规格、颜色:彩釉地砖,300 mm×300 mm 4. 嵌缝材料种类:白水泥	m²	9.74	188.22	1 833.26	658.72	0.58	863.45	
63	011107001010	石材台阶面	1. 找平层厚度、砂浆配合比:厚 20 mm,水泥砂浆 1:3 2. 黏结材料种类:1:2水泥砂浆 3. 面层材料品种、规格、颜色:大理石,800 mm×800 mm,厚 20 mm,白色 4. 勾缝材料种类:白水泥	m²	2.52	877.81	2 212.08	169.39	0.40	1 919.37	
			分部小计				46 548.41	15 686.28	221.28	13 223.52	

序号	项目编码	项目名称	项目特征描述	计量单位	工程量	综合单价	合价	定额人工费	定额机械费	暂估价
									其中	
							金额/元			
			0112 墙、柱面装饰与隔断、幕墙工程							
64	011201001001	室内墙面一般抹灰（储藏室）	1. 墙体类型：砖内墙 2. 抹灰厚度、砂浆配合比：21 mm 厚，1:1:6 混合砂浆 3. 装饰面材料种类：乳胶漆	m²	339.08	26.29	8 914.41	4 733.56	30.52	
65	011201001002	室外墙面一般抹灰	1. 墙体类型：砖砌外墙 2. 抹灰厚度、砂浆配合比：21 mm 厚，1:1:6 混合砂浆 3. 装饰面材料种类：面砖	m²	491.24	26.29	12 914.70	6 857.71	44.21	
66	011201001003	雨篷侧面一般抹灰	1. 墙体类型：混凝土外墙 2. 抹灰厚度、砂浆配合比：21 mm 厚，1:1:6 混合砂浆	m²	4.43	32.43	143.66	76.15	0.44	
67	011204003001	室内块料墙面	1. 墙体类型：砖内墙 2. 安装方式：砂浆粘贴 3. 基层做法：素水泥浆一遍 4. 找平层材料、厚度：1:2 水泥砂浆，厚 17 mm 5. 黏结层材料、厚度：1:3 水泥砂浆，厚 8 mm 6. 面层材料品种、规格、颜色：墙面砖，800 mm×800 mm，白色 7. 缝宽、嵌缝材料种类：白水泥	m²	67.18	162.91	10 944.29	3 863.52	14.78	

68	011204003002	室外块料墙面	1. 墙体类型:砌体外墙 2. 安装方式:砂浆粘贴 3. 黏结层厚度、材料:厚 8 mm,1:0.5:2混合砂浆 3. 面层材料品种、规格、颜色:面砖、240 mm×60 mm,黄色 4. 缝宽、嵌缝材料种类:宽 5 mm,白水泥	m²	472.21	104.11	49 161.78	25 296.29	18.89	12 937.23
69	011206002001	块料零星项目(室内门窗侧壁、顶面和底面)	1. 基层类型、部位:室内门窗侧壁、顶面和底面 2. 安装方式:砂浆粘贴 3. 基础材料:素水泥浆一道 4. 黏结层厚度、材料:厚 8 mm,1:0.5:2混合砂浆 3. 面层材料品种、规格、颜色:面砖、240 mm×60 mm,白色 4. 缝宽、嵌缝材料种类:宽 5 mm,白水泥	m²	3.39	113.70	385.44	186.99	0.10	121.21
70	011206002002	块料零星项目(室外门窗侧壁、顶面和底面)	1. 基层类型、部位:室外门窗侧壁、顶面和底面 2. 安装方式:砂浆粘贴 3. 黏结层厚度、材料:厚 8 mm,1:0.5:2混合砂浆 4. 面层材料品种、规格、颜色:面砖、240 mm×60 mm,黄色 5. 缝宽、嵌缝材料种类:宽 5 mm,白水泥	m²	9.82	113.70	1 116.53	541.67	0.29	349.37
		分部小计				83 580.81	41 555.89	109.23	13 407.81

续表

序号	项目编码	项目名称	项目特征描述	计量单位	工程量	综合单价	合价	定额人工费	定额机械费	暂估价
									其中	
								金额/元		
			0113 天棚工程							
71	011301001001	天棚抹灰 (5.6 m)	1. 基层类型:现浇混凝土板 2. 砂浆配合比:厚11 mm,1:0.5:2.5混合砂浆打底,厚7 mm,1:0.3:3混合砂浆抹面	m²	185.07	26.00	4 811.82	2 559.52	16.66	
72	011301001002	天棚抹灰 (9.6 m)	1. 基层类型:现浇混凝土板 2. 砂浆配合比:厚11 mm,1:0.5:2.5混合砂浆打底,厚7 mm,1:0.3:3混合砂浆抹面	m²	39.93	26.00	1 038.18	552.23	3.59	
73	011301001003	雨篷底抹灰	1. 基层类型:现浇混凝土板 2. 砂浆配合比:厚11 mm,1:0.5:2.5混合砂浆打底,厚7 mm,1:0.3:3混合砂浆抹面	m²	12.6	26.00	327.60	174.26	1.13	
			分部小计				6 177.60	3 286.01	21.38	
			0114 油漆、涂料、裱糊工程							
74	011406001001	室内墙面刷油漆	1. 基层类型:墙面一般抹灰 2. 腻子种类:滑石粉腻子 3. 刮腻子遍数:两遍 4. 油漆品种、刷漆遍数:乳胶漆、底漆一遍,面漆两遍 5. 部位:室内	m²	343.09	40.02	13 730.46	6 731.43		

序号	项目编码	项目名称	项目特征描述	计量单位	工程量	综合单价	合价		
75	011406001002	天棚抹灰面油漆（5.6 m）	1. 基层类型：天棚抹灰 2. 腻子种类：滑石粉腻子 3. 刮腻子遍数：两遍 4. 油漆品种、刷漆遍数：乳胶漆、底漆一遍，面漆两遍 5. 部位：室内	m²	185.07	43.36	8 024.64		4 093.75
76	011406001003	天棚抹灰面油漆（9.6 m）	1. 基层类型：天棚抹灰 2. 腻子种类：滑石粉腻子 3. 刮腻子遍数：两遍 4. 油漆品种、刷漆遍数：乳胶漆、底漆一遍，面漆两遍 5. 部位：室内	m²	39.93	43.36	1 731.36		883.25
77	011407001001	墙面喷刷涂料	1. 基层类型：墙面一般抹灰 2. 喷刷涂料部位：雨篷侧面 3. 腻子种类：成品腻子粉、耐水型（N） 4. 刮腻子要求：基层清理、修补、砂纸打磨；满刮腻子一遍，找补两遍 5. 涂料品种、喷刷遍数：仿瓷涂料、喷刷三遍	m²	4.43	35.31	156.42		94.71
78	011407002001	天棚喷刷涂料	1. 基层类型：天棚抹灰 2. 喷刷涂料部位：雨篷底面 3. 腻子种类：成品腻子粉、耐水型（N） 4. 刮腻子要求：基层清理、修补、砂纸打磨；满刮腻子一遍，找补两遍 5. 涂料品种、喷刷遍数：仿瓷涂料、喷刷两遍	m²	12.6	44.31	558.31		344.74
		分部小计					24 201.19	12 147.88	5 010.25
		合计					478 309.69	143 383.30	81 656.53

②综合单价分析表(节选),见表3.24～表3.29。

表3.24 综合单价分析表(节选1)

工程名称:博物楼(建筑与装饰工程)　　　　　　标段:　　　　　　第1页 共81页

项目编码	010101001001	项目名称	平整场地	计量单位	m²	工程量	198.99

清单综合单价组成明细

定额编号	定额项目名称	定额单位	数量	单价/元					合价/元				
				人工费	材料费	机械费	管理费	利润	人工费	材料费	机械费	管理费	利润
AA0001	平整场地	100 m²	0.01	63.86		65.73	5.46	12.15	0.64		0.66	0.05	0.12
小计									0.64		0.66	0.05	0.12
未计价材料费													
清单项目综合单价									1.47				

材料费明细	主要材料名称、规格、型号	单位	数量	单价/元	合价/元	暂估单价/元	暂估合价/元
	其他材料费			—	—		
	材料费小计			—	—		

注:①如不使用省级或行业建设主管部门发布的计价依据,可不填定额编号、名称等。
②招标文件中提供了暂估单价的材料,按材料暂估的单价填入表内"暂估单价"栏及"暂估合价"栏。

236

表3.25　综合单价分析表（节选2）

工程名称：博物楼（建筑与装饰工程）　　　　　标段：　　　　　

项目编码	01010004001	项目名称	挖基坑土方	计量单位	m³	工程量	499.54

清单综合单价组成明细

定额编号	定额项目名称	定额单位	数量	单价/元					合价/元				
				人工费	材料费	机械费	管理费	利润	人工费	材料费	机械费	管理费	利润
AA0015	挖掘机挖槽坑土方	100 m³	0.006 09	904.82		283.73	51.18	113.85	5.51		1.73	0.31	0.69
DA0032	木支撑木挡土板（疏撑）	100 m²	0.006 486	504.66	555.87		32.59	74.23	3.27	3.61		0.21	0.48
小计									8.78	3.61	1.73	0.52	1.17
未计价材料费													
清单项目综合单价									15.82				

材料费明细	主要材料名称、规格、型号	单位	数量	单价/元	合价/元	暂估单价/元	暂估合价/元
	杉原木 综合	m³	0.000 78	1 100.00	0.86	—	
	二等锯材	m³	0.001 3	1 700.00	2.21	—	
	铁抓钉	kg	0.026	4.15	0.11		
	其他材料费			—	0.43	—	
	材料费小计			—	3.61	—	

注：①如不使用省级或行业建设主管部门发布的计价依据，可不填定额编号、名称等。
②招标文件中提供了暂估单价的材料，按材料暂估单价填入表内"暂估单价"栏及"暂估合价"栏。

工程名称：博物楼（建筑与装饰工程）　　　　标段：　　　　　　　　　　　　　　　　　第 8 页 共 81 页

表 3.26　综合单价分析表（节选 3）

项目编码	01040100101	项目名称	砖基础	计量单位	m²	工程量	4.91

清单综合单价组成明细

定额编号	定额项目名称	定额单位	数量	单价/元					合价/元				
				人工费	材料费	机械费	管理费	利润	人工费	材料费	机械费	管理费	利润
AD0001	M5 水泥砂浆砌筑砖基础	10 m³	0.1	1 449.66	3 157.07	8.74	124.34	282.72	144.97	315.71	0.87	12.43	28.27
AJ0135	1:2 水泥砂浆防潮层	100 m²	0.028 37	1 963.88	1 278.87		169.09	380.45	55.72	36.28		4.80	10.79
小计									200.69	351.99	0.87	17.23	39.06
未计价材料费													
清单项目综合单价									609.84				

材料费明细	主要材料名称、规格、型号	单位	数量	单价/元	合价/元	暂估单价/元	暂估合价/元
	水泥砂浆（细砂）M5	m³	0.238	334.34	79.57		
	标准砖	千匹	0.524	450.00	235.80		
	水泥 32.5	kg	[98.627]	0.505	(49.81)		
	细砂	m³	[0.276 1]	189.84	(52.41)		
	水	m³	0.244	2.90	0.71		
	水泥砂浆（特细砂）M20	m³	0.046 14	426.90	19.70		
	水泥浆	m³	0.017 27	766.09	13.23		
	防水粉（液）	kg	1.48	1.96	2.90		
	特细砂	m³	[0.054 4]	188.88	(10.28)		
	其他材料费			—	0.08	—	
	材料费小计			—	351.99	—	

注：①如不使用省级或行业建设主管部门发布的计价依据，可不填定额编号、名称等。
②招标文件中提供了暂估单价的材料，按材料暂估的单价填入表内"暂估单价"栏及"暂估合价"栏。

工程名称：博物馆（建筑与装饰工程）　　　　　　　　　　　　　　标段：　　　　　　　　　　　　　

表 3.27　综合单价分析表（节选 4）

项目编码	01051500102	项目名称		现浇构件钢筋			计量单位	t	工程量	0.392

清单综合单价组成明细

定额编号	定额项目名称	定额单位	数量	单价/元					合价/元				
				人工费	材料费	机械费	管理费	利润	人工费	材料费	机械费	管理费	利润
AE0141 换	现浇构件钢筋制作安装（φ≤10 mm）	t	1	1 097.19	4 187.24	25.29	97.90	222.05	1 097.19	4 187.24	25.29	97.90	222.05
小计									1 097.19	4 187.24	25.29	97.90	222.05
未计价材料费													
清单项目综合单价									5 629.67				

材料费明细	主要材料名称、规格、型号	单位	数量	单价/元	合价/元	暂估单价/元	暂估合价/元
	钢筋，φ≤10 mm	t	1.037 9	4 000.00	4 151.60	4 000.00	4 151.60
	其他材料费			—	35.64	—	
	材料费小计			—	4 187.24	—	4 151.60

注：①如不使用省级或行业建设主管部门发布的计价依据，可不填定额编号、名称等。

②招标文件中提供了暂估单价的材料，按材料暂估的单价填入表内“暂估单价”栏及“暂估合价”栏。

表 3.28　综合单价分析表（节选 5）

工程名称：博物楼（建筑与装饰工程）　　　　　　标段：

项目编码	0111070010010	项目名称	石材台阶面	计量单位	m²	工程量	2.52

清单综合单价组成明细

定额编号	定额项目名称	定额单位	数量	单价/元					合价/元				
				人工费	材料费	机械费	管理费	利润	人工费	材料费	机械费	管理费	利润
AL0292	大理石台阶面层	100 m²	0.01	6 462.47	77 943.28	8.53	394.12	896.79	64.62	779.43	0.09	3.94	8.97
AL0066	厚20 mm、1:3水泥砂浆找平层	100 m²	0.01	1 032.20	904.63	7.43	40.13	91.36	10.32	9.05	0.07	0.40	0.91
小计									74.94	788.48	0.16	4.34	9.88
未计价材料费													
清单项目综合单价									877.81				

材料费明细	主要材料名称、规格、型号	单位	数量	单价/元	合价/元	暂估单价/元	暂估合价/元
	大理石板,厚20 mm	m²	1.555 159	—	—	489.76	761.65
	水泥砂浆（特细砂）1:2	m³	0.020 83	505.10	10.52		
	白水泥	kg	0.139	0.605	0.08		
	水泥 32.5	kg	[21.358]	0.505	(10.79)		
	特细砂	m³	[0.045 94]	188.88	(8.68)		
	水	m³	0.018	2.90	0.05		
	水泥砂浆（特细砂）1:3	m³	0.02	446.09	8.92		
	其他材料费			—	7.26	—	
	材料费小计			—	26.83	—	761.65

注：①如不使用省级或行业建设主管部门发布的计价依据，可不填定额编号、名称等。

②招标文件中提供了暂估单价的材料，按材料暂估的单价填入表内"暂估单价"栏及"暂估合价"栏。

工程名称：博物楼（建筑与装饰工程）

表3.29 综合单价分析表（节选6）

标段：　　　　　　　　第70页 共81页

项目编码	01120403001	项目名称	室内块料墙面	计量单位	m²	工程量	67.18

清单综合单价组成明细

定额编号	定额项目名称	定额单位	数量	单价/元					合价/元				
				人工费	材料费	机械费	管理费	利润	人工费	材料费	机械费	管理费	利润
AM0114换	厚17 mm，1:2立面水泥砂浆找平层	100 m²	0.010 74	1 085.89	953.71	7.01	42.17	96.04	11.66	10.24	0.08	0.45	1.03
AM0026	墙面刷素水泥浆一遍	100 m²	0.010 5	179.26	84.49	0.44	6.93	15.78	1.88	0.89		0.07	0.17
AM0301	室内墙面贴面砖	100 m²	0.01	5 058.78	7 560.52	13.68	308.99	703.08	50.59	75.61	0.14	3.09	7.03
	小计								64.13	86.74	0.22	3.61	8.23
	未计价材料费												
	清单项目综合单价								162.91				

材料费明细	主要材料名称、规格、型号	单位	数量	单价/元	合价/元	暂估单价/元	暂估合价/元
	水泥砂浆（特细砂）1:2	m³	0.020 18	505.10	10.19		
	水泥32.5	kg	[19.824]	0.505	(10.01)		
	特细砂	m³	[0.037 54]	188.88	(7.09)		
	水	m³	0.02	2.90	0.06		
	水泥浆	m³	0.001 15	766.09	0.88		
	面砖，≤800 mm×800 mm	m²	1.040 3	66.40	69.08		
	水泥砂浆（特细砂）1:3	m³	0.013 5	446.09	6.02		
	白水泥	kg	0.15	0.605	0.09		
	其他材料费			—	0.41	—	
	材料费小计			—	86.73	—	

注：①如不使用省级或行业建设主管部门发布的计价依据，可不填定额编号、名称等。
②招标文件中提供了暂估单价的材料，按材料暂估的单价填入表内"暂估单价"栏及"暂估合价"栏。

任务三　确定措施项目费

一、任务内容

根据设计文件、投标拟订的施工方案、招标工程量清单、招标控制价、清单规范、预算定额等资料,编制总价措施项目清单。

二、任务目标

学生通过完成该任务,能够达到以下目标:

①掌握单价措施费的计算方法,具备根据项目背景和资料和相关规定,运用所给定的资料,计算投标文件中的单价措施项目费,并填写单价措施项目清单与计价表。

②掌握总价措施项目费的计算方法,具备根据项目背景和资料和相关规定,运用所给定的资料,计算投标文件中的总价措施项目费,并填写总价措施项目清单与计价表。

③树立法治意识、法治观念、法治思维。

三、知识储备

①投标报价时,对于措施项目中的单价措施项目,应根据招标文件和招标工程量清单项目中的特征描述确定综合单价的计算。

②投标报价时,措施项目中的总价措施项目金额应根据招标文件及投标时拟订的施工组织设计或施工方案,按《建设工程工程量清单计价规范》的规定自主确定。其中,安全文明施工费必须按国家或省级、行业建设主管部门的规定计算,不得将其作为竞争性费用。

③在编制投标报价时,应按招标人在招标文件中公布的安全文明施工费计取。

④编制投标报价时,投标人应按照招标人在总价措施项目清单中列出的项目和计算基础,自主确定相应费率并计算措施项目费。

四、任务步骤

①计算单价措施项目综合单价,并填写单价措施项目综合单价分析表。

②计算单价措施项目费,并填写单价措施项目清单与计价表。

③计算并填写总价措施项目清单与计价表。

五、任务指导

1. 单价措施项目综合单价的计算和综合单价分析表的填写

投标报价的单价措施项目综合单价的计算、综合单价分析表的填写方法,和分部分项工程综合单价的计算和综合分析表的填写相同,这里不再赘述。以综合脚手架为例,综合单价分析表的填写见表3.30。

表 3.30 综合单价分析表

工程名称：博物楼（建筑与装饰工程）　　　　标段：　　　　第 1 页 共 25 页

项目编码	011701001001		项目名称	综合脚手架（檐口高度 5.78 m）		计量单位	m²		工程量	157.45

清单综合单价组成明细

定额编号	定额项目名称	定额单位	数量	单价/元					合价/元				
				人工费	材料费	机械费	管理费	利润	人工费	材料费	机械费	管理费	利润
AS0001	综合脚手架，单层建筑（檐口高度 ≤6 m）	100 m²	0.01	879.87	279.99	33.84	46.48	103.57	8.80	2.80	0.34	0.46	1.04
AS0014 换	单排外脚手架（檐口高度 ≤15 m）	100 m²	0.020 8	405.53	265.31	26.72	21.92	48.84	8.44	5.52	0.56	0.46	1.02
小计									17.24	8.32	0.90	0.92	2.06
未计价材料费													
清单项目综合单价										29.42			

材料费明细	主要材料名称、规格、型号	单位	数量		单价/元	合价/元	暂估单价/元	暂估合价/元
	脚手架钢材	kg	0.703		5.10	3.58	—	—
	锯材 综合	m³	0.001 43		2 150.00	3.07	—	—
	其他材料费				—	1.67	—	—
	材料费小计				—	8.32	—	—

2.计算并填写单价措施项目清单与计价表

投标报价的单价措施项目费的计算、单价措施项目清单与计价表的填写,和分部分项工程费的计算和分部分项工程清单与计价表的填写相同,这里不再赘述。以综合脚手架为例,单价措施项目清单与计价表的填写见表3.31。

表3.31 单价措施项目清单与计价表(节选)

工程名称:博物楼(建筑与装饰工程)　　　　　　　标段:　　　　　　　第1页 共4页

序号	项目编码	项目名称	项目特征描述	计量单位	工程量	综合单价	合价	定额人工费	定额机械费	暂估价
								其中		
		脚手架工程								
1	011701001001	综合脚手架(檐口高度5.78 m)	1.建筑结构形式:框架结构 2.檐口高度:5.78 m	m²	157.45	29.42	4 632.18	2 434.18	110.22	

3.计算并填写总价措施项目清单与计价表

按照招标工程量清单,总价措施项目分为"安全文明施工费"和"其他措施费"两部分。

(1)安全文明施工费的填写

不得将投标时的安全文明施工费作为竞争性费用,应直接按照招标人在招标文件中公布的安全文明施工费计取。通常情况下,招标人会直接采用招标控制价中的安全文明施工费金额。按照实训项目背景,业主提供的安全文明施工费见表3.32。

表3.32 业主提供的安全文明施工费

项目名称	金额/元
安全文明施工费	37 670.38
环境保护费	2 114.15
文明施工费	8 841.01
安全施工费	15 183.47
临时设施费	11 531.75

投标时,将其抄填入总价措施项目清单与计价表中的安全文明施工费部分,见表3.33。

表 3.33 总价措施项目清单与计价表

工程名称:博物楼(建筑与装饰工程)　　　　　标段:　　　　　第 1 页 共 1 页

序号	项目编码	项目名称	计算基础		费率 /%	金额 /元	调整费率 /%	调整后的金额 /元	备注
			定额(人工费 + 机械费)						
1	011707001001	安全文明施工费				37 670.38			
1.1	①	环境保护费				2 114.15			
1.2	②	文明施工费				8 841.01			
1.3	③	安全施工费				15 183.47			
1.4	④	临时设施费				11 531.75			

(2)其他措施项目费的计算与填写

按照招标工程量清单,实训项目的其他措施项目费包括夜间施工增加费、二次搬运费、冬雨季施工增加费、工程定位复测费。费用的计算方法为取费基础乘以费率,即:

其他措施项目费 = 取费基础 × 费率

其中,取费基础为"分部分项工程及单价措施项目(定额人工费 + 定额机械费)",费率由投标单位自行确定。根据案例背景,投标单位确定的其他措施项目费率见表 3.34。

表 3.34 投标单位确定的其他措施项目费率表

措施项目名称	投标单位确定的费率/%
夜间施工增加费	0.5
二次搬运费	0.3
冬雨季施工增加费	0.4
工程定位复测费	0.1

第一步,计算取费基础。

取费基础 = 分部分项工程(定额人工费 + 定额机械费) +

　　　　　单价措施项目(定额人工费 + 定额机械费)

　　　　= (143 383.30 + 5 010.25) + (35 165.64 + 6 875.63)

　　　　= 190 434.82 元

第二步,计算其他措施项目费。

夜间施工增加费 = 取费基础 × 费率 = 190 434.82 × 0.5% = 952.17 元

二次搬运费 = 取费基础 × 费率 = 190 434.82 × 0.3% = 571.30 元

冬雨季施工增加费 = 取费基础 × 费率 = 190 434.82 × 0.4% = 761.74 元

工程定位复测费 = 取费基础 × 费率 = 190 434.82 × 0.1% = 190.43 元

第三步,填写其他总价措施项目费表,见表 3.35。

表 3.35　其他总价措施项目费表

序号	项目编码	项目名称	计算基础 定额(人工费＋机械费)	费率/%	金额/元	调整费率/%	调整后的金额/元	备注
2	011707002001	夜间施工增加费	190 434.82	0.5	952.17			
3	011707004001	二次搬运费	190 434.82	0.3	571.30			
4	011707005001	冬雨季施工增加费	190 434.82	0.4	761.74			
5	011707008001	工程定位复测费	190 434.82	0.1	190.43			

六、任务成果

①单价措施项目清单与计价表,见表 3.36。

②综合单价分析表(节选),见表 3.37 ～ 表 3.39。

③总价措施项目清单与计价表,见表 3.40。

表 3.36　单价措施项目清单与计价表

工程名称:博物楼(建筑与装饰工程)　　　　　　标段:　　　　　　　　　第　页共　页

序号	项目编码	项目名称	项目特征描述	计量单位	工程量	综合单价	金额/元 合价	金额/元 其中 定额人工费	金额/元 其中 定额机械费	暂估价
			脚手架工程							
1	011701001001	综合脚手架(檐口高度5.78 m)	1.建筑结构形式:框架结构 2.檐口高度:5.78 m	m²	157.45	29.42	4 632.18	2 434.18	110.22	
2	011701001002	综合脚手架(檐口高度9.78 m)	1.建筑结构形式:框架结构 2.檐口高度:9.78 m	m²	41.54	66.20	2 749.95	1 276.11	79.76	
		小计					7 382.13	3 710.29	189.98	
			混凝土模板及支架(撑)							
3	011702001001	基础垫层模板及支架	基础类型:独立基础	m²	14.16	36.55	517.55	226.28	3.12	

续表

序号	项目编码	项目名称	项目特征描述	计量单位	工程量	金额/元				
						综合单价	合价	其中		
								定额人工费	定额机械费	暂估价
4	011702001002	基础模板及支架	基础类型：独立基础	m²	66	58.06	3 831.96	1 553.64	24.42	
5	011702002001	矩形柱模板及支架(5.6 m)	支撑高度：5.6 m	m²	85.48	68.32	5 839.99	2 857.60	76.93	
6	011702002002	矩形柱模板及支架(9.6 m)	支撑高度：4 m	m²	67.47	83.47	5 631.72	2 922.80	99.18	
7	011702003001	门柱模板及支架(5.6 m)	支撑高度：5.6 m	m²	7.18	54.16	388.87	175.34	3.81	
8	011702003002	门柱模板及支架(9.6 m)	支撑高度：4 m	m²	12.15	54.16	658.04	296.70	6.44	
9	011702003003	构造柱模板及支架(5.6 m)	支撑高度：5.6 m	m²	38.65	54.16	2 093.28	943.83	20.48	
10	011702003004	构造柱模板及支架(9.6 m)	支撑高度：4 m	m²	17.59	54.16	952.67	429.55	9.32	
11	011702005001	基础梁模板及支架	梁截面形状:矩形	m²	73.68	55.37	4 079.66	1 977.57	39.05	
12	011702006001	矩形梁模板及支架(5.6 m)	支撑高度：5.6 m	m²	22.38	68.33	1 529.23	785.54	24.84	
13	011702008001	圈梁模板及支架	1.梁截面形状:矩形 2.支撑高度:4 m	m²	35.26	56.87	2 005.24	1 004.91	18.34	

续表

序号	项目编码	项目名称	项目特征描述	计量单位	工程量	金额/元				
						综合单价	合价	其中		
								定额人工费	定额机械费	暂估价
14	011702009001	过梁模板及支架	1.梁截面形状:矩形 2.支撑高度:2.2 m	m²	0.42	66.18	27.80	14.33	0.18	
15	011702009002	雨篷梁模板及支架	1.梁截面形状:矩形 2.支撑高度:2.6 m、4.1 m	m²	13.99	66.18	925.86	477.34	5.88	
16	011702011001	直形墙模板及支架	1.墙截面形状:矩形 2.支撑高度:0.5 m	m²	59.4	57.66	3 425.00	1 593.70	28.51	
17	011702014001	有梁板模板及支架(5.6 m)	支撑高度:5.6 m	m²	241.81	71.44	17 274.91	8 535.89	328.86	
18	011702014002	有梁板模板及支架(9.6 m)	支撑高度:4 m	m²	67.21	90.42	6 077.13	3 207.26	122.99	
19	011702023001	雨篷模板及支架	1.构件类型:雨篷 2.板厚度:95 mm	m²	12.6	86.94	1 095.44	548.73	6.05	
20	011702025001	窗台压顶模板及支架	构件类型:窗台压顶	m²	5.25	77.45	406.61	205.38	3.10	
21	011702027001	台阶模板及支架	台阶踏步宽:300 mm	m²	2.52	85.77	216.14	71.04	0.20	
小计							56 977.10	27 827.43	821.70	

续表

序号	项目编码	项目名称	项目特征描述	计量单位	工程量	综合单价	合价	定额人工费	定额机械费	暂估价
							金额/元			
								其中		
			垂直运输							
22	011703001001	垂直运输（檐口高度5.78 m）	1.建筑物建筑类型及结构形式:现浇框架 2.建筑物檐口高度、层数:5.78 m、1层	m²	157.45	17.43	2 744.35	947.85	1 276.92	
23	011703001002	垂直运输（檐口高度9.78 m）	1.建筑物建筑类型及结构形式:现浇框架 2.建筑物檐口高度、层数:9.78 m、1层	m²	41.54	17.43	724.04	250.07	336.89	
			小计				3 468.39	1 197.92	1 613.81	
			大型机械设备进出场及安拆							
24	011705001001	大型机械设备进出场及安拆	1.机械设备名称:履带式挖掘机 2.机械设备规格、型号:斗容量≤1 m³	台次	1	3 831.20	3 831.20	1 170.00	1 572.07	
25	011705001002	大型机械设备进出场及安拆	1.机械设备名称:履带式起重机 2.机械设备规格、型号:提升质量≤30 t	台次	1	5 487.66	5 487.66	1 260.00	2 678.07	
			小计				9 318.86	2 430.00	4 250.14	
			合计				77 146.48	35 165.64	6 875.63	

表 3.37　综合单价分析表（节选 1）

工程名称：博物楼（建筑与装饰工程）　　　　　　　　　　　　标段：　　　　　　　　　　　　第 3 页　共 25 页

项目编码	011702001001		项目名称		基础垫层模板及支架			计量单位		m²		工程量		14.16
清单综合单价组成明细														
定额编号	定额项目名称	定额单位	数量	单价/元					合价/元					
				人工费	材料费	机械费	管理费	利润	人工费	材料费	机械费	管理费	利润
AS0027	混凝土基础垫层复合模板及支架(撑)	100 m²	0.01	1 782.22	1 546.63	27.76	92.36	205.77	17.82	15.47	0.28	0.92	2.06
小计									17.82	15.47	0.28	0.92	2.06
未计价材料费													
清单项目综合单价									36.55				
材料费明细	主要材料名称、规格、型号				单位	数量	单价/元	合价/元	暂估单价/元	暂估合价/元			
	一等锯材				m³	0.004 67	1 700.00	7.94					
	复合模板				m²	0.247 4	30.00	7.42					
	其他材料费						—	0.11	—				
	材料费小计						—	15.47	—				

注：①如不使用省级或行业建设主管部门发布的计价依据，可不填定额编号、名称等。

　　②招标文件中提供了暂估单价的材料，按材料暂估的单价填入表内"暂估单价"栏及"暂估合价"栏。

表 3.38 综合单价分析表(节选 2)

工程名称:博物馆楼(建筑与装饰工程)　　　　　　标段:　　　　　　第 5 页 共 25 页

项目编码	011702002001	项目名称	矩形柱模板及支架(5.6 m)	计量单位	m²	工程量	85.48

清单综合单价组成明细

定额编号	定额项目名称	定额单位	数量	单价/元					合价/元				
				人工费	材料费	机械费	管理费	利润	人工费	材料费	机械费	管理费	利润
AS0040	混凝土矩形柱复合模板及支架(撑)	100 m²	0.01	2 993.17	2 257.73	67.46	156.03	347.65	29.93	22.58	0.67	1.56	3.48
AS0104 换	混凝土柱模板支撑超高增加费	100 m²	0.01	734.76	99.10	48.10	39.70	88.46	7.35	0.99	0.48	0.40	0.88
人工单价		小计							37.28	23.57	1.15	1.96	4.36
		未计价材料费											
		清单项目综合单价							68.32				

材料费明细	主要材料名称、规格、型号	单位	数量	单价/元	合价/元	暂估单价/元	暂估合价/元
	摊销卡具和支撑钢材	kg	0.522	4.15	2.17	—	—
	复合模板	m²	0.246 8	30.00	7.40		
	二等锯材	m³	0.006 9	1 700.00	11.73		
	对拉螺栓	kg	0.19	4.15	0.79		
	对拉螺栓塑料管	m	1.178	1.10	1.30		
	其他材料费			—	0.18	—	
	材料费小计			—	23.57	—	

注:①如不使用省级或行业建设主管部门发布的计价依据,可不填定额编号、名称等。
②招标文件中提供了暂估单价的材料,按材料暂估的单价填入表内"暂估单价"栏及"暂估合价"栏。

工程名称：博物馆楼（建筑与装饰工程）　　　　　　标段：

表 3.39　综合单价分析表（节选 3）

项目编码	01170300001001		项目名称	垂直运输（檐口高度 5.78 m）		计量单位	m²	工程量	157.45

清单综合单价组成明细

定额编号	定额项目名称	定额单位	数量	单价/元					合价/元				
				人工费	材料费	机械费	管理费	利润	人工费	材料费	机械费	管理费	利润
AS0116	现浇框架垂直运输（檐口高度≤20 m）	100 m²	0.01	671.41		811.41	80.57	179.52	6.71		8.11	0.81	1.80
人工单价			小计						6.71		8.11	0.81	1.80
	未计价材料费												
清单项目综合单价									17.43				

材料费明细	主要材料名称、规格、型号		单位	数量	单价/元	合价/元	暂估单价/元	暂估合价/元
	其他材料费				—	—	—	—
	材料费小计				—	—		—

注：①如不使用省级或行业建设主管部门发布的计价依据，按材料暂估的单价填入表内"暂估单价"栏及"暂估合价"栏。
②招标文件中提供了暂估单价的材料，按材料暂估的单价填入表内"暂估单价"栏及"暂估合价"栏。

表 3.40 总价措施项目清单与计价表

工程名称:博物楼(建筑与装饰工程)　　　　　　　　标段:　　　　　　　　第 1 页 共 1 页

序号	项目编码	项目名称	计算基础 定额(人工费＋机械费)/元	费率/%	金额/元	调整费率/%	调整后的金额/元	备注
1	011707001001	安全文明施工费			37 670.38			
1.1	①	环境保护费			2 114.15			
1.2	②	文明施工费			8 841.01			
1.3	③	安全施工费			15 183.47			
1.4	④	临时设施费			11 531.75			
2	011707002001	夜间施工增加费	190 434.82	0.5	952.17			
3	011707004001	二次搬运费	190 434.82	0.3	571.30			
4	011707005001	冬雨季施工增加费	190 434.82	0.4	761.74			
5	011707008001	工程定位复测费	190 434.82	0.1	190.43			
合计					40 146.02			

注:按施工方案计算的措施费,若无"计算基础"和"费率"的数值,也可只填"金额"数值,但应在备注栏说明施工方案出处或计算方法。用于投标报价时,"调整费率"及"调整后的金额"无须填写。

任务四　确定其他项目费

一、任务内容

根据设计文件、清单规范、预算定额、常规施工方案等资料,以及招标工程量清单和招标控制价,计算并编制项目的其他项目费。

二、任务目标

学生通过完成该任务,能够达到以下目标:

①掌握计日工、总承包服务费的计算方法,具备根据项目背景和资料和相关规定,运用所给定的资料,计算投标报价中计日工、总承包服务费的能力。

②掌握其他项目费的计算方法,具备根据项目背景和资料和相关规定,运用所给定的资料,编写投标报价中其他项目费的能力。

③树立崇尚劳动、尊重劳动、热爱劳动的理念。

三、知识储备

①编制投标报价时,暂列金额应按招标工程量清单中列出的金额填写。

②编制投标报价时,材料、工程设备暂估价应按招标工程量清单中列出的单价计入综合单价。

③编制投标报价时,专业工程暂估价应按招标工程量清单中列出的金额填写。

④编制投标报价时,计日工应按招标工程量清单中列出的项目和数量,自主确定综合单价并计算计日工金额。

⑤编制投标报价时,总承包服务费应根据招标工程量清单中列出的内容和提出的要求自主确定。

四、任务步骤

①填写暂列金额明细表。

②填写材料(工程设备)暂估单价及调整表。

③填写专业工程暂估价表。

④计算并填写计日工表。

⑤计算并填写总承包服务费计价表。

⑥填写其他项目清单与计价汇总表。

五、任务指导

1. 投标报价中暂列金额明细表的填写

根据规定,在编制投标报价时,暂列金额应按招标人在其他项目清单中列出的金额填写,不应修改。在填写"暂列金额明细表"时,应当按照招标文件中提供的项目和金额填写。

该博物楼案例投标报价的暂列金额明细表应直接按照项目一的招标工程量清单中的暂列金额明细表填写。

2. 投标报价中材料(工程设备)暂估单价及调整表的填写

根据规定,编制投标报价时,材料暂估价应按招标人在其他项目清单中列出的单价计入综合单价。在填写材料(工程设备)暂估单价及调整表时,应当按照招标工程量清单中提供的项目和金额填写。

该博物楼案例投标报价的材料(工程设备)暂估单价及调整表应直接按照项目一的招标工程量清单中的材料(工程设备)暂估单价及调整表填写。

3. 投标报价中专业工程暂估价表的填写

根据规定,专业工程暂估价应按招标人在其他项目清单中列出的金额填写。在填写专

254

业工程暂估价表时,应当按照招标工程量清单中提供的项目和金额填写。

该博物楼案例投标报价的专业工程暂估价表应直接按照项目一的招标工程量清单中的专业工程暂估价表填写。

4.投标报价中计日工表的填写

在编制招标控制价时,计日工采取招标人在其他项目清单中列出的项目和数量,投标人自主确定综合单价并计算计日工费用。

该博物楼案例投标报价的计日工表中,项目名称、单位和暂定数量按照招标工程量清单的内容填写;综合单价按照案例背景中给出的价格填写,该实训项目投标人参照市场询价或查询造价信息拟订的人工、材料和机械的计日工综合单价见表3.41。

表3.41　投标人拟定的计日工综合单价表

项目名称	单位	综合单价/元
房屋建筑工程普工	工日	170.00
装饰工程普工	工日	195.00
房屋建筑工程技工	工日	220.00
装饰工程技工	工日	240.00
高级技工	工日	280.00
中砂	m^3	200.00
普通水泥32.5	t	410.00
轮胎式拖拉机(功率21 kW)	台班	190.00
载重汽车(装载质量2 t)	台班	300.00

编制计日工表时,按照投标人拟订的综合单价进行填写,综合单价乘以招标工程量清单中提供的数量,就得到合价。以计日工表中的"人工"部分为例,见表3.42。

表3.42　人工费

编号	项目名称	单位	暂定数量	实际数量	综合单价/元	合价/元	
						暂定	实际
一	人工						
1	房屋建筑工程普工	工日	5		170.00	850.00	
2	装饰工程普工	工日	2		195.00	390.00	
3	房屋建筑工程技工	工日	4		220.00	880.00	
4	装饰工程技工	工日	3		240.00	720.00	
5	高级技工	工日	2		280.00	560.00	
人工小计						3 400.00	

5.投标报价中总承包服务费的确定和计价表的填写

招标工程量清单的总承包服务费计价表中,已经确定了项目名称、项目价值、服务内容和计算基础,见表3.43。

表3.43 总承包服务费计价表

工程名称:博物楼(建筑与装饰工程)　　　　　　　　　标段:　　　　　　　第1页 共1页

序号	项目名称	项目价值/元	服务内容	计算基础	费率/%	金额/元
1	发包人发包专业工程		按专业工程承包人的要求提供施工工作面并对施工现场进行统一管理,对竣工资料进行统一整理汇总	专业工程暂估价		
2	发包人提供材料		对发包人供应的材料进行验收、保管、使用和发放	甲供材料暂估价		

编制投标报价时,总承包服务费应依据招标人在招标文件中列出的分包专业工程内容和供应材料(工程设备)情况,按照招标人提出的协调、配合与服务内容和施工现场管理需要,由投标人自主确定。实训项目中,总承包服务费按照案例背景中投标人拟定的费率计算。投标人拟定的总承包服务费费率见表3.44。

表3.44 投标人拟定的总承包服务费费率表

项目名称	服务内容	计算基础	费率/%
发包人发包专业工程	按专业工程承包人的要求提供施工工作面并对施工现场进行统一管理,对竣工资料进行统一整理汇总	专业工程暂估价	2
发包人提供材料	对发包人供应的材料进行验收、保管、使用和发放	甲供材料暂估价	1.2

总承包服务费额的计算,是用计算基础乘以费率。

第1项"发包人发包专业工程",计算基础为专业工程暂估价,来源是专业工程暂估价表的汇总金额39 356.00元,其总承包服务费费率为2%,该项的总承包服务费为:

$$39\ 356.00 \times 2\% = 787.12\ 元$$

第2项"发包人提供材料",计算基础为甲供材料暂估价,来源是招标工程量清单中发包人提供材料和工程设备一览表的汇总金额55 020.00元,其总承包服务费费率为1.2%,该项的总承包服务费为:

$$55\ 020.00 \times 1.2\% = 660.24\ 元$$

所以,该实训项目的总承包服务费合计:

$$787.12 + 660.24 = 1\,447.36 \ 元$$

6. 其他项目清单与计价汇总表

招标工程量清单中已经填写了暂列金额和暂估价,见表3.45。

表3.45 其他项目清单与计价汇总表

工程名称:博物楼(建筑与装饰工程)   标段: 第1页 共1页

序号	项目名称	金额/元	结算金额/元	备注
1	暂列金额	60 000.00		明细详见表3.47
2	暂估价	39 356.00		
2.1	材料(工程设备)暂估价/结算价	–		明细详见表3.48
2.2	专业工程暂估价/结算价	39 356.00		明细详见表3.49
3	计日工			明细详见表3.50
4	总承包服务费			明细详见表3.51
	合计			—

在编制投标报价时,将计算出的计日工和总承包服务费填入表中,并进行合计。要注意的是,材料(工程设备)暂估单价进入清单项目综合单价,此处不汇总。

六、任务成果

①其他项目清单与计价汇总表,见表3.46。

表3.46 其他项目清单与计价汇总表

工程名称:博物楼(建筑与装饰工程)   标段: 第1页 共1页

序号	项目名称	金额/元	结算金额/元	备注
1	暂列金额	60 000.00		明细详见表3.47
2	暂估价	39 356.00		
2.1	材料(工程设备)暂估价/结算价	—		明细详见表3.48
2.2	专业工程暂估价/结算价	39 356.00		明细详见表3.49
3	计日工	4 885.00		明细详见表3.50
4	总承包服务费	1 447.36		明细详见表3.51
	合计	105 688.36	—	—

注:材料(工程设备)暂估单价计入清单项目综合单价,此处不汇总。

②暂列金额明细表,见表 3.47。

表 3.47　暂列金额明细表

工程名称:博物楼(建筑与装饰工程)　　　　　　　　标段:　　　　　　　第 1 页 共 1 页

序号	项目名称	计量单位	暂定金额/元	备注
1	暂列金额	项	60 000.00	
合计			60 000.00	—

注:此表由招标人填写,如不能详列,也可只列暂定金额总额,投标人应将上述暂列金额计入投标总价中。

③材料(工程设备)暂估单价及调整表,见表 3.48。

表 3.48　材料(工程设备)暂估单价及调整表

工程名称:博物楼(建筑与装饰工程)　　　　　　　　标段:　　　　　　　第 1 页 共 1 页

序号	材料(工程设备)名称、规格、型号	计量单位	数量 暂估	数量 确认	暂估/元 单价	暂估/元 合价	确认/元 单价	确认/元 合价	差额(±)/元 单价	差额(±)/元 合价	备注
1	大理石板,厚 20 mm	m²	25.237		489.76	12 360.07					
2	彩釉地砖,300 mm × 300 mm	m²	9.894		87.27	863.45					
3	面砖,240 mm×60 mm	m²	432.51		31.00	13 407.81					
4	成品零星钢构件 综合	t	0.001		5 200.00	5.20					
5	钢筋,$\phi \leq 10$ mm	t	2.65		4 000.00	10 600.00					
6	高强钢筋,$\phi \leq 10$ mm	t	3.129		4 000.00	12 516.00					
7	高强钢筋,$\phi = 12 \sim 16$ mm	t	4.206		4 000.00	16 824.00					
8	高强钢筋,$\phi > 16$ mm	t	3.768		4 000.00	15 072.00					
9	热轧带肋钢筋,$\phi > 10$ mm	t	0.002		4 000.00	8.00					
合计						81 656.53					

注:此表由招标人填写暂估单价,并在备注栏说明暂估价的材料、工程设备拟用在哪些清单项目上,投标人应将上述材料、工程设备暂估单价计入工程量清单综合单价的报价中。工程结算时,依据承发包双方确认价调整差额。

④专业工程暂估价表,见表 3.49。

表3.49 专业工程暂估价表

工程名称:博物楼(建筑与装饰工程) 标段: 第1页 共1页

序号	工程名称	工程内容	暂估金额/元	结算金额/元	差额(±)/元	备注
2.2.1	成品钢大门运输与安装就位	钢大门制作、运输和安装	10 000.00			
2.2.2	成品木门运输与安装就位	木门制作、运输和安装	1 000.00			
2.2.3	铝合金推拉窗运输与安装	铝合金推拉窗制作、运输和安装	28 356.00			
	合计		39 356.00	—	—	—

注:此表的暂估金额由招标人填写,投标人应将暂估金额计入投标总价中,结算时按合同约定的结算金额填写数值。

⑤计日工表,见表3.50。

表3.50 计日工表

工程名称:博物楼(建筑与装饰工程) 标段: 第1页 共1页

编号	项目名称	单位	暂定数量	实际数量	综合单价/元	合价/元	
						暂定	实际
一	人工						
1	房屋建筑工程普工	工日	5		170.00	850.00	
2	装饰工程普工	工日	2		195.00	390.00	
3	房屋建筑工程技工	工日	4		220.00	880.00	
4	装饰工程技工	工日	3		240.00	720.00	
5	高级技工	工日	2		280.00	560.00	
	人工小计					3 400.00	
二	材料						
1	中砂	m³	3		200.00	600.00	
2	普通水泥32.5	t	0.5		410.00	205.00	
	材料小计					805.00	
三	施工机械						
1	轮胎式拖拉机(功率21 kW)	台班	2		190.00	380.00	
2	载重汽车(装载质量2 t)	台班	1		300.00	300.00	
	施工机械小计					680.00	
	总计					4 885.00	

注:①此表中项目名称、暂定数量由招标人填写,编制招标控制价时,单价由招标人按有关计价规定确定;投标时,单价由投标人自主报价,按暂定数量计算合价计入投标总价中。结算时,按发承包双方确认的实际数量计算合价。若采用一般计税法,材料单价、施工机械台班单价应不含税。
②此表的综合单价中包括管理费、利润、安全文明施工费等。

⑥总承包服务费计价表,见表3.51。

表3.51　总承包服务费计价表

工程名称:博物楼(建筑与装饰工程)　　　　　　　　　标段:　　　　　　　第1页 共1页

序号	项目名称	项目价值/元	服务内容	计算基础	费率/%	金额/元
1	发包人发包专业工程	39 356.00	按专业工程承包人的要求提供施工工作面并对施工现场进行统一管理,对竣工资料进行统一整理汇总	专业工程暂估价	2	787.12
2	发包人提供材料	55 020.00	对发包人供应的材料进行验收、保管和使用、发放	材料设备暂估价	1.2	660.24
合计		—	—	—	—	1 447.36

注:此表中项目名称、服务内容由招标人填写,编制招标控制价时,费率及金额由招标人按有关计价规定确定;投标时,费率及金额由投标人自主报价,计入投标总价中。

任务五　确定规费和税金

一、任务内容

根据《建筑安装工程费用项目组成》(建标〔2013〕44 号文)、清单规范、定额、招标工程量清单、招标控制价等资料计算投标报价的规费和税金。

二、任务目标

学生通过完成该任务,能够达到以下目标:

①掌握规费计算的方法,具备根据项目背景和资料和相关规定,运用所给定的资料计算投标报价规费,编写规费计价表的能力。

②掌握税金的计算方法,具备根据项目背景和资料和相关规定,运用所给定的资料计算投标报价税金,编写税金计价表的能力。

③树立法治意识、法治观念、法治思维。

三、知识储备

①投标报价中的规费和税金必须按国家或省级、行业建设主管部门的规定计算,且不得作为竞争性费用。

②投标人投标报价按招标人在招标文件中公布的招标控制价(最高投标限价)的规费金额填写,计入工程造价。

③投标报价中的税金应按规定标准计算,包括增值税和附加税。

四、任务步骤

①根据招标控制价填写规费项目计价表。

②查找税金的计算基础和税率,计算税金,并填写税金项目计价表。

五、任务指导

1. 填写规费项目计价表

规费项目属于不可竞争项目,在编写投标报价时需要按照招标控制价的费用填写,见表3.52。

表 3.52　规费项目计价表

序号	项目名称	计算基础	计算基数	计算费率/%	金额/元
1	规费	招标控制价规费			16 717.89

需要注意的是,计算基础不能使用投标报价的"分部分项工程定额人工费＋单价措施项目定额人工费"。因为在投标时拟订的施工方案和常规施工方案不同,会导致分部分项工程和单价措施项目匹配的项目不一样。

2. 计算税金并填写税金项目计价表

编写投标报价时税金同样属于不可竞争项目,和规费不同的是,税金的金额不能按照招标控制价填写,但税率需要和招标控制价的税率一致。

根据四川省的规定,税金包括增值税、城市维护建设税、教育费附加以及地方教育附加四项税种,其中增值税单独计算,城市维护建设税、教育费附加以及地方教育附加三项税种合并为附加税。

(1)计算增值税

编制投标报价时,增值税等于税前不含税工程造价乘以销项增值税税率,目前增值税的税率为9%,即:

$$增值税 = 税前不含税工程造价 \times 销项增值税税率(9\%)$$

税前不含税工程造价包括分部分项工程费、措施项目费、其他项目费、规费,以及按实计算费用和创优质工程奖补偿奖励费,同时要扣除按规定不计税的工程设备金额和除税甲供材料(设备)费,即:

税前不含税工程造价 = 分部分项工程费＋措施项目费＋其他项目费＋规费＋按实计算费用＋创优质工程奖补偿奖励费－按规定不计税的工程设备金额－除税甲供材料(设备)费

根据前面几项任务,可以确定投标报价的分部分项工程费为478 309.69元,措施项目费为 117 292.5 元,其他项目费为 105 688.36 元,规费为 16 717.89 元。该实训项目不包括按实计算费用、创优质工程奖补偿奖励费和按规定不计税的工程设备金额。除税甲供材料(设备)费按照招标工程量清单中发包人提供材料和工程设备一览表的合价确定,为 55 020.00 元。所以计算基数为:

$$税前不含税工程造价 = 478\ 309.69 + 117\ 292.5 + 105\ 688.36 + 16\ 717.89 - 55\ 020.00$$
$$= 662\ 988.44\ 元$$

$$投标报价的增值税 = 税前不含税工程造价 \times 销项增值税税率(9\%)$$
$$= 662\ 988.44 \times 9\% = 59\ 668.96\ 元$$

(2)计算附加税

在编制投标报价时,附加税等于税前不含税工程造价乘以附加税综合税率。即:

$$附加税 = 税前不含税工程造价 \times 附加税综合税率$$

其中"税前不含税工程造价"与增值税的计算基础一样。

四川省定额规定,编制投标报价时,附加税综合税率按综合附加税税率表(表 3.53)选取。

表 3.53　综合附加税税率表

项目名称	计算基础	综合附加税税率
附加税(城市维护建设税、教育费附加、地方教育附加)	税前不含税工程造价	1. 工程在市区时为 0.313% 2. 工程在县城镇时为 0.261% 3. 工程不在县城镇时为 0.157%

根据项目背景,可以确定该实训项目所在地为成都市区,所以综合附加税税率选取 0.313%,附加税计算如下:

$$附加税 = 税前不含税工程造价 \times 附加税综合税率$$
$$= 662\ 988.44 \times 0.313\% = 2\ 075.15\ 元$$

(3)填写投标报价的税金项目计价表

将查询和计算得到的数据填入税金项目计价表,见表 3.54。

表 3.54　税金项目计价表(节选)

序号	项目名称	计算基础	计算基数	计算费率/%	金额/元
2	销项增值税	分部分项工程费 + 措施项目费 + 其他项目费 + 规费 + 按实计算费用 + 创优质工程奖补偿奖励费 - 按规定不计税的工程设备金额 - 除税甲供材料(设备)费	662 091.80	9	59 668.96
3	附加税	分部分项工程费 + 措施项目费 + 其他项目费 + 规费 + 按实计算费用 + 创优质工程奖补偿奖励费 - 按规定不计税的工程设备金额 - 除税甲供材料(设备)费	662 091.80	0.313	2 075.15

六、任务成果

投标报价的规费、税金项目计价表,见表3.55。

表 3.55　规费、税金项目计价表

工程名称:博物楼(建筑与装饰工程)　　　　　　　标段:　　　　　　　第 1 页 共 1 页

序号	项目名称	计算基础	计算基数	计算费率/%	金额/元
1	规费	招标控制价(分部分项工程定额人工费 + 单价措施项目定额人工费)	178 992.40	9.34	16 717.89
2	销项增值税	分部分项工程费 + 措施项目费 + 其他项目费 + 规费 + 按实计算费用 + 创优质工程奖补偿奖励费 – 按规定不计税的工程设备金额 – 除税甲供材料(设备)费	662 091.80	9	59 668.96
3	附加税	分部分项工程费 + 措施项目费 + 其他项目费 + 规费 + 按实计算费用 + 创优质工程奖补偿奖励费 – 按规定不计税的工程设备金额 – 除税甲供材料(设备)费	662 091.80	0.313	2 075.15
		合计			78 462.00

任务六　确定投标报价

一、任务内容

运用《建筑安装工程费用项目组成》（建标〔2013〕44 号文）、清单规范、定额等资料，结合前面任务的成果计算投标报价，并编制单位工程投标报价汇总表和单项工程投标报价汇总表。

二、任务目标

学生通过完成该任务，能够达到以下目标：

①具备根据项目背景和资料和相关规定，运用所给定的资料，计算投标报价的能力。

②具备根据项目背景和资料和相关规定，运用所给定的资料，编制单位工程投标报价汇总表的能力。

③具备根据项目背景和资料和相关规定，运用所给定的资料，编制单项工程投标报价汇总表的能力。

④培养以精细化工程造价管理为内涵的工匠精神。

三、知识储备

投标总价应当与分部分项工程费、措施项目费、其他项目费和规费、税金的合计金额一致。

四、任务步骤

①填写单位工程投标报价汇总表中除投标报价外的其他费用。

②计算投标报价。

③填写单位工程投标报价汇总表中的投标报价。

④填写单项工程投标报价汇总表。

五、任务指导

1. 计算投标报价

投标报价由分部分项工程费、措施项目费、其他项目费、规费和税金组成，其中分部分项工程费为 478 309.69 元，单价措施项目费为 77 146.48 元，总价措施项目费为 40 146.02 元，其他项目费为 105 688.36 元，规费为 16 717.89 元，增值税为 59 668.96 元，附加税为 2 072.35 元。投标报价的计算为：

投标报价 = 分部分项工程费 + 措施项目费 + 其他项目费 + 规费 + 税金

= 分部分项工程费 + 单价措施项目费 + 总价措施项目费

 + 其他项目费 + 规费 + 增值税 + 附加税

= 478 309.69 + 77 146.48 + 40 146.02 + 105 688.36 + 16 717.89

 + 59 668.96 + 2 075.15

= 779 752.55 元

2. 填写单位工程投标报价汇总表

根据项目三中任务二、任务三、任务四和任务五的费用,填入单位工程投标报价汇总表中。

3. 填写单项工程投标报价汇总表

一般房屋建筑工程的单项工程包括建筑与装饰工程和安装工程,该实训内容只涉及建筑与装饰工程,应根据单位工程投标报价汇总表的内容,填写单项工程投标报价汇总表。

4. 填写建设项目投标报价汇总表

建设项目投标报价汇总表见表3.56。

表 3.56 建设项目投标报价汇总表

工程名称:博物楼(建筑与装饰工程)　　　　　　　　　　　　　　　　　　　　第 1 页 共 1 页

序号	单项工程名称	工程规模		金额/元	其中/元			单位造价/元
		数值	计量单位		暂估价	安全文明施工费	规费	

一般房屋建筑工程的建设项目包括建筑与装饰工程和安装工程,该实训内容只涉及建筑与装饰工程,因此只汇总博物楼的建筑与装饰工程,该表格应根据单项工程投标报价汇总表的内容填写。

表中的工程规模是指根据工程类型的特征进行描述的建筑面积、占地面积、体积、长度、宽度等具体数值及计量单位。房屋建筑工程的工程规模一般指建筑面积。其中,单位造价的数值等于单项工程投标报价(含土建和安装)除以工程规模。即:

单位造价 = 单项工程投标报价(含土建和安装)/ 工程规模(建筑面积)

= 779 752.55/198.99 = 3 918.55 元 /m²

六、任务成果

①单位工程投标报价汇总表,见表3.57。

②单项工程投标报价汇总表,见表3.58。

③建设项目投标报价汇总表,见表3.59。

表 3.57 单位工程投标报价汇总表

（适用于一般计税方法）

工程名称：博物楼(建筑与装饰工程)　　　　　　标段：　　　　　　第 1 页 共 1 页

序号	汇总内容	金额/元	其中：暂估价/元
1	分部分项工程及单价措施项目	555 456.17	81 656.53
1.1	土石方工程	11 380.49	
1.2	砌筑工程	41 847.10	
1.3	混凝土及钢筋混凝土工程	177 906.80	55 020.00
1.4	金属结构工程	8.15	5.20
1.5	屋面及防水工程	46 207.10	
1.6	保温、隔热、防腐工程	40 452.04	
1.7	楼地面装饰工程	46 548.41	13 223.52
1.8	墙、柱面装饰与隔断、幕墙工程	83 580.81	13 407.81
1.9	天棚工程	6 177.60	
1.10	油漆、涂料、裱糊工程	24 201.19	
1.11	单价措施项目	77 146.48	
2	总价措施项目	40 146.02	—
2.1	其中：安全文明施工费	37 670.38	—
3	其他项目	105 688.36	—
3.1	其中：暂列金额	60 000.00	—
3.2	其中：专业工程暂估价	39 356.00	—
3.3	其中：计日工	4 885.00	—
3.4	其中：总承包服务费	1 447.36	—
4	规费	16 717.89	—
5	创优质工程奖补偿奖励费		—
6	税前不含税工程造价	718 008.44	—
6.1	其中：除税甲供材料(设备)费	55 020.00	—
7	销项增值税	59 668.96	—
8	附加税	2 075.15	—
招标控制价/投标报价合计＝税前不含税工程造价＋销项增值税＋附加税		779 752.55	81 656.53

注：①本表适用于单位工程招标控制价或投标报价的汇总，如无单位工程划分，单项工程也使用本表的汇总。

②第 6 项税前不含税工程造价为前 5 项费用之和。（各项费用均不含税）

③销项增值税＝(税前不含税工程造价－按规定不计税的工程设备金额－除税甲供材料费)×税率。

表 3.58　单项工程投标报价汇总表

工程名称:博物楼(建筑与装饰工程)　　　　　　　　　　　　　　　　　第 1 页 共 1 页

序号	单位工程名称	金额/元	其中/元		
			暂估价	安全文明施工费	规费
1	博物楼(建筑与装饰工程)	779 752.55	121 012.53	37 670.38	16 717.89
合计		779 752.55	121 012.53	37 670.38	16 717.89

注:本表适用于单项工程招标控制价或投标报价的汇总。暂估价包括分部分项工程及单价措施项目中的暂估价和专业工程暂估价。

表 3.59　建设项目投标报价汇总表

工程名称:博物楼(建筑与装饰工程)　　　　　　　　　　　　　　　　　第 1 页 共 1 页

序号	单项工程名称	工程规模		金额/元	其中/元			单位造价/元
		数值	计量单位		暂估价	安全文明施工费	规费	
1	博物楼	198.99	m²	779 752.55	121 012.53	37 670.38	16 717.89	3 918.55
合计				779 752.55	121 012.53	37 670.38	16 717.89	—

注:①本表适用于建设项目招标控制价或投标报价的汇总。

　　②工程规模是指根据工程类型的特征进行描述的建筑面积、占地面积、体积、长度、宽度等具体数值及计量单位。

任务七　编写主要材料和工程设备一览表

一、任务内容

根据《建设工程工程量清单计价规范》、招标工程量清单、定额等资料,编写主要材料和工程设备一览表。

二、任务目标

学生通过完成该任务,能够达到以下目标:

①具备查抄发包人提供主要材料和工程设备一览表的能力。

②掌握统计承包人提供主要材料的方法,具备根据资料,编写承包人提供主要材料和工程设备一览表的能力。

③树立使用绿色材料、节能环保、尊重自然、保护地球的理念。

三、知识储备

①除合同约定的发包人提供的甲供材料外,合同工程所需的材料和工程设备应由承包人提供,承包人提供的材料和工程设备均应由承包人负责采购、运输和保管。

②承包人应按合同约定将采购材料和工程设备的供货人及品种、规格、数量、供货时间等提交发包人确认,并负责提供材料和工程设备的质量证明文件,达到合同约定的质量标准。

③承包人提供的材料和工程设备经检测不符合合同约定的质量标准,发包人应立即要求承包人更换,由此增加的费用和(或)工期延误应由承包人承担。发包人要求检测的承包人已具有合格证明的材料、工程设备,如经检测证明该项材料、工程设备符合合同约定的质量标准,发包人应承担由此增加的费用和(或)工期延误,并向承包人支付合理利润。

④承包人投标时,甲供材料单价应计入相应项目的综合单价中,签约后发包人应按合同约定扣除甲供材料费,对其不予支付。

四、任务步骤

①查抄发包人提供主要材料和工程设备一览表。
②编写承包人提供主要材料和工程设备一览表。

五、任务指导

1. 查抄发包人提供主要材料和工程设备一览表

直接抄写招标工程量清单中的发包人提供主要材料和工程设备一览表。

2. 编写承包人提供主要材料和工程设备一览表

承包人提供主要材料和工程设备一览表用于统计承包人提供的主要材料和工程设备的数量和价格,见表 3.60。

表 3.60　承包人提供主要材料和工程设备一览表

工程名称:　　　　　　　　　　　　　　标段:　　　　　　　第　页共　页

序号	名称、规格、型号	单位	数量	风险系数/%	基准单价/元	投标单价/元	发承包人确认单价/元	备注

编制投标报价时,投标人需要根据从市场或工程造价信息等处获取的材料信息,填写材料的名称、规格、型号、单位、数量和投标单价,填写的内容应当与分部分项工程综合单价分析表和单价措施项目综合单价分析表中材料明细表里的内容相同。具体填写方法与编制招标控制价时的一样。以基础垫层为例,见表 3.61。

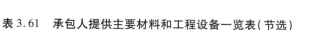

表3.61 承包人提供主要材料和工程设备一览表(节选)

工程名称: 标段: 第 页共 页

序号	名称、规格、型号	单位	数量	风险系数/%	基准单价/元	投标单价/元	发承包人确认单价/元	备注
1	水泥32.5	kg	2 943.69			0.505		
2	特细砂	m³	4.89			188.88		
3	砾石5~40 mm	m³	10.31			167.46		
4	水	m³	7.60			2.90		

最后对每个分部分项工程和单价措施项目中的相同材料进行整理、汇总。

六、任务成果

①发包人提供主要材料和工程设备一览表,见表3.62。

②承包人提供主要材料和工程设备一览表,见表3.63。

表3.62 发包人提供主要材料和工程设备一览表

工程名称:博物楼(建筑与装饰工程) 标段: 第 页共 页

序号	材料(工程设备)名称、规格、型号	单位	数量	单价/元	交货方式	送达地点	备注
1	钢筋,φ≤10 mm	t	2.65	4 000.00			
2	高强钢筋,φ≤10 mm	t	3.129	4 000.00			
3	高强钢筋,φ=12~16 mm	t	4.206	4 000.00			
4	高强钢筋,φ>16 mm	t	3.768	4 000.00			
5	热轧带肋钢筋,φ>10 mm	t	0.002	4 000.00			

注:此表由招标人填写,供投标人在投标报价中确定总承包服务费时参考。

表3.63 承包人提供主要材料和工程设备一览表

(适用造价信息差额调整法)

工程名称:博物楼(建筑与装饰工程) 标段: 第 页共 页

序号	名称、规格、型号	单位	数量	风险系数/%	基准单价/元	投标单价/元	发承包人确认单价/元	备注
1	金刚石(三角形),75 mm×75 mm×20 mm	块	41.45			3.78		
2	平板玻璃3 mm	m²	8.307			11.62		
3	水泥32.5	kg	56 442.516			0.505		

续表

序号	名称、规格、型号	单位	数量	风险系数/%	基准单价/元	投标单价/元	发承包人确认单价/元	备注
4	特细砂	m³	96.497			188.88		
5	白石子(方解石)	kg	3 648.528			0.34		
6	水	m³	275.744			2.90		
7	其他材料费	元	2 734.099			1.00		
8	大理石板,厚20 mm	m²	25.237			489.76		
9	白水泥	kg	211.521			0.605		
10	彩釉地砖,300 mm × 300 mm	m²	9.894			87.27		
11	石灰膏	m³	6.395			186.87		
12	细砂	m³	44.548			189.84		
13	乳胶漆底漆	kg	66.013			20.48		
14	乳胶漆面漆	kg	157.988			38.29		
15	滑石粉	kg	199.915			0.60		
16	腻子胶	kg	61.752			2.23		
17	大白粉	kg	6.079			0.39		
18	面砖,240 mm×60 mm	m²	432.51			31.00		
19	挤塑板,厚25 mm	m²	469.758			20.75		
20	胶黏剂	kg	1 136.584			4.22		
21	界面剂	kg	513.296			2.08		
22	单组分聚氨酯防水涂料	kg	981.745			18.70		
23	稀释剂	kg	47.498			15.14		
24	二等锯材	m³	6.752			1 700.00		
25	建筑油膏	kg	40.135			5.87		
26	石油沥青30#	kg	153.877			2.80		
27	汽油	L	28.433			10.28		
28	碎石5~40 mm	m³	8.697			178.95		
29	炉渣	m³	30.644			76.56		

序号	名称、规格、型号	单位	数量	风险系数/%	基准单价/元	投标单价/元	发承包人确认单价/元	备注
30	EVA 高分子防水卷材 1.5 mm	m²	244.645			18.54		
31	CSPE 嵌缝油膏 330 mL	支	64.517			9.56		
32	PVC 聚氯乙烯黏合剂	kg	179.115			1.00		
33	棕垫	kg	0.081			4.15		
34	石英砂 综合	kg	531.648			0.49		
35	塑料硬管,ϕ110 mm	m	12.012			9.96		
36	塑料弯管	个	0.721			7.47		
37	塑料膨胀螺栓,ϕ10 mm ×70 mm	套	16.016			0.04		
38	铁卡箍	kg	3.626			4.98		
39	塑料落水口,ϕ110 mm, 带罩	套	2.02			9.96		
40	塑料管,ϕ50 mm	m	2.525			5.70		
41	石油沥青60#	kg	0.125			5.40		
42	805 胶水	kg	24.235			1.00		
43	仿瓷涂料	kg	26.378			2.60		
44	成品腻子粉,一般型(Y)	kg	21.849			0.70		
45	柴油(机械)	L	659.488			8.48		
46	汽油(机械)	L	10.855			10.28		
47	砾石 5～40 mm	m³	171.277			167.46		
48	水泥 42.5	kg	45 091.021			0.54		
49	标准砖	千匹	2.573			450.00		
50	成品零星钢构件 综合	t	0.001			5 200.00		
51	焊条 综合	kg	0.033			4.15		
52	电焊丝	kg	0.003			4.15		

续表

序号	名称、规格、型号	单位	数量	风险系数/%	基准单价/元	投标单价/元	发承包人确认单价/元	备注
53	带帽螺栓 综合	kg	0.008			4.15		
54	红丹酚醛防锈漆	kg	0.007			10.74		
55	钢材 综合	kg	1.025			4.00		
56	中砂	m³	2.131			165.00		
57	砾石 20～40 mm	m³	8.078			165.55		
58	天然砂	m³	0.427			120.00		
59	改性沥青涂料	kg	560.616			3.32		
60	玻纤布	m²	387.083			1.65		
61	金刚砂	kg	21.25			0.41		
62	脚手架钢材	kg	195.466			5.10		
63	锯材 综合	m³	0.392			2 150.00		
64	复合模板	m²	211.53			30.00		
65	摊销卡具和支撑钢材	kg	447.455			4.15		
66	对拉螺栓	kg	55.033			4.15		
67	对拉螺栓塑料管	m	299.59			1.10		
68	铁件	kg	2.103			5.039		
69	枕木	m³	0.16			2 000.00		
70	镀锌铁丝 8#	kg	10			4.00		
71	草袋子	m²	19.14			1.20		
72	焊条（高强钢筋用）	kg	65.128			8.01		
73	酚醛调和漆 各色	kg	0.006			9.97		
74	油漆溶剂油 200#	kg	0.001			4.15		
75	螺纹连接套筒，$\phi \leqslant 32$ mm	个	12.12			4.45		

续表

序号	名称、规格、型号	单位	数量	风险系数/%	基准单价/元	投标单价/元	发承包人确认单价/元	备注
76	实心砖，200 mm × 115 mm × 53 mm	千匹	4.671			450.00		
77	防水粉（液）	kg	7.266			1.96		
78	烧结多孔砖，200 mm × 115 mm ×90 mm	千匹	23.921			540.00		
79	面砖，≤800 mm ×800 mm	m²	69.888			66.40		
80	成品腻子粉,耐水型(N)	kg	34			1.20		
81	杉原木 综合	m³	0.389			1 100.00		
82	铁抓钉	kg	12.96			4.15		

注：①此表由招标人填写除"投标单价"栏外的内容,投标人在投标时自主确定投标单价。

②招标人应优先采用工程造价管理机构发布的单价作为基准单价,未发布的材料(工程设备)则通过市场调查确定其基准单价。

任务八　编写投标报价总说明和扉页、封面,装订成册

一、任务内容

根据《建设工程工程量清单计价规范》、项目背景、招标工程量清单等资料和前期任务的成果,编写投标报价总说明,填写扉页、封面。

二、任务目标

学生通过完成该任务,能够达到以下目标：

①掌握投标报价总说明的编写方法,具备编制投标报价总说明的能力。

②掌握扉页和封面的填写方法,具备编制投标报价扉页和封面的能力。

③掌握整理投标报价成果文件的方法,具备整理、装订投标报价成果文件的能力。

④能够精心组织、严格把关、顾全大局,确保工程造价文件的质量。

三、任务步骤

①编制投标报价总说明。

②编制投标报价扉页。

③编制投标报价封面。

④整理并装订投标报价成果文件。

四、任务指导

1. 投标报价总说明的编制

投标报价总说明应该按照下面的内容填写。

①工程概况。工程概况包括建设规模、工程特征、计划工期、合同工期、实际工期、施工现场及变化情况、施工组织设计的特点、自然地理条件、环境保护要求等。

②编制依据等。

2. 投标报价扉页和封面的填写

扉页应按规定的内容填写、签字、盖章,除承包人自行编制的投标报价外,受委托编制的投标报价若为造价人员编制则应由负责审核的一级造价工程师签字、盖章以及工程造价咨询人盖章。封面按照项目背景填写。

3. 投标报价成果文件的整理和装订

投标报价的表格应当按照右下角的阿拉伯数字从小到大排列的顺序进行整理,依次按照封面、扉页、总说明、分部分项工程量清单与计价表、单价措施项目清单与计价表、总价项目清单与计价表、其他项目清单与计价汇总表、暂列金额明细表、材料(工程设备)暂估单价及调整表、专业工程暂估价表、计日工表、总承包服务费计价表、发包人提供主要材料和工程设备一览表的顺序从上到下放置,并装订成册。工程量计算表不放入投标报价中,只能作为底稿存档。按照四川省的规定,规费和税金项目计价表不放入招标工程量清单中,同样作为底稿存档。

五、任务成果

①投标报价总说明,见表3.64。

②投标报价扉页,如图3.1所示。

③投标报价封面,如图3.2所示。

表 3.64　投标报价总说明

工程名称:博物楼(建筑与装饰工程) 　　　　　　　　　　　　　　　　　　　　　　　第 1 页　共 1 页

---

1. 工程概况

本工程为××股份有限公司投资新建的办公和存储物品的博物楼。

(1)建设规模:建筑面积为 198.99 m²。

(2)工程特征:建筑层数为 1 层,框架结构,采用独立混凝土基础。装修标准为一般装修,详见设计施工图中建筑设计施工说明的装饰做法表。

(3)计划工期:详见招标文件。

(4)施工现场实际情况:已完成"三通一平"。

(5)环境保护要求:必须符合当地环保部门对噪声、粉尘、污水、垃圾的限制或处理要求。

2. 工程招标和分包范围

本工程按施工图纸范围招标(包括土建及结构工程、装饰装修工程)。除门窗采用二次专业设计,委托相关材料供应单位供应安装外,其他工程项目均采用施工总承包。

3. 工程量清单编制依据

(1)《建设工程工程量清单计价规范》(GB 50500—2013)。

(2)《房屋建筑与装饰工程工程量计算规范》(GB 50854—2013)。

(3)2020 年版《四川省建设工程工程量清单计价定额》房屋建筑与装饰工程分册。

(4)2020 年版《四川省建设工程工程量清单计价定额》爆破工程建筑安装工程费用附录分册。

(5)博物楼设计施工图以及与工程相关的标准、规范等。

(6)博物楼招标文件及招标工程量清单。

(7)根据博物楼设计文件和工程特点拟定、编制的博物楼投标施工方案。

(8)投标人拟订的人工费调整系数、材料市场价、计日工综合单价、总承包服务费费率。

(9)四川省工程造价管理机构发布的工程造价信息(2022 年 04 期)。

4. 工程、材料、施工等的特殊要求

(1)土建工程施工质量应满足《混凝土结构工程施工质量验收规范》(GB 50204—2015)、《砌体结构工程施工质量验收规范》(GB 50203—2019)、《屋面工程质量验收规范》(GB 50207—2012)等规定。

(2)装饰工程施工质量应满足《建筑装饰装修工程质量验收标准》(GB 50210—2018)的规定。

(3)工程中钢筋材料由甲方提供。甲方应对材料的规范、品质、采购等负责。材料到达工地现场,施工方应和甲方代表共同取样验收,验收合格后材料方能用于工程。

5. 其他需要说明的问题

(1)投标报价中分部分项工程量清单与计价表和单价措施项目清单与计价表中列明的项目综合单价包含完成该清单项目所需的人工费、材料费和工程设备费、施工机具使用费、管理费、利润以及一定范围内的风险费用。

(2)投标报价时按投标人拟订的人工费调整系数,人工费在原定额人工单价的基础上上浮 11.5%。

(3)材料价格按照投标人查询的市场价确定,没有查询到市场价的参照四川省工程造价管理机构发布的工程造价信息(2022 年 04 期)确定。

(4)规费按照招标控制价的规费填写。

(5)税金的计算按照 2020 年版《四川省建设工程工程量清单计价定额》爆破工程建筑安装工程费用附录分册的费用计算办法执行,采用一般计税法。税费分为增值税和附加税,增值税计算税率为 9%,附加税计算税率为 0.313%。

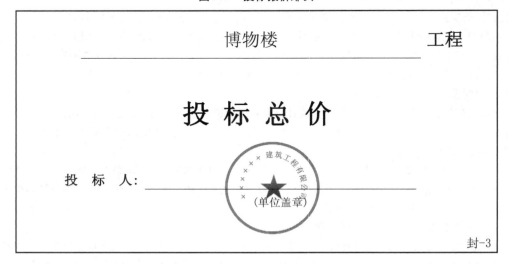

投 标 总 价

招　　标　　人：××股份有限公司

工　程　名　称：博物楼

投标总价(小写)：779752.55 元

(大写)：柒拾柒万玖仟柒佰伍拾贰元伍角伍分

投　标　人：××建筑工程有限公司
(单位盖章)

法定代表人
或其授权人：王××
(签字或盖章)

编　制　人：张××
B14Y0115200XXXX
(造价人员签字盖专用章)

时　　间：2022 年 5 月 6 日

扉-3

图 3.1　投标报价扉页

博物楼　工程

投 标 总 价

投　标　人：××建筑工程有限公司
(单位盖章)

封-3

图 3.2　投标报价封面

附录　××股份有限公司博物楼项目施工图

建 筑 施 工 说 明 （一）

一、设计依据
1. 建设单位与我院签定的设计合同书。
2. 可作施工图设计的设计方案审定批复等。
3. 国家现行设计规范、技术规程。
4. 有关文件。

二、工程概况
1. 工程概况

建设地点	四川省成都市高新区		
建筑面积（m²）	198.99	建筑层数	一层
结构类型	框架	建筑高度（m）	9.600
设计使用年限	50年	防火建筑类别	丙类
抗震设防烈度	6度	地下室防水等级	501.500.

2. 设计标高
①本工程建筑标高及绝对标高见总平面图。
②本工程图纸尺寸除标高以m为单位，其余以mm为单位。
③本图图纸尺寸除标高及平面图中大样图尺寸以m为单位，其余以mm为单位。
④室内设计标高±0.000相当于1985国家高程501.500.

三、建筑防火
①本工程建筑耐火等级为一级，防火分区为一个。

生产的火灾危险性类别		戊类		
厂房	一级	耐火等级		
仓库		耐火等级		
民用		使用功能	地下室	
建筑		耐火等级	一级	
		建筑防火	火自审要求书	

注：本图最新要求数据图结构。
耐火极限不得小于0.5 h的非燃烧体，其耐火极限不得小于1 h的非燃烧体。

2. 本工程墙体图例
加气混凝土砌块（200厚块、外墙）
地下室内地坪—0.06m处铺设20厚1:2水泥砂浆防水层
变化处墙层面设备，并在填身砌20厚1:2水泥砂浆防水层。
3. 建筑物的内隔墙

四、屋面工程
1. 屋面做法：清灰，天沟坡度1%纵坡，为防水层不得积比100mm，天沟、檐沟接水不得渗出多孔等排砌水楼。

编号	屋面做法	适用部位	防水设计等级标准
1	1. 20厚1:2水泥砂浆保护层 2. 2厚VA高分子卷材防水 3. 20厚1:2水泥砂浆找平层 4. 40厚加气混凝土找坡层 5. 水泥炉渣找坡层 （最薄处60mm） 6. 现浇混凝土屋面，表面清扫干净	全部	Ⅱ

2. 屋面采用标准做法详本图。

五、门窗工程
1. 门窗采用塑料。

六、防水等处理。

建 筑 施 工 说 明 （二）

六、装修工程：
1. 外装修设计和做法见"立面图"和工程做法。
　①外装修设计为一次设计，整体效果在施工单位确认。
　②建设单位如对外装修进行二次设计时，对外装修设计部位需重新进行。
　③内装修选用的各种材料其规格、颜色等，均需由建设单位确定后进行。
材料、并确定选色。
2. 内装修工程：
　①内装修工程执行《建筑内部装修设计防火规范》GB 50222《楼地面建筑设计规范》，
楼地面见《室内装修做法表》。
　②防腐蚀、防水、防潮等，防辐射、屏蔽零部件支撑、一次安装等合工艺要求设计。
3. 油漆涂料工程：
　①室内涂料系列所有油漆涂料。
　②钢质及支撑外金属表面的油漆为防锈漆底一道后，再干膜厚度达到125μm。
4. 本工程所选用的建筑材料必须符合GB50325-2020规定，当室内环境污染物浓度检测结果
符合该规定时，可判定该工程室内环境质量合格。
5. 室内外装修工程做法，本表选用图例引如下表：

部位	编号	装修名称	做法	单位	备注
墙裙1	1	大理石墙面	1.水磨石面层20厚，背水25厚 2.素水泥浆结合层一道，厚2000mm 3.200厚C25混凝土基层	储藏室	
墙裙2	1	大理石墙面	1.20厚水泥砂 2.素水泥浆结合层一道 3.素水泥浆结合层一道 4.200厚C25混凝土基层 5.素土夯实	办公室	150高
踢脚线1	1	彩釉砖踢脚线	1.20厚水泥砂 2.素水泥浆结合层一道 3.水泥砂浆基层	储藏室	150高
踢脚线2	1	大理石踢脚线	刷素水泥浆一道，素水平一道 素水泥浆结合层一道 水泥砂浆基层	办公室	
内墙面1	1	乳胶漆内墙面	1.墙面刮腻子600x600瓷砖 2.8厚1:2水泥砂浆结合 3.17厚1:3水泥砂浆打底 4.素水泥浆基层	储藏室	
内墙面2	1	面砖内墙面	1.墙面刮腻子70x460瓷砖 2.8厚1:2水泥砂浆结合 3.素水泥浆基层	办公室	
外墙面	1	面砖外墙面	1.墙面刮腻子瓷砖墙面素浆 2.素水泥浆结合层一道 3.17厚1:3水泥砂浆打底 4.素水泥浆基层 5.墙体基层	外墙	女儿墙内侧 和屋面不做
天棚面	1	乳胶漆天棚面	刷素水泥浆一道，面层一道，单件材 腻子批嵌一道 刷B85乳胶漆1:0.5:2.5水泥砂浆面层一道	室外挑棚	

七、其他施工注意事项：
1. 图中所注标高以米为单位材料以毫米为单位，轴线尺寸、平面标高、屋面等、加楼梯、平台做细件。
2. 本图所标注是建筑装修面层后表面尺寸与各门窗洞口尺寸、均有有量的误差，特以无施工量。
3. 本工程中楼梯采用结构找坡为准。

部位	编号	立面名称	做法	单位	备注
雨蓬底面	1	涂料体面雨蓬面	1.喷刷涂料保护层 2.薄刮柔性腻子一遍 3.1:1:6混合砂浆找平	雨蓬	
雨蓬立面面	1	涂料体面雨蓬面	1.喷刷涂料保护层 2.薄刮柔性腻子一遍 3.1:1:6混合砂浆找平	雨蓬	
屋面	1	屋面	1.20厚1:2水泥砂浆保护层 2.2厚SVA高分子卷材防水 3.20厚1:3水泥砂浆找平层 4.40厚聚苯乙烯保温层 5.水泥珍珠岩找坡，最薄处30mm 6.现浇钢筋混凝土、素钢筋板平	屋面	反口200
地面	1	水泥砂浆地面	1.20厚1:5水泥砂浆面层，15厚金刚砂耐磨层 2.80厚C25垫层 3.100厚碎石垫层 4.素土夯实，压实 5.素土夯实	地面	
台阶	1	大理石台阶	1.20厚水泥砂浆面层 2.15厚1:2水泥砂浆结合层 3.20厚1:3水泥砂浆找平 4.素混凝土台阶	台阶	

门窗表

类别		洞口尺寸 宽×高		编号	名称规格	数量	备注
门	M-1	1500x2500			钢大门	1	钢大门采用　02J611图集 铝合金门窗采用　02J603图集1
	M-2	3600x4000			钢门	2	
	M-3	900x2200			木门	1	
窗	C-1	3000x3000			铝合金推拉窗	6	
	C-2	1800x3000			铝合金推拉窗	1	
	C-3	3000x3000			铝合金推拉窗	2	
	C-4	2000x3000			铝合金推拉窗	1	

注：
一、本工程中各种钢门窗各种类型规格尺寸及标注规格尺寸，特以无施工时以下标标准。
二、表内未包含的门、窗数量及型号按照计及尺寸，窗框采厚≥8mm。
三、选用70系列中空玻璃，铝合金窗采用。门口采用。门2≥2.0mm，窗≥1.4mm。
四、所有门窗制作安装方法为准，按实物设计，按标准进行实体样品支承。
五、所有门窗框嵌间为防水砂浆，内填嵌缝应与墙框成线嵌贴防水。
六、凡门窗面积≥0.5m²管玻璃≥1.5m²均采用钢化玻璃。

建设单位	XX股份有限公司	设计院	建筑
项目名称	博物楼	图 号	JS-02
建筑施工说明（二）门窗表		比 例	1:100
× ×设计研究院有限公司		日 期	

审定		项目负责人	
审核		专业负责人	
校核		设计	
		制图	

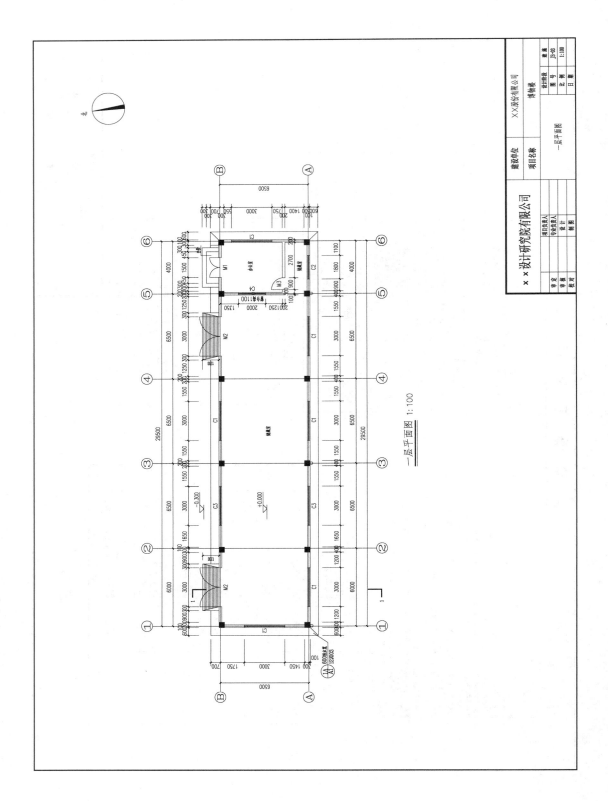

一层平面图 1:100

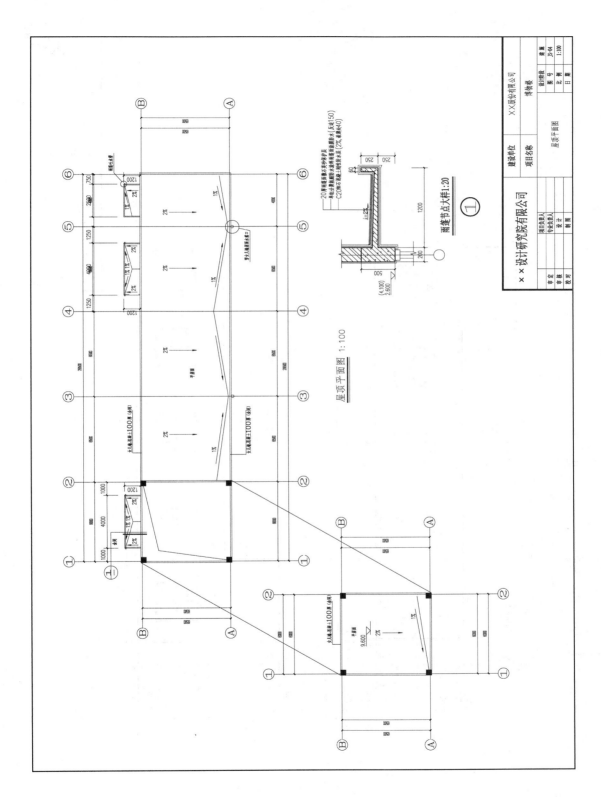

屋顶平面图 1:100

雨篷节点大样 1:20

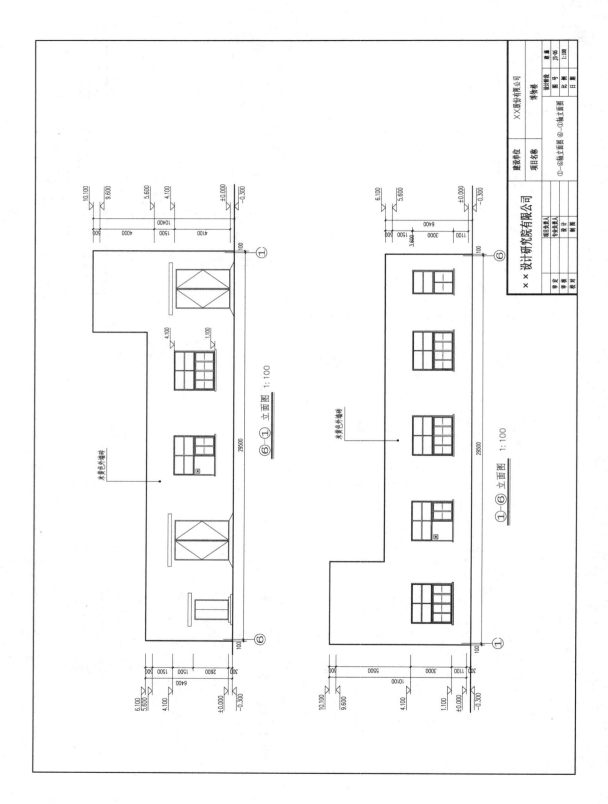

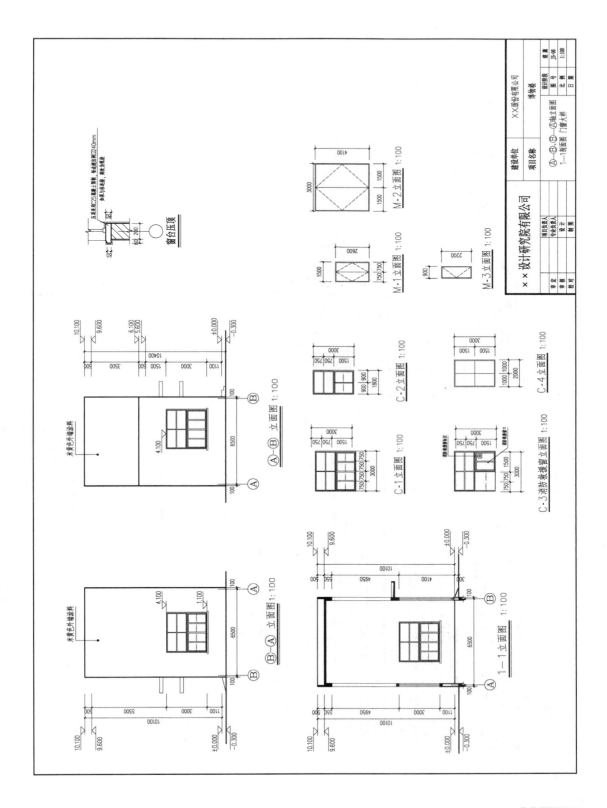

结 构 设 计 施 工 说 明 （一）

（钢筋混凝土结构）

一、一般说明

1. 全部尺寸，除注明者外，标高以m为单位，其它以mm为单位。
2. 本图各种尺寸均按标注的"√"者为本工程所用。

二、设计依据

1. 建筑结构安全等级、国家现行规范、规程及地方有关批准文件，具体见下列内容：

建筑结构安全等级	二级	地基基础设计等级	丙级	建筑抗震设防烈度	六度	设计地震分组	第一组	抗震设防类别	丙类
结构类型		框架		场地土类别	四级				

2. 本工程设计遵守下列现行规范：
- 建筑结构可靠度设计统一标准 GB 50009—2012
- 建筑抗震设计规范 GB 50011—2010(2016年版)
- 混凝土结构设计规范 GB 50010—2010
- 建筑地基基础设计规范 GB 50007—2011
- 砌体结构设计规范 GB/T 50074—2008
- 高层建筑混凝土结构技术规程 JGJ 94—2008
3. 特殊荷载、通用荷载取值（使用荷载、标准值及主要各种荷载标准值见下表，其余各类荷载按规范《建筑结构荷载规范》(GB 50009—2012)单位：kN/m²

活荷载	不上人屋面		
单位			
有值	0.5		

三、地基基础部分

1. 本工程基础按XXXX地基工程勘察（工程编号:20220020202084）勘察地质报告及所有地基基础资料进行设计。
2. 天然基础埋深：标高及基础持力层下水承载力、基础持力层。
3. 本工程采用浅基础形式。
4. 本工程基础下混凝土垫层，其标号及各种材料见本图。
5. 地基基础施工应满足现行规范要求。
6. 基础混凝土过程中，应按上述要求进行施工，并应采取必要措施。

四、钢筋混凝土结构部分

（一）混凝土

结构部位	混凝土	钢筋			工作环境	预应力构筋混凝土保护层最小厚度	备 注
基础	C30	HRB400 HRB400			二	40	
基础梁	C30	HRB300 HRB400			二	25	
电梯井坑基础					二		
柱	C30	HPB300 HRB400			一	20	
梁	C30	HRB300 HRB400			一	20	
现浇板	C30	HPB300 HRB400			二	15	

混凝土设计等级见结构图纸，混凝土等级采用C30，少有偏差，混凝土强度。

（一）混凝土

环境类别	最大水灰比	最小水泥用量	最大氯离子含量	最大碱含量
一类	0.55	280kg/m³	0.3%	3.5kg/m³
二类	0.55	280kg/m³	0.2%	3.0kg/m³

钢筋部分

（一）钢筋连接
1. 各受力钢筋的锚固长度及搭接长度见下表：

钢筋等级	混凝土				四面及二面保护层			
	C20	C25	C30	C20	C25	C30		备 注
HPB300	41d	36d	32d	39d	39d	34d	30d	1.弯钩钢筋
HRB335、RRB400	49d	42d	37d	46d	40d	37d	36d	2.当搭接长度不于25倍时，按搭接系数1:1

钢筋搭接长度表

材质	混凝土	C20	C25	C30			备 注
	HPB300						无弯钩

注：受拉钢筋搭接接头面积百分率不大于25%均按表选用。（面积百分率在连接区段内占各种钢筋截面面积的百分比）

纵向钢筋搭接接头面积百分率ζ%	≤25	50	100
纵向受拉钢筋搭接长度ζ_l	1.2l_a	1.4l_a	1.6l_a

2. 钢筋连接：
- a. 大量主筋用Φ25可采用机械连接，大截面梁用机械连接或焊接。
- b. 焊接要求应符合现行规范。
- c. 预应力钢筋及梁端箍筋加密区。
- d. 各纵向钢筋搭接接头位置宜相互错开。
3. 各纵向钢筋搭接长度L_l，详见J16G101—1。

（二）钢筋保护层
- 基础底板及梁保护层。

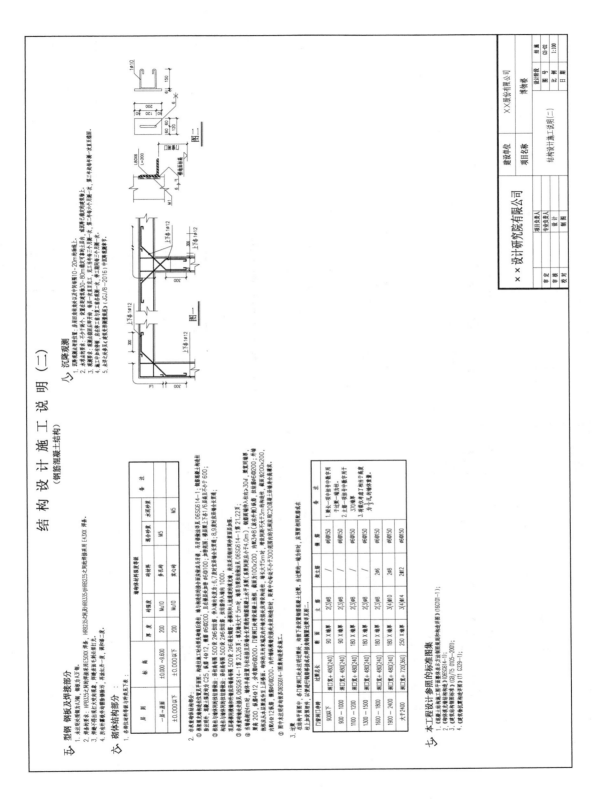

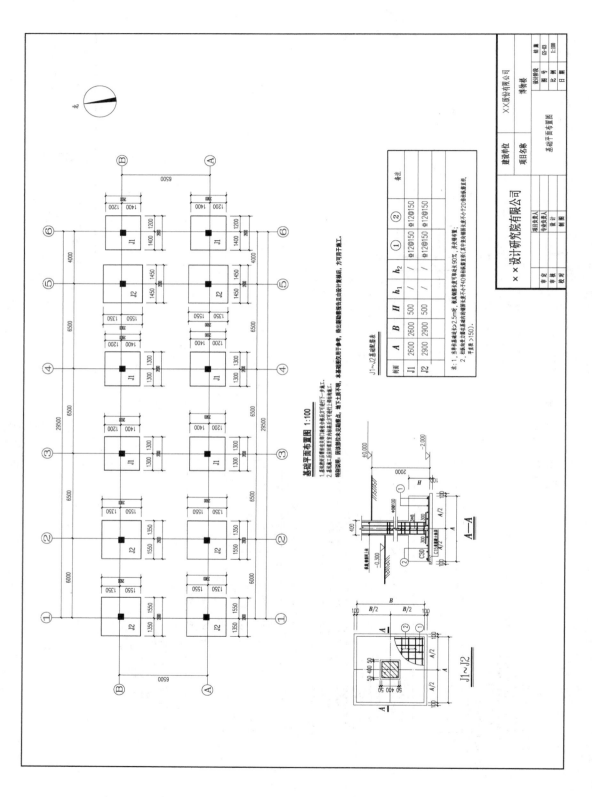

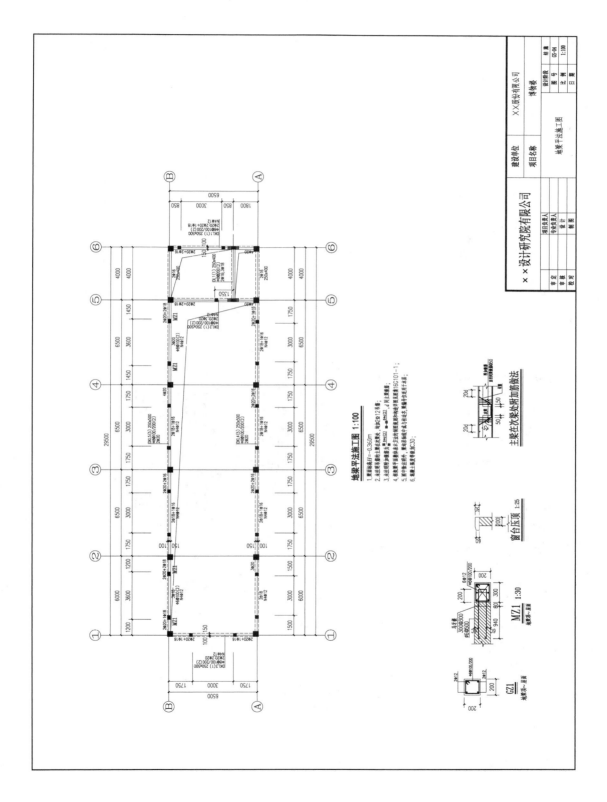

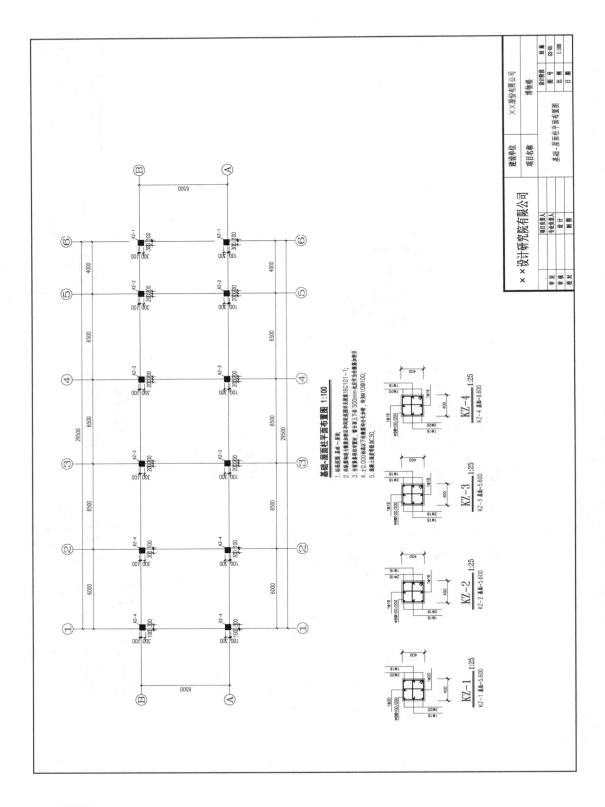

基础~屋面柱平面布置图 1:100

1. 标高层柱~屋面。
2. 柱长度与墙加筋做法和构造详见图集16G101-1；
3. 当填充墙长度超过5m时，留设构造柱做法，均加10@100；
4. ±0.000标高以下抗震等级为水上坚固。
5. 混凝土强度等级C30。

KZ-1 1:25
KZ-1 基底-5.600

KZ-2 1:25
KZ-2 基底-5.600

KZ-3 1:25
KZ-3 基底-5.600

KZ-4 1:25
KZ-4 基底-5.600

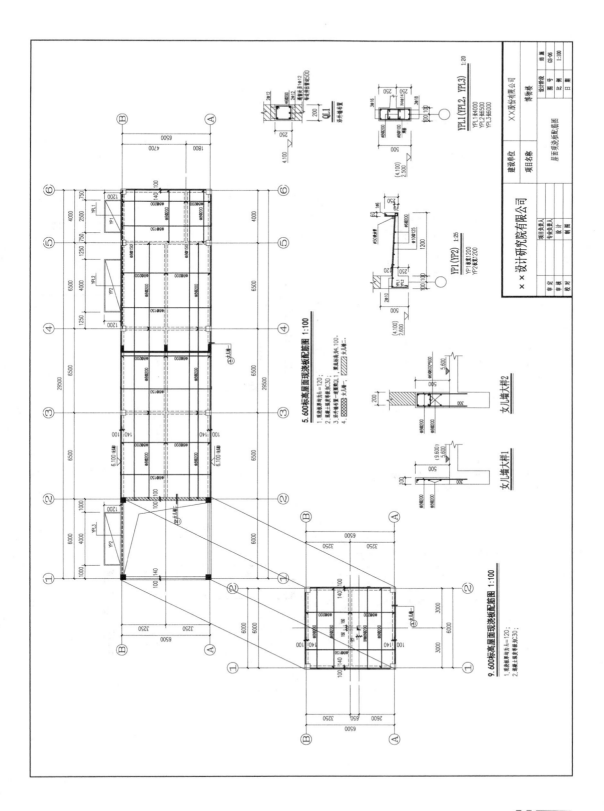

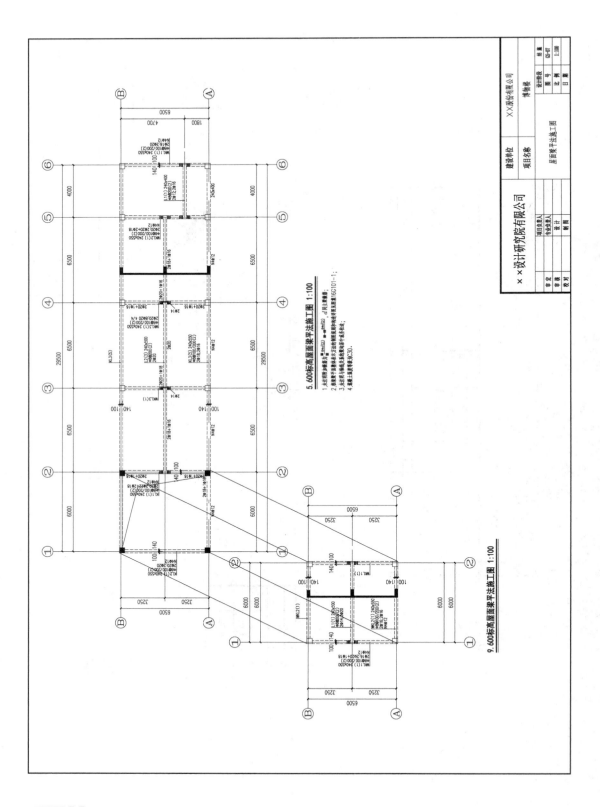

参考文献

［1］中华人民共和国住房和城乡建设部.建设工程工程量清单计价规范:GB 50500—2013［S］.北京:中国计划出版社,2013.

［2］中华人民共和国住房和城乡建设部.房屋建筑与装饰工程工程量计算规范:GB 50854—2013［S］.北京:中国计划出版社,2013.

［3］中华人民共和国住房和城乡建设部.建筑工程建筑面积计算规范:GB/T 50353—2013［S］.北京:中国计划出版社,2014.

［4］袁建新,袁媛.建筑工程计量与计价［M］.2 版.重庆:重庆大学出版社,2019.

配套数字资源列表

序号	资源名称	资源类型
1	工程计量与计价的传承与发展	动画
2	建筑安装工程费计算	微课
3	招标工程量清单编制	微课
4	基坑工程量计算公式	动画
5	沟槽工程量计算公式	动画
6	现浇混凝土柱模板及支架工程量计算	动画
7	博物楼混凝土基础工程量计算	微课
8	博物楼混凝土柱工程量计算	微课
9	砖基础大放脚计算公式	动画
10	博物楼混凝土板工程量计算	微课
11	框架梁钢筋的组成	动画
12	框架柱钢筋的组成	动画
13	楼板钢筋的组成	动画
14	混凝土带形基础T形接头搭接部分工程量计算公式	动画
15	分部分项工程量清单编制	微课
16	措施项目、其他项目清单编制	微课
17	招标控制价编制	微课
18	综合单价分析	微课
19	投标报价编制	微课